Vulkane

Vulkane

Abbild der Erddynamik

Robert Decker und Barbara Decker

Aus dem Amerikanischen übersetzt
von Bettina Klare

Spektrum Akademischer Verlag Heidelberg · Berlin · New York

Originaltitel: Volcanoes
Aus dem Englischen übersetzt von Bettina Klare

Die Deutsche Bibliothek – CIP-Einheitsaufnahme

Decker, Robert:
Vulkane : Abbild der Erddynamik / Robert Decker und Barbara Decker. Aus dem Amerikan. übers. von Bettina Klare. – Heidelberg ; Berlin ; New York : Spektrum Akad. Verl., 1992
Einheitssacht.: <dt.>
ISBN 3-86025-020-5
NE: Decker, Barbara

Amerikanische Erstausgabe bei W.H. Freeman and Company, New York and Oxford

Lektorat: Joachim Straub, Frank Wigger
Produktion: Brigitte Achauer, Susanne Tochtermann
Umschlaggestaltung: Susanne Tochtermann
Druck und Verarbeitung: Colordruck Kurt Weber GmbH, Leimen

Spektrum Akademischer Verlag Heidelberg · Berlin · New York

EIN VERLAG DER SPEKTRUM FACHVERLAGE GMBH

Gedruckt auf umweltfreundlichem Papier

Inhalt

Vorwort

Vulkane sprechen unsere Gefühle an. Sie sind schön, wenn sie ruhen, und furchteinflößend, wenn sie ausbrechen; sie grollen und zischen, sie riechen nach Schwefel. Ihre Hitze wärmt, ihr Feuer vernichtet; sie sind der Sitz von Göttinnen und Göttern.

Vulkane sind schon oft in Wort und Bild beschrieben worden, doch um sie kennenzulernen, muß man sie erleben. Ihre Wurzeln reichen tief in die Erde hinein, und das Material, das sie auswerfen, wird weit in den Himmel verstreut. Vulkane zu verstehen, erweist sich als bleibende Herausforderung. Das vorliegende Buch stellt mehr Fragen, als es Antworten gibt; eben darin besteht die natürliche Folge der Neugierde.

Jedes Buch über Vulkane ist zwangsläufig im wesentlichen beschreibend; wir haben jedoch zusätzlich versucht, einen Blick hinter die spektakulären Kulissen zu werfen und die zugrundeliegenden Prozesse zu erklären. Unser Buch ist für jeden geschrieben – vom Laien bis zum Studenten –, der mehr über die Mechanismen vulkanischer Aktivität erfahren will.

Hunderte von Vulkanforschern haben uns mit ihrem Wissen über vulkanische Prozesse und deren Auswirkungen Hilfe geleistet. Das Literaturverzeichnis deckt lediglich einen Teil dieser Quellen ab. Drei Freunden gebührt unser besonderer Dank: James G. Moore vom U.S. Geological Survey sowie den inzwischen verstorbenen Allan Cox von der Stanford University und John Staples vom Verlag W. H. Freeman. Ohne ihre Unterstützung wäre dieses Buch nie entstanden.

Seit Erscheinen der ersten Auflage im Jahre 1981 haben das öffentliche Bewußtsein und Interesse für Vulkane stark zugenommen. Weit über hundert dieser „feuerspeienden Berge" sind seitdem ausgebrochen, die meisten mehrfach. 28 000 Menschen kamen während der Ausbrüche oder durch ihre unmittelbaren Folgen ums Leben. Daß die meisten Eruptionen mit Todesopfern dabei von Vulkanen ausgingen, die nicht auf unserer damaligen Liste der „101 berühmt-berüchtigtsten Vulkane der Welt" auftauchten, ist ein deutliches Zeichen dafür, daß sich die Vulkanologie als Wissenschaft noch in der Entwicklung befindet.

Aber es gibt auch Gutes aus diesen Jahren zu berichten. Wissenschaftler haben bei der Vorhersage von Vulkanausbrüchen bemerkenswerte Erfolge erzielt und damit Tausenden von Menschen das Leben gerettet. Hawaii hat

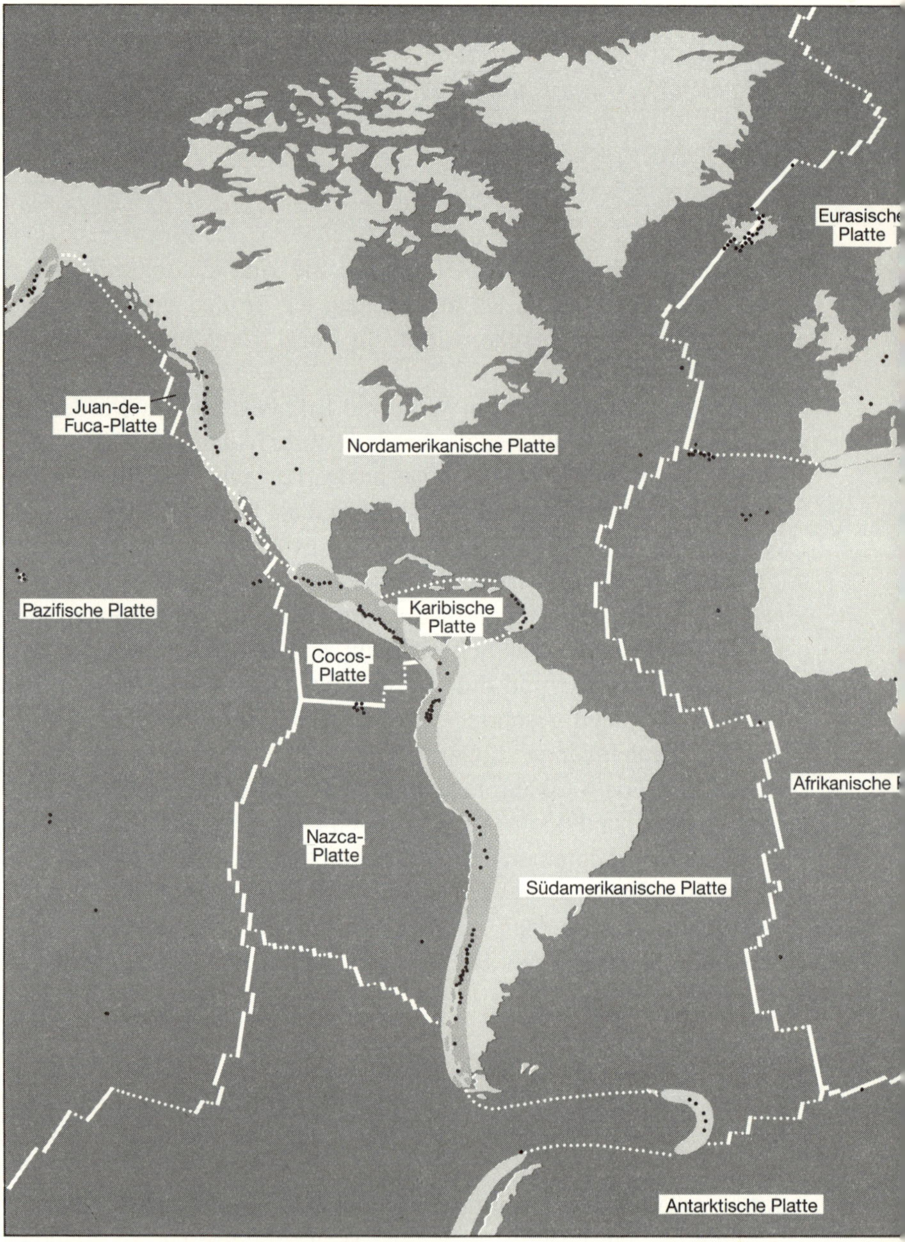

Lage der aktiven Vulkane auf der Erde. (Nach Morris, L. D., NOAA; Simkin, T., Smithsonian Institution; Meyers, H., NOAA. *Volcanoes of the World* (Karte). NOAA 1979.)

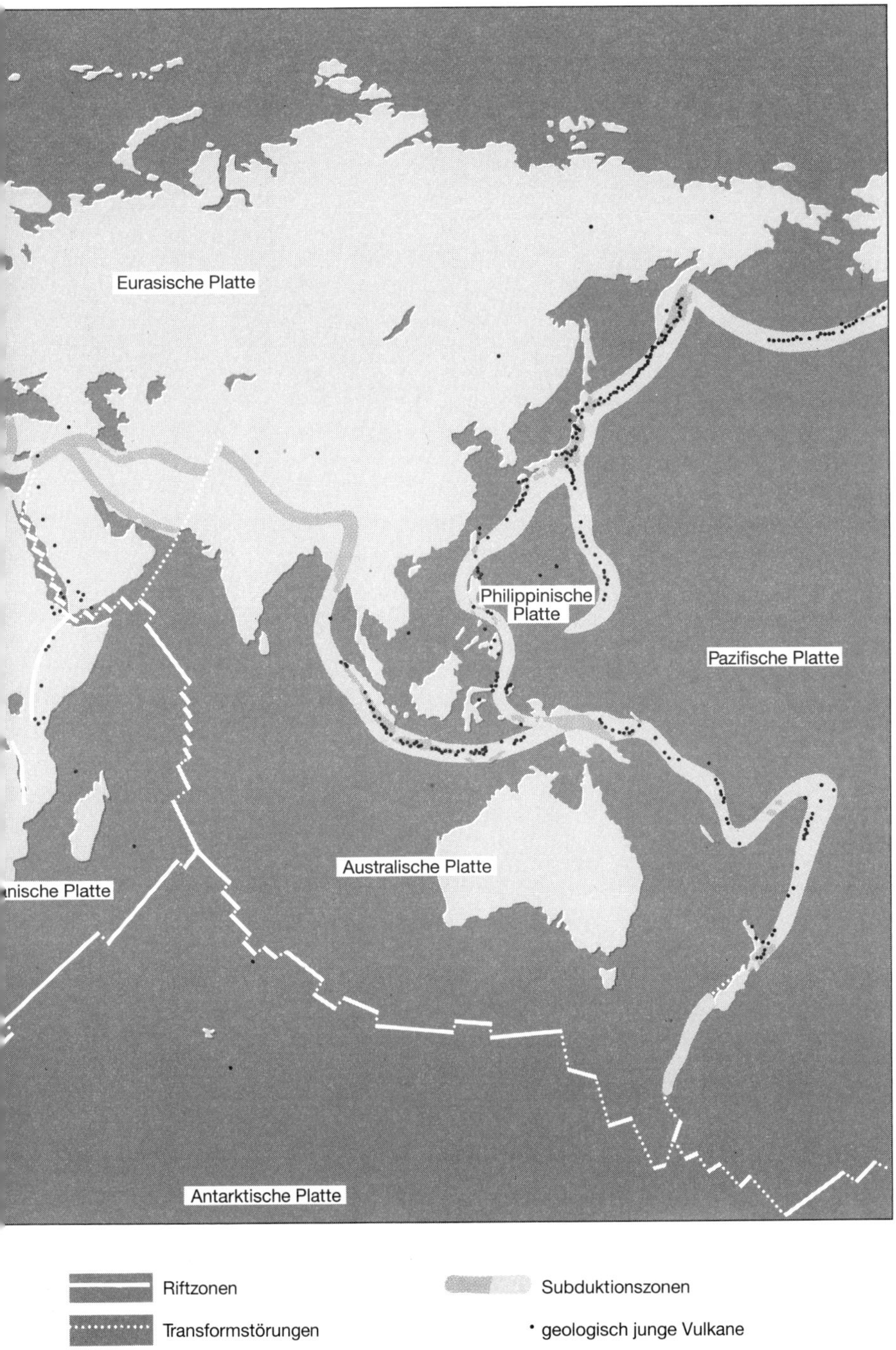
Eurasische Platte
Philippinische Platte
Pazifische Platte
Australische Platte
nische Platte
Antarktische Platte
Riftzonen
Subduktionszonen
Transformstörungen
geologisch junge Vulkane

dem Kilauea einen Größenzuwachs von 0,4 Quadratkilometern und neue, kilometerlange schwarze Strände zu verdanken. Aber noch wichtiger ist, daß neuartige Konzepte, neue Erkenntnisse und eine weltweite Zusammenarbeit die Geologen in die Lage versetzt haben, dem Mosaik zum Verständnis der vulkanischen Prozesse weitere Teile hinzuzufügen.

April 1989

Robert Decker
Barbara Decker

Einleitung

Die meisten Berge, Täler und Ebenen der Erde sind im Laufe von Jahrmillionen durch Heraushebung und Erosion geschaffen worden. Ihren Ursprung bilden andere, längst vergangene Landschaften. Vulkane dagegen arbeiten in ganz anderen Zeiträumen.

Am Morgen des 18. Mai 1980 war der Mount St. Helens im US-Bundesstaat Washington ein 2950 Meter hoher, kegelförmiger Vulkan. Am Abend bestand er nur noch aus einem 2550 Meter aufragenden, häßlichen Bergstumpf unter

E.1 Geologie bedeutet im wesentlichen Geschichte, doch Vulkane sind so gegenwärtig wie Leben und Tod. Der Spirit Lake, ein um 1000 vor Christus durch Eruptionen des Mount St. Helens (im Hintergrund) entstandener See, war am Frühlingsmorgen des 12. Mai 1980 voller Leben und noch ungestört von den neuen, schwachen Ausbrüchen am Vulkangipfel. (Photo: U.S. Geological Survey.)

einer Gas- und Aschenwolke, die aus dem neuentstandenen, hufeisenförmigen Krater aufstieg (siehe auch die Farbtafeln 15 und 16). Ein gewaltiger Bergsturz hatte den gesamten Nordteil des Berges fortgerissen und dabei eine gigantische Dampfexplosion entfesselt, die den Gipfel zerstörte, einen Wald mit zehn Millionen Bäumen verwüstete und 57 Menschen das Leben kostete. Eine

E.2 Am 18. Mai 1980 zerstörten eine gigantische Eruption und ein schneller Lavavorstoß innerhalb weniger Minuten das gesamte Gebiet um den Spirit Lake am Fuße des Mount St. Helens. Kein einziger Baum steht dort mehr, überall herrscht Verwüstung. Doch die Erde wird mit solchen Katastrophen fertig; im Laufe der Jahrhunderte wird das Leben – wie schon früher – an den Spirit Lake zurückkehren. (Photo: U.S. Geological Survey.)

riesige Eruptionswolke schoß aus dem Vulkan. Sie überzog Zentral-Washington mit einer fünf bis zehn Zentimeter dicken Aschenschicht und driftete innerhalb von drei Tagen zur amerikanischen Ostküste.

Aus allen Teilen der Erde kamen Vulkanologen nach Washington. Gemeinsam bemühten sie sich um Antworten auf die drängende Frage, was hier eigentlich geschehen war und welche Ursachen es hatte; darüber hinaus diskutierte man, wie die Erkenntnisse vom Mount St. Helens auf andere gefährliche Vulkane zu übertragen seien. Sowohl angewandte als auch Grundlagenforschung profitierten davon. Überwachungsinstrumente und -techniken wurden weiterentwickelt. Außerdem gelang es, die Abschätzung der Gefährdung durch Vulkanausbrüche in anderen potentiell aktiven Gebieten wesentlich zu präzisieren.

Die Explosion des Mount St. Helens erlangte auch deshalb die volle Aufmerksamkeit der Öffentlichkeit, weil die Amerikaner, die Vulkanausbrüche bisher vor allem aus den Comics von Fred Feuerstein kannten, sich plötzlich damit konfrontiert sahen, daß Asche in ihre Hauseingänge wehte. Sie suchten nun Antworten auf gänzlich neue Fragen: Warum sind Vulkane wie der Mount St. Helens explosiv, während andere, zum Beispiel auf Hawaii, ihre Lava in gemächlich dahinfließenden Strömen oder recht ungefährlichen Fontänen fördern? Warum sind Vulkane in Gürteln angeordnet wie in der Cascade Range im Westen der USA oder auf den Japanischen Inseln? Woher weiß man, ob ein Vulkan erloschen ist oder nur ruht?

Der Mount St. Helens war aus dem öffentlichen Bewußtsein noch nicht verdrängt, als fünf Jahre später eine weitere Vulkankatastrophe die Welt erschütterte. Im November 1985 brach in Kolumbien der Nevado del Ruiz aus und verursachte Schlammströme, die einen tiefeingeschnittenen Canyon hinunterschossen, eine ganze Stadt verschlangen und 25 000 Menschen töteten.

Im Anschluß an diese Tragödie konzentrierten sich die Wissenschaftler nicht mehr allein auf Einzelheiten der Ausbruchprozesse, sondern wandten sich dem Problem zu, wie sich durch bessere Überwachung und den Einsatz effektiverer Methoden zur Vorhersage von Ausbrüchen das Risiko solcher Katastrophen vermindern ließe. Erhebliche Bedeutung kommt zudem der heiklen Frage zu, wie und zu welchem Zeitpunkt eine Katastrophenwarnung ausgegeben werden sollte, die sich im nachhinein eventuell als unnötig erweist.

Neben den modernen Theorien über die Mechanismen von vulkanischen Prozessen behandelt dieses Buch auch die eben genannten Themen. Wir beginnen mit der Frage, warum Vulkane in manchen Teilen der Erde so häufig sind und in anderen fehlen.

1. Nahtstellen der Erde

1.1 Der San-Andreas-Graben zieht sich quer über die Elkhorn und Carrizo Plains in Südkalifornien. Die Nordamerikanische Platte befindet sich auf der rechten, die Pazifische Platte auf der linken Seite. Die durch die Pfeile oben links angedeutete Bewegungsrichtung bezeichnet man als dextral oder rechtshändig, da sich für jeden Beobachter auf einer der beiden Platten die jeweils andere nach rechts bewegt. (Photo: Robert E. Wallace, U.S. Geological Survey.)

> Es ist ein ewiges Leben, Werden und Bewegen in ihr, und doch rückt sie nicht weiter. Sie verwandelt sich ewig, und ist kein Moment Stillestehen in ihr. Für's Bleiben hat sie keinen Begriff, und ihren Fluch hat sie an's Stillestehen gehängt.
>
> Goethe (1783) über die Natur

Die Küsten von Südamerika und Westafrika mit ihren zueinanderpassenden Formen bilden ein faszinierendes Puzzle. Waren Nigeria und Kamerun einstmals mit Brasiliens Ausbuchtung verbunden? Zerbrach hier vor langer Zeit ein großer Superkontinent und driftete anschließend auseinander, so daß jedes Bruchstück zu einem unserer heutigen Kontinente wurde?

Der deutsche Wissenschaftler Alfred Wegener entwickelte zu Beginn unseres Jahrhunderts die Theorie der Kontinentalverschiebung und verfocht sie bis zu seinem Tode im grönländischen Eis im Jahre 1930. Ihm war nicht nur aufgefallen, daß die Ränder der Kontinente ungefähr aneinanderpassen, sondern auch, daß der Gebirgszug der Appalachen im östlichen Nordamerika in Neufundland abrupt abbricht, aber auf der anderen Seite des Atlantik in Irland, Schottland und Skandinavien wieder auftaucht. Er sah außerdem in der Gleichartigkeit von 180 Millionen Jahre alten europäischen und amerikanischen Fossilien sowie in den Unterschieden bei jüngeren Funden einen weiteren Beweis dafür, daß die Kontinente, wie wir sie kennen, die immer noch treibenden Einzelteile eines alten Superkontinents sind.

Wegener bemerkte überdies, daß auf der Erde (bezogen auf ihre Gesamtfläche) zwei Höhenbereiche dominieren: der zwischen dem Meeresspiegel und 1000 Meter Höhe und der zwischen 4000 und 5000 Metern unter dem Meeresspiegel (Abbildung 1.2). Er nahm an, daß diese Höhenabstufung zwischen Kontinenten und Ozeanen durch Unterschiede in der Dichte und der Mächtigkeit der Gesteine beider Krustenarten bedingt ist. Seiner Theorie zufolge sollten die leichteren und dickeren Kontinentalschollen auf der Ozeankruste treiben, so wie Eisberge im Meer schwimmen.

Um den Gebrauch von Begriffen wie „Treiben“ oder „Schwimmen“ zu verstehen, sollte man zunächst die geologischen Vorstellungen von Kruste und Zeit kennenlernen. Wegener hielt die ozeanische Kruste für zäher als Teer oder Pech, so daß das Erreichen eines Gleichgewichtszustands beim „Schwimmen“ Tausende von Jahren in Anspruch nimmt und das „Treiben“ noch langsamer vor sich geht.

Wegeners Argumente waren verlockend, und die Kontinentalverschiebungstheorie geriet zu einer der großen wissenschaftlichen Kontroversen jener Tage. Wegener nannte den großen Superkontinent, den er vor sich sah, Pangäa – eine allumfassende Landmasse, die so groß war, daß sie sowohl die polaren

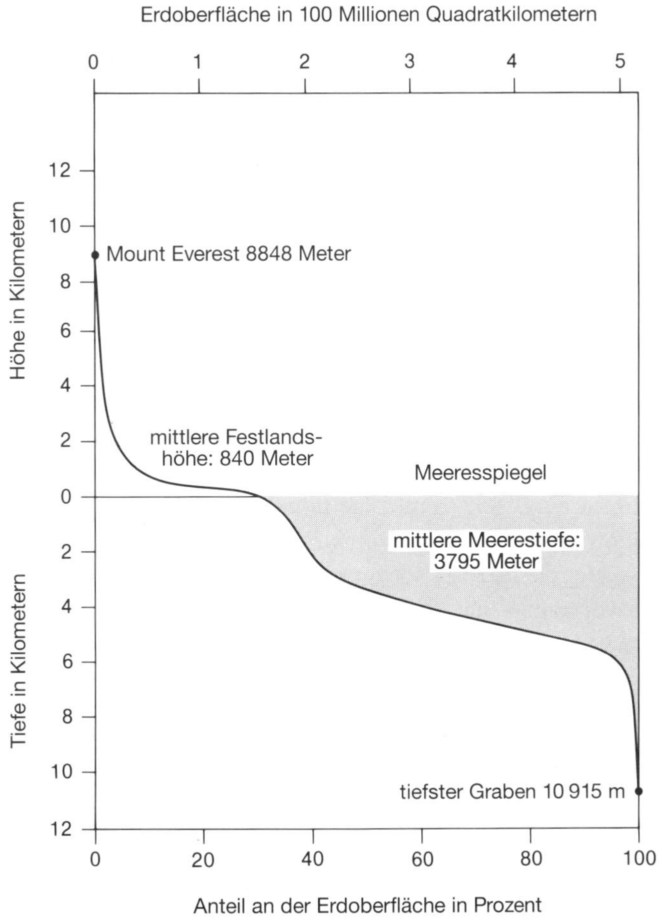

1.2 Gegenüberstellung der auf der Erde auftretenden Höhen (beziehungsweise Tiefen) und der Flächenanteile, die sie einnehmen. Die beiden flach verlaufenden Abschnitte der Kurve spiegeln die grundlegend unterschiedliche Mächtigkeit und Dichte der kontinentalen und der ozeanischen Kruste wider. (Nach Duxbury, A. C. *The Earth and Its Oceans*. Abb. 3.2. © 1971 bei Addison-Wesley, Reading, Massachusetts. Genehmigter Nachdruck.)

Spuren einstiger Eiszeiten als auch das äquatoriale Erbe riesiger Kohlesümpfe, die vor ihrem Aufbrechen existiert hatten, in sich vereinte. Nach seiner Theorie waren die jetzige Lage der eiszeitlichen Ablagerungen am Äquator und die Kohlevorkommen in Polnähe das Ergebnis der Kontinentalverschiebung.

Aber Wegener war auch ein Fanatiker, und viele seiner Zeitgenossen hielten ihn angesichts seines übergroßen Eifers für verrückt. Die Geophysiker, die sich im ersten Viertel dieses Jahrhunderts auf die Untersuchung des Erdinneren spezialisiert hatten, reagierten besonders skeptisch, denn Wegener konnte die starken Kräfte, die zum Auseinandertreiben der Kontinente nötig sind, nicht erklären. Ihrer Überzeugung nach war das Innere der Erde nämlich so fest wie Stahl. Die Vorstellung, schwimmende Kontinente könnten durch ein so stabiles „Meer“ treiben, erschien ihnen unhaltbar.

Unser Wissen über das tiefe Erdinnere stammt vor allem aus der Analyse von Erdbebenwellen, die sich durch die Erde fortpflanzen. Dieser Untersuchungsansatz in den Geowissenschaften nennt sich Seismologie. Ihre Methoden ähneln der Technik des Arztes, der auf die Brust seines Patienten klopft, um zu hören, ob sich Luft oder Flüssigkeit in dessen Lungen befindet; er erkennt dies an Unterschieden in der Resonanz, wenn sich das Klopfgeräusch durch die Brust fortpflanzt. Die Seismologie ist eine wissenschaftlich exakte Disziplin, die auf präzisen physikalischen Gesetzen beruht und deren Ergebnisse von allen Geologen respektiert werden. Die damalige Ablehnung der Kontinentalverschiebung aufgrund geophysikalischer Einwände war überzeugend – trotz der guten Argumente zu ihren Gunsten –, und die Hypothese verschwand 30 Jahre lang in der Versenkung.

Aber wie dem auch sei – unter Geologen kursiert ein Sprichwort, Smith's Gesetz genannt, dem zufolge alles, was geschehen ist, auch geschehen kann. So suchten viele Geologen, obschon sie nicht verstanden, wie die großen Horizontalbewegungen der Kontinente ablaufen konnten, nach Beweisen für deren Existenz.

Der Durchbruch für Wegeners Theorie kam im Jahre 1960 durch Meeresgeophysiker, die das Erdmagnetfeld über dem Ozeanboden vermaßen. Sie fanden zunächst heraus, daß dieses Feld unmittelbar über den ozeanischen Rücken ungewöhnlich stark ist, und vermuteten, daß die Gesteine, die solche Rücken aufbauen, eisenreiche Minerale enthalten, die parallel zum Erdmagnetfeld gepolt sind und so das Feld verstärken.

Als sich die Geophysiker bei ihren Messungen von der Rückenachse entfernten, stellten sie fest, daß das Magnetfeld am Meeresboden einem Zebrastreifenmuster aus alternierenden Zonen ungewöhnlich hoher und niedriger Intensität glich. Die Streifen geringer Feldstärke beruhten vermutlich darauf, daß sich der Meeresboden darunter zu einer Zeit gebildet hatte, als das Erdmagnetfeld nach Süden ausgerichtet war und nicht, wie heute, nach Norden.

Als die magnetischen Messungen im Meeresbereich vorgenommen wurden, hatten Geophysiker, welche die magnetischen Eigenschaften und das Alter von Lava an Land untersucht hatten, längst nachgewiesen, daß das Magnetfeld der Erde sich periodisch umkehrt. Die Spanne zwischen den Umpolungen kann 30 000, aber auch mehrere Millionen Jahre betragen. Dank dieses Umpolungszeitmaßstabs wußten die Meeresgeophysiker nun, wann sich das Feld jeweils umorientiert hatte, und konnten so das Alter des Meeresbodens unter jedem magnetischen Streifen abschätzen. Die Bühne war frei für eine aufregende neue Idee.

Die Geologen gingen jetzt nicht länger davon aus, daß die Kontinente über und *durch* den Meeresboden treiben; vielmehr sollte der Boden sich nach seiner Entstehung von dem jeweiligen ozeanischen Rücken wegbewegen und die Kontinente als Teil der großen, auseinanderdriftenden Platten mitnehmen (Abbildung 1.3). Das neue Konzept nannte man *seafloor spreading* – Meeresbodenspreizung – oder, allgemeiner, *Plattentektonik*. Die magnetischen Streifen legten Zeugnis über Geometrie und Geschwindigkeit der Spreizung (und somit der Plattenbewegung) ab. Das Muster und das jeweilige Alter dieser Streifen verhelfen uns zu einer gigantischen Zeitrafferaufnahme der horizontalen Bewegungen auf der Erde während der letzten 170 Millionen Jahre.

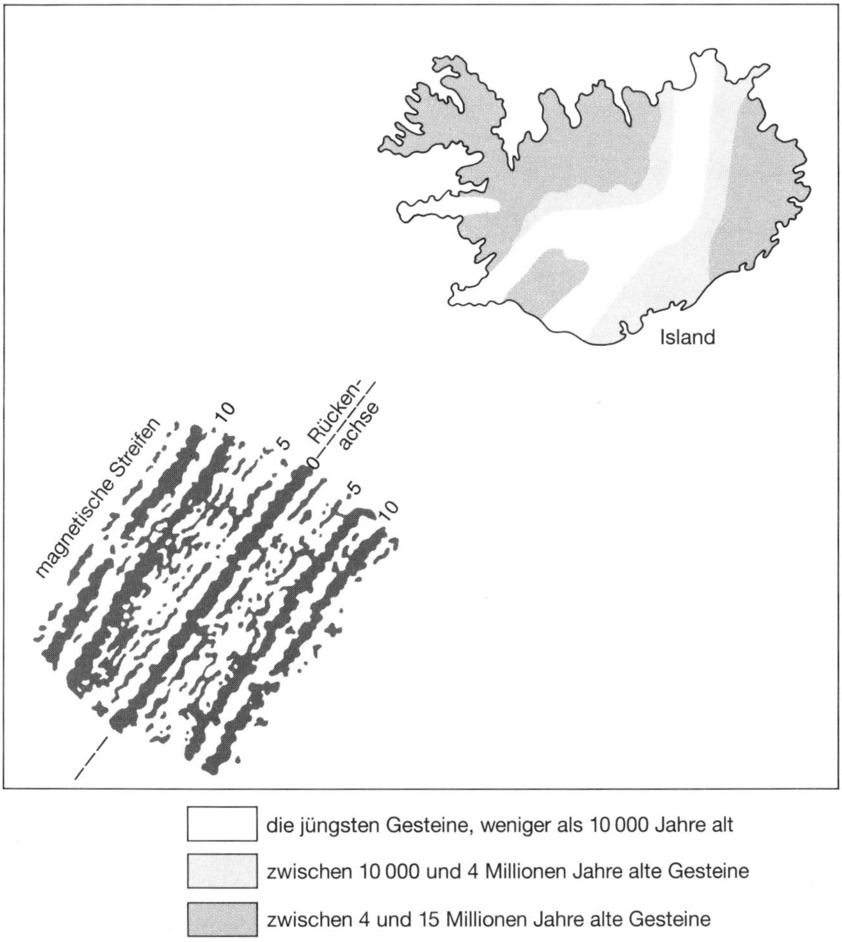

1.3 Die Magnetfeldstärke am Meeresboden südwestlich von Island zeigt ein ausgeprägtes Streifenmuster, das parallel zur Achse des Mittelatlantischen Rückens verläuft. (Die Zahlen stehen für Millionen Jahre vor der Gegenwart.) Die Symmetrie des Musters auf beiden Seiten des Rückens ist ein deutliches Zeichen für die Bewegung des Meeresbodens von der Rückenachse weg. (Nach Drake, C. *The Geological Revolution.* Condon Lectures, Oregon State System of Higher Education, Eugene, Oregon, 1970.)

Eurasische Platte
Kaukasus
Karpaten
Alpen
Anatolische Störung
Carlsberg-Schwelle
Afrikanische Platte
Atlantisch-Indischer Rücken
Antarktische Platte
Reykjanes-Rücken
Mittelatlantischer Rücken
Nordamerikanische Platte
Karibische Platte
Südamerikanische Platte
Anden
Peru-Chile-Graben
Nazca-Platte
Chile-Rücken
Antarktische Platte
Rocky Mountains
Mexiko-Graben
Cocos-Platte
Ostpazifische Schwelle
San-Andreas-Graben
Juan-de-Fuca-Platte
Pazifische Platte
Aleuten-Graben
Kermadec-Tonga-Graben
Pazifisch-Antarktischer Rücken
Macquarie-Rücken
Neu-Hebriden-Graben
Kurilen-Graben
Japan-Graben
Marianen-Graben
Philippinische Platte
Eurasische Platte
Australische Platte
Java-Graben
Südostindische Schwelle
Himalaya
Subduktionszone
Transformstörung
Rückenachse
unsichere Plattengrenze
Richtung der Plattenbewegung

◀ **1.4** Die starren Platten an der Erdoberfläche treiben voneinander weg oder aufeinander zu. Stellung und Ausrichtung der grauen Pfeile deuten an, daß sich die Afrikanische Platte nicht bewegt. Die Platten trennen sich entlang der mittelozeanischen Rücken, rutschen an Transformstörungen aneinander vorbei und treffen in Subduktionszonen aufeinander. (Nach Dewey, J. F. *Plate Tectonics.* © 1972 bei Scientific American. Alle Rechte vorbehalten.)

Das Bild, das so entstanden ist, zeigt die Erdoberfläche in zwölf Großplatten aufgeteilt, die sich in verschiedenen Richtungen gegeneinander bewegen. Die Ränder oder Nähte zwischen den Platten lassen sich drei Typen zuordnen: Sie sind *konvergent* dort, wo sich Platten übereinanderschieben, und *divergent* dort, wo sie auseinanderbrechen; an Stellen schließlich, wo Platten aneinanderreiben, ohne sich zu trennen oder zu kollidieren, sprechen wir von *konservierenden* Plattengrenzen (Abbildungen 1.4 und 1.5). Konvergente und divergente Plattengrenzen sind durch unterschiedliche Formen vulkanischer Aktivität gekennzeichnet, während an den „Gleiträndern“ Vulkanismus fast gänzlich fehlt. Eine enge Beziehung zwischen Plattentektonik und Vulkanismus scheint offensichtlich.

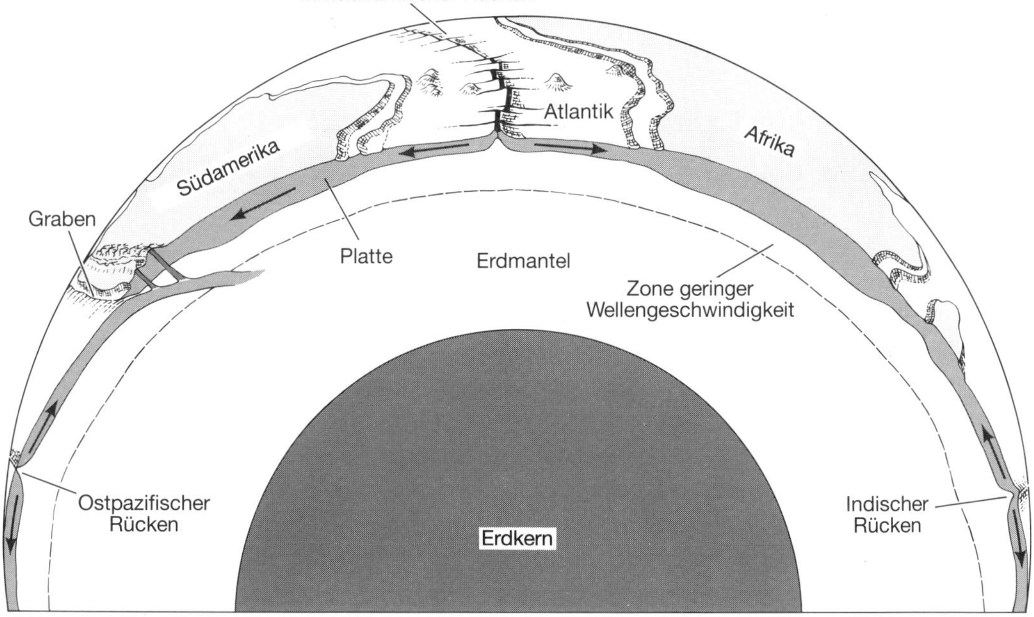

1.5 Die Bewegungen der Platten in einem Schnitt durch die Erde. Die Afrikanische Platte und die Südamerikanische Platte trennen sich am Mittelatlantischen Rücken mit einer Geschwindigkeit von einigen Zentimetern pro Jahr. Die Südamerikanische und die Nazca-Platte (im östlichen Pazifik) schieben sich übereinander und schaffen dabei die Anden. Die Mächtigkeit der Platten und der Zone geringer Wellengeschwindigkeit, auf der sie schwimmen, sind hier aus Gründen der Anschaulichkeit vergrößert dargestellt. (Nach Burke, K. C.; Wilson, J. T. *Hot Spots on the Earth's Surface.* © 1976 bei Scientific American. Alle Rechte vorbehalten.)

Topographie, Erdbeben und andere geologische Gegebenheiten charakterisieren diese drei Arten von Plattengrenzen. An den konvergenten Rändern, die auch *Subduktionszonen* genannt werden, schiebt sich eine (normalerweise ozeanische) Platte unter die andere. Dieser Vorgang verursacht Erdbeben, die entweder nahe der Oberflächennaht oder in der absinkenden Platte in bis zu 700 Kilometer Tiefe ausgelöst werden. An den konvergenten Plattengrenzen treten Kräfte auf, die den Ozeanboden dazu zwingen, sich zu einem tiefen Graben einzustülpen, während der Rand der oberen Platte gestaucht und gefaltet oder von Aufschiebungen in Schollen zerlegt wird. Vom Ozeanboden abgehobelte Gesteinsschichten werden als Keile gegen die obere Platte gepreßt. Das geologische Ergebnis ist ein Inselbogen wie Japan oder ein Kettengebirge wie das der Anden.

An divergenten Plattengrenzen liegen die Erdbebenherde nicht so tief. Sie folgen dem Verlauf der Spreizungszone, deren Zentrum durch die auseinanderdriftenden Platten wie ein Tal geformt ist (Abbildung 1.6). Hier entstehen keine Falten, da der Bereich gedehnt wird und nicht gestaucht; die Störungen treten entweder in Form offener Spalten oder als Rutschungen, sogenannte Abschiebungen, auf. Die meisten divergenten Plattengrenzen liegen im Meer, wo neue ozeanische Kruste gebildet wird. Diese Kruste wächst von den lang-

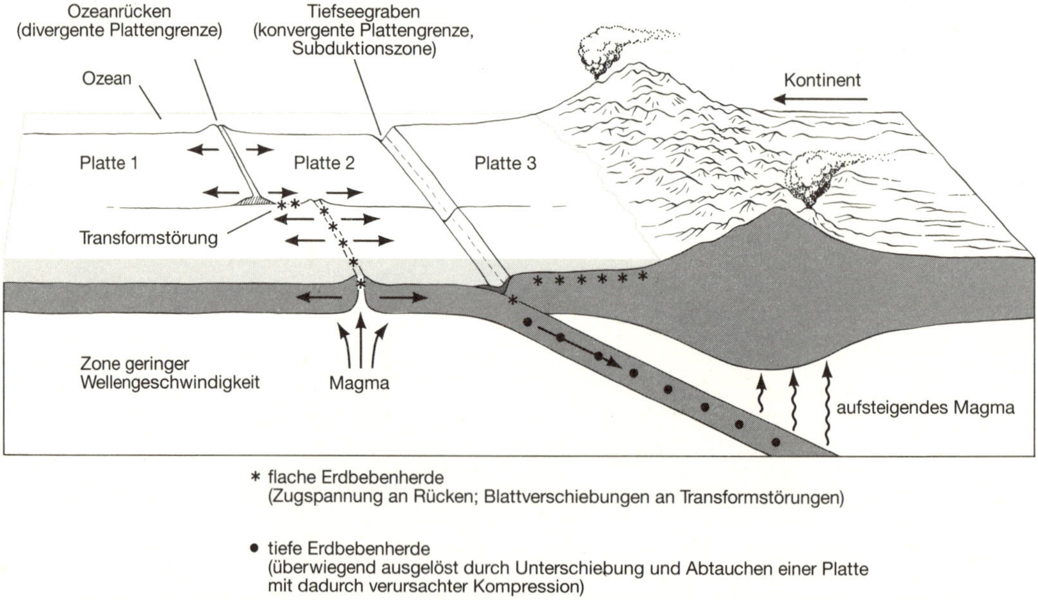

1.6 Schematisches Querprofil zur Illustration der Beziehung zwischen Erdbeben und den unterschiedlichen Typen von Plattengrenzen, die an ozeanischen Rücken, an Transformstörungen und an Subduktionszonen vorliegen. (Nach Sykes, L. et al. In: Press, F.; Siever, R. *Earth.* 1. Aufl. S. 644. © 1974 bei W. H. Freeman.)

gestreckten ozeanischen Rücken aus, die mitten in den großen Ozeanbecken der Erde liegen. Die wichtigsten sind der Mittelatlantische Rücken, die Ostpazifische Schwelle sowie die Rücken im Indischen Ozean. Es handelt sich um breite, zerklüftete untermeerische Bergketten von mehreren Kilometer Höhe, mehreren tausend Kilometer Breite und Zehntausenden von Kilometer Länge. Könnte man das Wasser der Ozeane ablaufen lassen, würde man die gewaltigsten Gebirgszüge der Erde sehen.

Die konservierenden Plattengrenzen, die in der Fachsprache der Plattentektonik meist als *Transformstörungen* bezeichnet werden, befinden sich ebenfalls fast ausnahmslos unter Wasser. Sie verbinden Versetzungen der ozeanischen Rücken zu einem rechtwinkligen Zickzackmuster, das auf topographischen Karten des Meeresbodens an den Rücken eines Krokodils erinnert (Abbildung 1.7).

Manchmal wird ein Stück Kontinent in die Scherbewegungen einer Transformstörung mit einbezogen. Der San-Andreas-Graben in Kalifornien ist das klassische Beispiel einer Transformstörung auf dem Festland. Los Angeles bewegt sich relativ zu San Francisco mit fünf Zentimetern pro Jahr nach Nordwesten. Allerdings werden die Menschen bei der Vereinigung beider Städte der Natur wohl zuvorkommen. Flachbeben, wie mit dem Lineal gezogene Täler und rotierte Gesteinsblöcke kennzeichnen diese Art von Plattengrenze (Abbildung 1.1).

Trotz der überaus vielen Belege für die Plattentektonik blieben die kompakte Struktur und die Sprödigkeit des Erdinneren ein Problem, das erst kürzlich gelöst werden konnte – ironischerweise ausgerechnet von Seismologen, die doch in den zwanziger Jahren mit ihren Argumenten Wegeners Hypothese vorläufig zu Fall gebracht hatten. Im Zuge einer genauen Analyse von Erdbebenerschütterungen – vor allem bei den durch unterirdische Atombombentests ausgelösten Beben, deren Anfangszeit und Lage ja präzise bekannt waren – entdeckten sie eine etwa 100 bis 200 Kilometer unter der Erdoberfläche gelegene Zone, in der sich seismische Wellen ungewöhnlich langsam ausbreiten und teilweise absorbiert werden.

Diese Zone geringer Wellengeschwindigkeit (*low-velocity layer*) ist nicht sehr mächtig und enthält vermutlich einen geringen Anteil an geschmolzenem Gestein. Die Eigenschaften dieser Schicht liefern eine akzeptable Erklärung für die Plattenbewegungen und die tiefen Magmaquellen der Vulkane. Die Platten bewegen sich auf der nachgiebigen Zone geringer Wellengeschwindigkeit unter dem Einfluß schwacher, horizontal wirkender Kräfte. Risse in der Erdkruste an den divergenten Plattengrenzen ermöglichen es dem teilweise aufgeschmolzenen Gestein, an die Oberfläche zu dringen und Vulkane entstehen zu lassen (Abbildung 1.8).

Wegener erwies sich als Prophet, obwohl seine ursprüngliche Idee im Laufe der Zeit in wesentlichen Punkten verändert wurde. Er glaubte, die Kontinente

◀ **1.7** Topographische Karte des Atlantischen Ozeans ohne Wasserbedeckung. Der Mittelatlantische Rücken ist einer der größten Gebirgszüge der Erde. Die vielen senkrecht zum Rücken verlaufenden Brüche werden Transformstörungen genannt. (Aus Heezen, B. C.; Tharp, M. *World Ocean Floor Panorama.* Initiiert und unterstützt durch das Office of Naval Research. © 1977 bei Mary Tharp. Genehmigter Nachdruck. Alle Rechte vorbehalten.)

trieben wie Flöße in einer zähen Ozeankruste. Die Theorie der Plattentektonik indessen geht von festen, großen Platten ozeanischer Kruste aus, welche an den mittelozeanischen Rücken entsteht und sich von dort beidseitig ausbreitet; die Kontinentalschollen werden wie Flöße, die in die größeren Platten eingebettet sind, passiv mitbewegt. Allgemein bestehen Platten sowohl aus ozeanischer als auch aus kontinentaler Kruste.

In den letzten drei Jahrzehnten wurden im Verständnis der Erde beispiellose Fortschritte erzielt. Die Entwicklung und rasche Akzeptanz des Konzepts der Meeresbodenspreizung stellt einen der großen Momente der Wissenschaft dar. Die Kontinente können nicht nur – wie in einem Puzzle – wieder zusammengesetzt werden, sondern es ist auch möglich, die gegenwärtigen Bewegungen zu messen. Die treibenden Kräfte der Plattentektonik erzeugen Erdbeben und Vulkanismus, die überwiegend an den „knirschenden“ Grenzen der Platten auftreten.

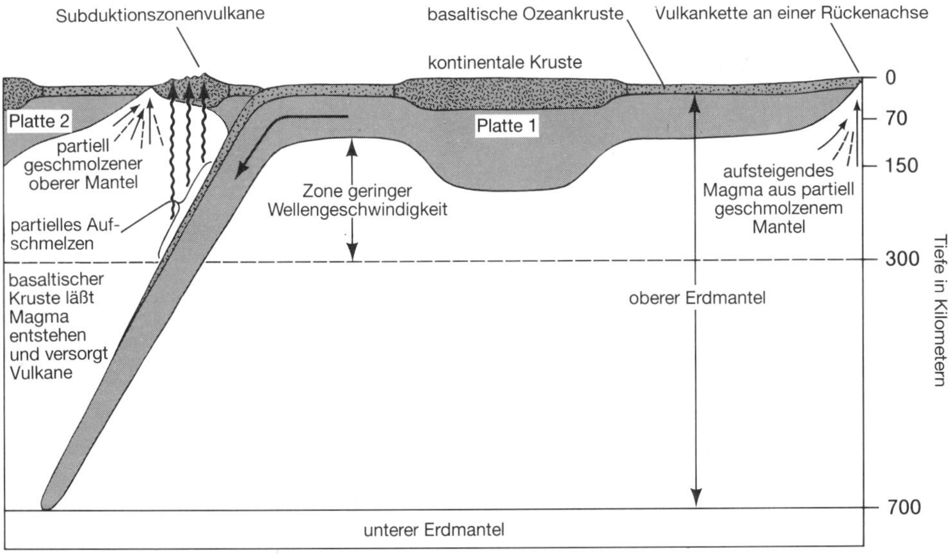

1.8 Querprofil durch den Erdmantel. Die starren Platten bestehen aus festem Gestein und bewegen sich auf der teilweise aufgeschmolzenen Zone geringer Wellengeschwindigkeit. Im Bereich der Ozeane sind die Platten etwa 70 Kilometer dick, im Bereich der Kontinente 100 bis 150 Kilometer. Die Kontinente selbst sind Bestandteil der Platten und werden auf ihnen mitgeführt. (Nach Dewey, J. F. *Plate Tectonics.* © 1972 bei Scientific American. Alle Rechte vorbehalten.)

Der Zusammenhang von Vulkanen und Erdbebengürteln ist seit langem bekannt. Bereits Aristoteles nahm an, daß Erdbeben durch das Poltern aufgestauter Gase, die schließlich aus den Vulkanen entweichen, verursacht würden. Er hatte die Beziehung der beiden geologischen Phänomene erkannt, wenngleich wir mit seiner Erklärung heute nicht mehr einverstanden sind. Vielleicht ist die wichtigste Lehre der letzten 30 Jahre die der wissenschaftlichen Bescheidenheit: Wer kann wissen, welche der heute als unhaltbar erscheinenden Ideen sich eines Tages als richtig erweisen werden und welche der Vorstellungen, die wir aufgrund der gegenwärtigen Beweislage akzeptieren, in 2000 Jahren als hoffnungslos naiv gelten werden?

2. Surtsey, Island

2.1 In Blitzen entlädt sich die in der aufschießenden Aschensäule aufgebaute Elektrizität über der neuentstandenen Insel Surtsey. (Photo: Sigurgeir Jónasson, 1. Dezember 1963; Belichtungszeit: 90 Sekunden.)

> Um drei Uhr in der Früh' sahen wir aus dem Meer Rauch aufsteigen und hielten es für Land. Als wir aber näher kamen, mußten wir erkennen, daß Gott ein Wunder vollbracht hatte und daß das Meer brennen kann.
>
> Kapitän Jorgen Mindelberg, Island (1783)

Island sitzt als Teil des weltweiten Riftsystems auf dem Mittelatlantischen Rücken. Die 300×500 Kilometer große Insel, deren Nordküste fast bis an den Polarkreis reicht, ist ausschließlich vulkanischen Ursprungs. Ungefähr alle fünf Jahre ereignen sich hier Eruptionen, manchmal an einzelstehenden Vulkanen wie dem Hekla, der seit 900 nach Christus bereits 20mal ausgebrochen ist, häufiger jedoch an langen Spalten, die jeweils nur einmal tätig werden. Island wächst durch diese Eruptionen, während gleichzeitig die Nordmeerstürme an seinen Küsten nagen. Die isländischen Bauern und Fischer wissen, daß die Erde lebt; sie sind im Grunde ihres Herzens alle Geologen.

Die Geschichte des Surtsey-Ausbruchs beginnt im Meer. Der inzwischen verstorbene isländische Vulkanologe Sigurdur Thorarinsson war sein Chronist.

Am 14. November 1963, morgens um 7.15 Uhr, bemerkte Olafur Vestmann, der als Koch auf einem Fischerboot an der Südküste von Island unterwegs war, wie im Dämmerlicht dunkler Rauch am Horizont aufstieg. Zunächst glaubte er an ein brennendes Schiff, da es in dieser Richtung kein Land mehr gab. Doch bald hatten die Fischer erkannt, daß es sich bei den dunklen Wolken nur um vulkanische Asche aus einem submarinen Ausbruch handeln konnte. Um 11 Uhr hatte die Eruptionswolke aus Asche und Dampf bereits eine Höhe von 3,5 Kilometern erreicht. Vulkanologen machten sich auf den Weg, um den Ausbruch aus der Luft zu beobachten.

Um 11.30 Uhr hatten sich entlang einer von Nordost nach Südwest verlaufenden Spalte drei submarine Förderschlote geöffnet. Sie entluden sich in Abständen von nur wenigen Sekunden, und dichte, schwarze Aschenfontänen schossen 100 bis 150 Meter empor. Gegen 3 Uhr nachmittags waren die einzelnen Eruptionssäulen auf einer Länge von 500 Metern zusammengewachsen. Die ununterbrochene Förderung von schwarzem vulkanischen Material legte nahe, daß hier soeben eine neue Insel entstand. Über Nacht wurde Surtsey geboren, benannt nach Surtur, dem Feuerriesen aus der isländischen Mythologie (Abbildung 2.2).

Der Ausbruch kam völlig überraschend. Einige schwache Anzeichen vermochte man erst später als Hinweise auf eine bevorstehende Eruption zu deuten. So hatte zwei Tage vorher ein Forschungsschiff etwa drei Kilometer von der Ausbruchsstelle entfernt einen unerklärlichen Anstieg der Wassertemperaturen gemessen, die an der Meeresoberfläche über die normalen sieben bis neun Grad Celsius hinausgingen. Am gleichen Tag wurden die Bewohner von Vik, einem kleinen, 80 Kilometer östlich gelegenen Küstendorf, durch fauligen Schwefelwasserstoffgestank irritiert. Ein im 120 Kilometer entfernten Reykjavik installierter Seismograph hatte bereits eine Woche vor dem Aus-

2.2 Zwei Tage nach der Entdeckung des Ausbruchs von Surtsey stieg die Dampf- und Aschenwolke am 16. November 1963 über drei Kilometer weit in den Himmel. (Photo: Hjálmar Bárdarson.)

bruch seismische Unruhe gemeldet, doch war die Quelle dieser Störungen nicht ausfindig zu machen gewesen. In dem Fischerdorf Vestmannaeyjar auf Heimaey – jener Siedlung, die 22 Kilometer nordöstlich von Surtsey der Eruption am nächsten lag – war von diesen vorausgehenden Beben allerdings nichts zu spüren (Abbildung 2.3).

Vermutlich setzte der Ausbruch ganz allmählich in 130 Meter Wassertiefe ein und benötigte Tage oder sogar Wochen, um den Vulkankegel bis knapp unter die Wasseroberfläche aufzubauen. Dort aber konnten dann der Druck sowie der Kühleffekt des Meerwassers die Explosionen nicht länger unterdrücken.

Im Verlauf der ersten Woche wuchs die junge Insel durch immer neue Ausbrüche. Dicht nebeneinander erfolgende Explosionen verbanden sich zu einer beständigen Fontäne aus vulkanischer Asche, die eine Säule von neun Kilometer Höhe bildete.

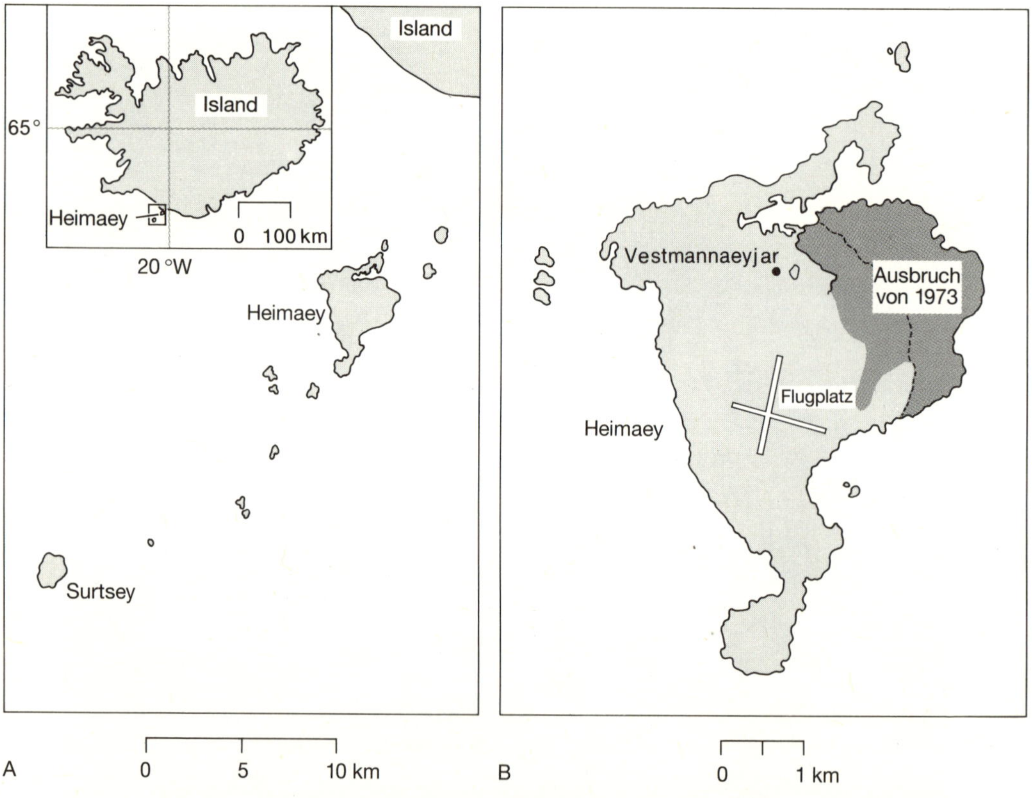

2.3 A. Karte der Vestmann-Inseln mit Surtsey (Entstehungszeit 1963–1964) und Heimaey (aus prähistorischer Zeit). B. Die dunkelgraue Fläche kennzeichnet die Lava, die 1973 auf Heimaey ausgeflossen ist und die Fläche dieser Insel deutlich vergrößert hat. Die gestrichelte Linie zeigt den früheren Küstenverlauf.

Am 18. November war Surtsey ein 550 Meter langer und 45 Meter hoher Rücken, zweigeteilt durch die zentrale Förderspalte. Nach und nach konzentrierte sich die Ausbruchstätigkeit auf einen einzigen Schlot entlang dieser Spalte, und die Insel nahm eine rundlichere Gestalt an. Am 24. November war sie schon 900 Meter lang und 650 Meter breit, und der Kraterrand besaß eine Höhe von fast 100 Metern. Die ganze Insel bestand aus vulkanischem Lockermaterial, das bei den Eruptionen herausgeschleudert worden war. Lavaströme hatten noch nicht eingesetzt, und so hatten die heftigen nordatlantischen Winterstürme mit diesen vulkanischen Lockermassen leichtes Spiel. Deren unaufhörliche Förderung indessen glich den Verlust durch Küstenerosion und Rutschungen nicht nur aus, sondern ließ die Insel weiter wachsen. Am 5. Februar 1964 erreichte Surtsey mit 174 Meter Höhe und einem Durchmesser von 1300 Metern seine größte Ausdehnung; eine durch Wellenschlag geschaffene, 150 Meter breite Terrasse, welche die Küste säumte, war darin eingeschlossen.

Während der ersten drei Monate des Ausbruchs hatte das Meerwasser leichten Zugang zu den Förderschloten, sei es durch Überfluten oder durch Einsikkern in das vulkanische Lockermaterial. Dieser Kontakt mit dem Wasser löste die für Flachwassereruptionen typischen Dampfexplosionen aus. Jede Explosion riß eine schwarze Masse von Gesteinstrümmern mit sich, darunter auch zahlreiche zähplastische Lavafetzen, sogenannte vulkanische Bomben. Die Bomben zogen Schweife aus schwarzer vulkanischer Asche hinter sich her, die sich schnell weiß verfärbten, sobald der heiße, unsichtbare Wasserdampf abkühlte und kondensierte. Diese zunächst dunklen, dann grauweißlichen bogenförmigen Rauchfahnen verliehen der Eruption das Aussehen einer explodierenden Feuerwerkskörperfabrik (Abbildung 2.4). Beim Flug pfiffen die Bomben aufgrund ihrer raschen Rotation, und oft schlugen sie über einen Kilometer vom Schlot entfernt ins Meer ein. Wesentlich ruhiger verliefen dagegen die eigentlichen Dampfexplosionen, die mit einem gedämpften Knall sowie einem fast geräuschlosen Lockermaterialausstoß einsetzten.

Als die einzelnen Explosionen in rascher Folge auftraten, stieg eine riesige Aschen- und Dampfwolke über der Insel auf. An den wenigen windstillen Tagen erreichte der Pilz eine Höhe von zehn Kilometern; gewöhnlich jedoch beugten in 500 bis 2000 Meter Höhe starke Winde die Säule und verursachten einen Aschenregen, der sich über viele Kilometer hinzog und zum Teil sogar auf den Dächern von Vestmannaeyjar die Wassertanks verunreinigte. Der heftige, von der Aschenwolke ausgehende Sog führte zu Wind- und Wasserhosen, Blitzen und auch Hagelschauern, die aus überfrorenen Gesteinsfragmenten bestanden (Abbildung 2.1).

Gelegentlich verlagerten die explosiven Ausbrüche ihre Aktivität auf eine anhaltende Förderung von vulkanischen Gesteinstrümmern und Wasserdampf. Hellrot glühende Bomben erleuchteten die Eruptionssäule bei Nacht. Im November und im Dezember kehrten nur kurze Ruhepausen ein; im Januar hiel-

2.4 Während des Ausbruchs auf Surtsey schossen schwarze Aschenfontänen bis in Höhen von 250 Metern. Große, rotierende Lavabomben wirbelten pfeifend durch die Luft und zogen Aschenfahnen hinter sich her. (Photo: Thorleifur Einarsson.)

ten sie dann bereits bis zu einen Tag lang an. Da die Insel ständig wuchs, konnte das Meerwasser nicht mehr zum Krater vordringen, und die Dampfexplosionen ließen nach.

Im April bestimmten Feuerfontänen und Lavaströme die vulkanische Aktivität, und die unteren Hänge der Insel wurden mit einer harten, widerstandsfähigen Schicht überzogen (Abbildung 2.5). Die Insel hatte sich zu diesem Zeitpunkt ihren Platz auf den Weltkarten gesichert; die Wellen brachen sich nach wie vor an der Küste, doch die harte Lava bot ihnen erheblich mehr Widerstand als die vulkanischen Lockermassen. Die ruhige Lavaförderung dauerte mehr als ein Jahr an und vergrößerte Surtsey um 2,5 Quadratkilometer. Mehr als die Hälfte der Insel lag nun unter erstarrten Lavaströmen und war dadurch weitgehend geschützt (Abbildung 2.6).

In den Jahren 1965 und 1966 schufen kleine explosive Ausbrüche im Nordosten und Südwesten von Surtsey flache Inseln aus vulkanischem Schutt. Diese losen vulkanischen Lockermassen waren allerdings nicht groß genug beziehungsweise nicht ausreichend durch überlagernde Lavaströme geschützt und wurden daher von ozeanischen Stürmen rasch wieder weggespült.

Im August 1966 förderte der Hauptkrater erneut Lava, die in Tunnels unter ihrer eigenen Abkühlungskruste zur Küste vordrang. Wir besuchten Surtsey zu dieser Zeit und beobachteten verblüfft, wie hellrote Lavazungen aus diesen

2.5 Im Laufe des Jahres 1964 wuchs Surtsey, bis dem Meerwasser schließlich der Zugang zum Förderschlot versperrt war. Nun lösten glühende Lavaströme und -fontänen die explosiven Eruptionen ab. Wo die Lava mit dem Meerwasser in Kontakt kam, stieg weißer Dampf auf, der den Platz der grauschwarzen Explosionswolken einnahm. (Photo: Kapitän Gardar Pálsson.)

Röhren ins Meer flossen und unter den Wellen weiterglühten. Die Isolierung durch die Abkühlungskruste und die Dampfschicht auf der Lavaoberfläche war so effektiv, daß sie ein schnelles Aushärten und Dampfexplosionen verhinderte.

Der Ausbruch kam schließlich im Juni 1967 zum Erliegen; er hatte dreieinhalb Jahre gedauert. Etwas mehr als ein Kubikkilometer Asche und Lava – nur neun Prozent davon über Wasser – war gefördert worden. Die Eruptionsrate lag in der Anfangsphase am höchsten und verringerte sich im Laufe der Zeit mehr oder minder kontinuierlich. Die Lavatemperaturen betrugen beim Austritt im Mittel 1140 Grad Celsius.

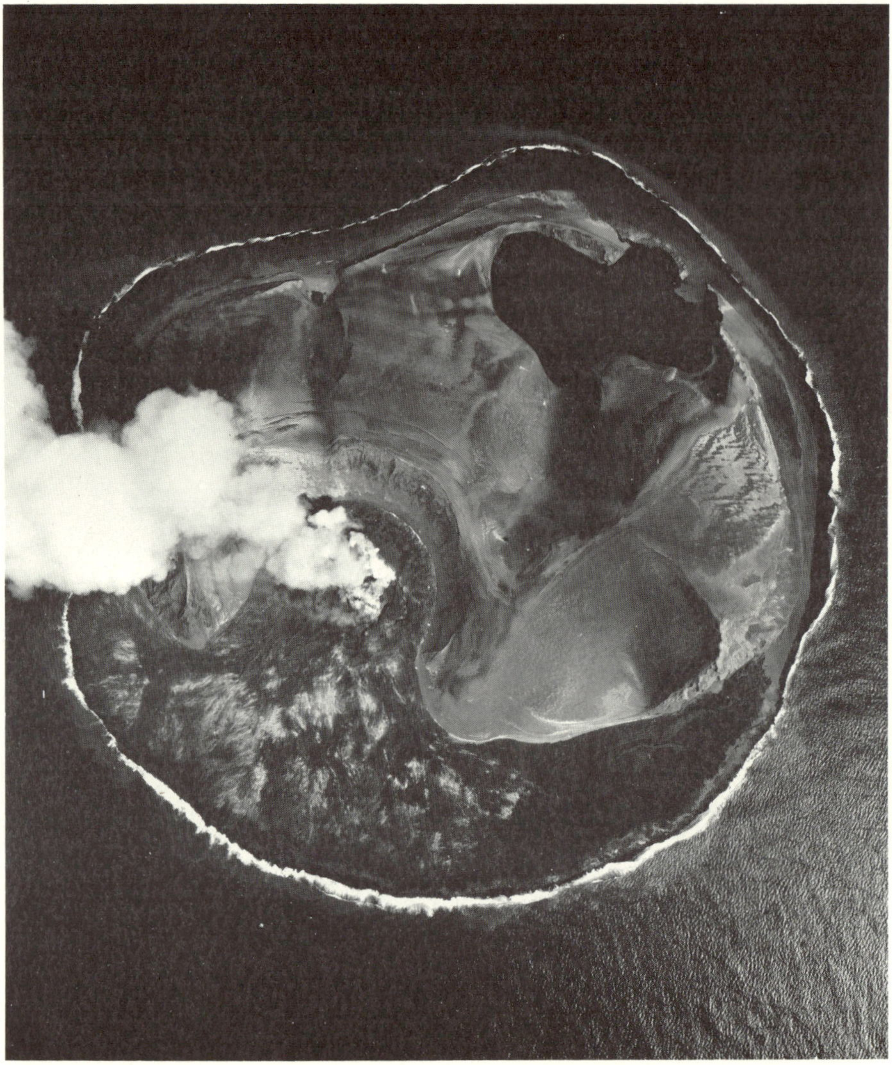

A

2.6 Luftbilder, am 18. Juni (A) beziehungsweise 25. August 1964 (B) direkt über der wachsenden Insel Surtsey aufgenommen (Durchmesser zum Zeitpunkt der Aufnahmen: etwa 1,3 Kilometer). Der hellgraue Bereich markiert die Aschen- und Schlackenbedeckung. Die dunklen Gebiete im Süden bestehen aus bis zur Küste vorgedrungenen basaltischen Lavaströmen, die den lockeren Explosionsschutt überdecken und so vor dem Wellenangriff schützen. Bei dem dunklen Areal im Norden handelt es sich um eine Lagune. (Photos: Landmaelingar Islands.)

Der Ausbruch gliederte sich in drei Abschnitte: In der ersten Phase, die vielleicht einige Wochen dauerte, baute sich der Vulkankegel, vor aller Augen verborgen, 130 Meter hoch bis knapp unter die Wasseroberfläche auf. In der

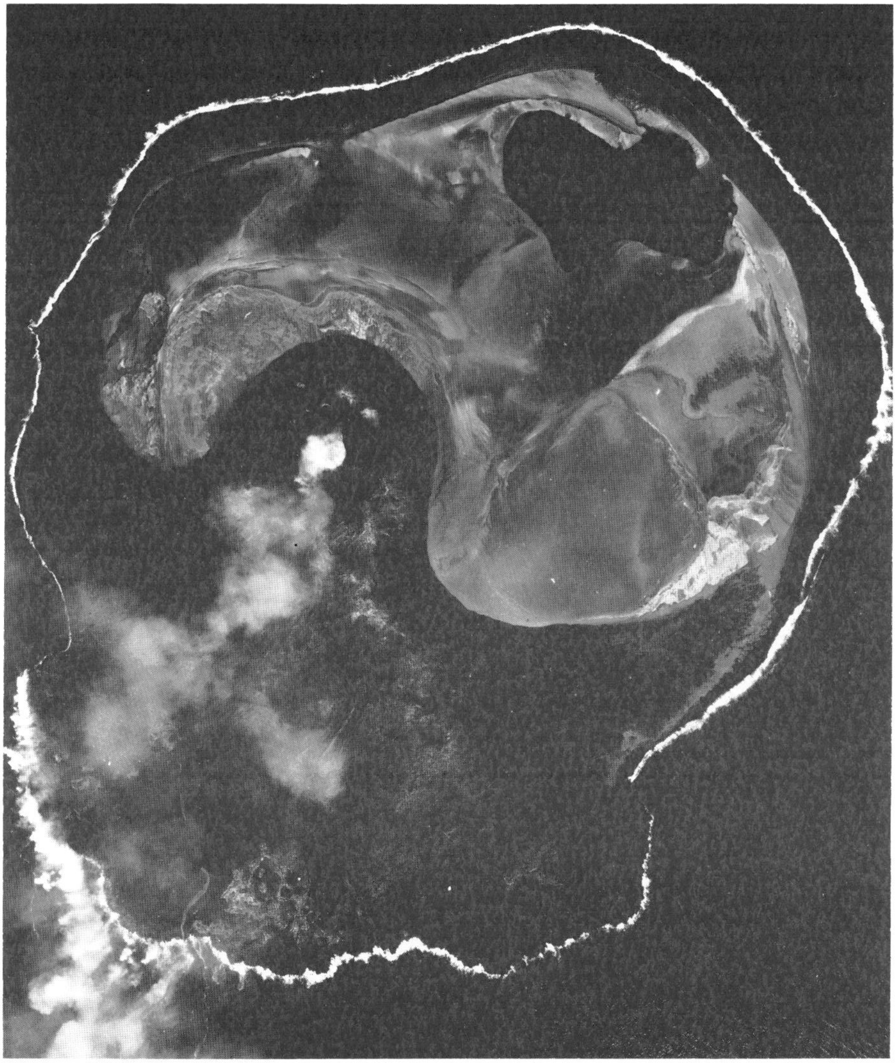

B

zweiten Phase ereigneten sich die explosiven Flachwassereruptionen und bauten eine Insel aus vulkanischem Lockermaterial auf. Von nun an konnte man den Ausbruch unmittelbar beobachten. In der dritten Phase schließlich wurde die Zufuhr von Meerwasser zum Förderkanal blockiert, woraufhin die Explosionen zum Erliegen kamen und die nichtexplosive Förderung von Lava einsetzte (Abbildung 2.7).

In der Gestalt von Surtsey spiegelt sich diese Dreiteilung wider: Der unter Wasser gelegene Sockel ist, bedingt durch die schnelle Abkühlung und Auf-

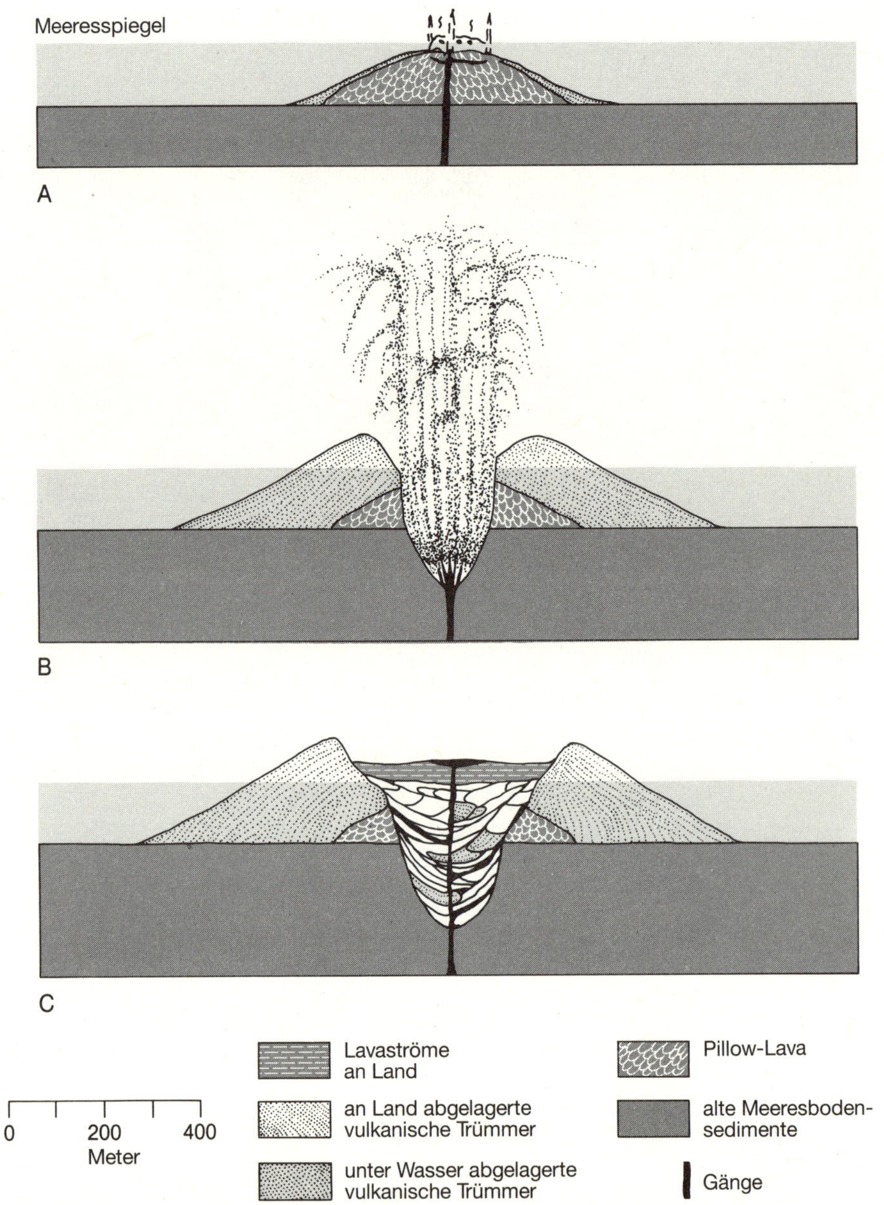

2.7 Schematische Querprofile zur Illustration der drei Hauptphasen des Surtsey-Ausbruchs. A. Ein submariner Vulkan aus Pillow-Lava (Kissenlava) baut sich bis knapp unter die Wasseroberfläche auf und wird nun explosiv tätig. Pillow-Lava bildet sich bei submarinen Eruptionen, wenn der Druck der überlagernden Wassersäule eine explosive Freisetzung verhindert. B. Durch den Kontakt mit Meerwasser werden anhaltend explosive Fontänen erzeugt, und der Krater vertieft sich bis in alte Meeresbodensedimente hinein. C. Nachbrechende Kraterwände füllen den tiefen Krater auf; schließlich werden diese Rutschmassen von oberflächlich ausfließender basaltischer Lava überdeckt. Die Querprofile verlaufen von Westnordwest nach Ostsüdost durch das Kraterzentrum (siehe Abbildung 2.6). Daten über die in den Krater nachgebrochenen Rutschmassen (C) konnten aus Bohrungen gewonnen werden. (Nach Moore, J. G. In: *Geological Magazine* 122 (1985) S. 655.)

schichtung submariner Lavaflüsse, mit steilen Hängen versehen; der Explosionsschutt bildet in den höheren Bereichen steile Kraterwände und -flanken, während er auf Meeresspiegelhöhe durch die erosive Wellentätigkeit zu einer flachen Stufe eingeebnet ist; zuletzt schufen die Lavaströme, die auf dem losen Schutt früherer Explosionen ausflossen und erstarrten, sanft geneigte Hänge.

Die Insel Surtsey wurde im Meer aus Dampf und Feuer geboren. Ihre Gesteine paßten sich der Umgebung an, in die sie ausgestoßen wurden, und prägten sie gleichzeitig. Die Erde ist seit ewigen Zeiten solchen sich widerstrebenden Kräften ausgesetzt. Es war eine seltene Gelegenheit, diese Vorgänge, auf weniger als vier Jahre konzentriert, miterleben zu können.

In einer Hinsicht hat die Geschichte von Surtsey gerade erst begonnen. Kein Besucher ist auf der Insel zugelassen, mit Ausnahme von Wissenschaftlern, die beobachten wollen, wie selbst in einer so feindlichen Umgebung das Leben Fuß faßt und wie sich langsam, aber sicher ein komplexes Ökosystem entwikkelt. Ausgehend vom offenen Meer, über Chaos und nackten, öden Fels bis hin zur ersten Besiedlung durch Pflanzen und Insekten wiederholt sich auf Surtsey heute in kleinem Maßstab die Entwicklung der Erde.

3. Feuer am Meeresgrund

3.1 Hawaiianische Lava beim Eintritt ins Meer. (Photo: R. W. Grigg, University of Hawaii.)

> In der Natur rücken die Dinge gewaltsam an ihren Platz, dort jedoch verhalten sie sich ruhig.
>
> Francis Bacon (1561–1626)

Was sagen uns Surtsey und andere Riftvulkane über den Aufbau der Erde? Sie verraten uns, daß der gesamte Tiefseeboden, also 60 Prozent der Erdoberfläche, vulkanischen Ursprungs ist – Produkt des Riftvulkanismus.

Das weltumspannende Riftsystem hat eine Gesamtlänge von 60 000 Kilometern und liegt fast vollständig unter dem Meer. Wo es Festland bildet, wie auf Island, den Azoren und den Galapagos-Inseln, ist seine vulkanische Aktivität wahrscheinlich höher als an den submarinen Schwellen – hoch genug jedenfalls, um den Rücken über den Meeresspiegel hinaus aufzubauen. Die Ursachen für diese Unterschiede in der vulkanischen Aktivität sind Gegenstand heftiger Diskussionen, auf die wir in Kapitel 7 zurückkommen werden. Gleichwohl stimmen die meisten Geologen darin überein, daß die Riftinseln durchaus repräsentativ für die vulkanischen und tektonischen Prozesse sind, die an mittelozeanischen Rücken ablaufen; auf jeden Fall lassen sie sich dort einfacher untersuchen.

Nach Ansicht der Geologen, die sich mit den ozeanischen Rücken befassen, existiert in einer Tiefe von nur ein oder zwei Kilometern unter dem Zentralgraben dieser Rücken ein Reservoir mit Gesteinsschmelze, eine sogenannte Magmakammer. Dieses Gebilde ist nur wenige Kilometer breit und hoch, aber Zehntausende von Kilometern lang und zieht sich sich unter der Kammlinie der gesamten mittelozeanischen Rücken entlang. Geschmolzenes Gestein aus der Magmakammer speist das sich erweiternde Rift und verschließt so die Spalte zwischen den auseinanderstrebenden Platten (Abbildung 3.2).

Die Anzahl der submarinen Vulkanausbrüche, die im Laufe eines Jahres beim Verschweißen der Risse auftreten, übersteigt sicher die an Land registrierten Eruptionen. Noch nie ist eine Eruption am Meeresboden unmittelbar beobachtet worden; dennoch läßt sich die Häufigkeit solcher Ereignisse anhand der Eruptionsrate auf Island, wo es alle fünf Jahre zu einem Ausbruch kommt, grob abschätzen. Island repräsentiert etwa 1/200 der Gesamtlänge aller ozeanischen Rücken. Aufgrund der außergewöhnlichen Heraushebung der Insel können wir annehmen, daß die Eruptionshäufigkeit auf Island etwa doppelt so hoch ist wie an einem submarinen Rücken gleicher Länge, dessen Vulkane demnach einmal in zehn Jahren ausbrechen. Die 200fache Länge von Island, multipliziert mit einem Zehntel Ausbruch pro Jahr, ergibt eine Gesamtsumme von 20 Ausbrüchen jährlich entlang der Ozeanrücken. Die Tatsa-

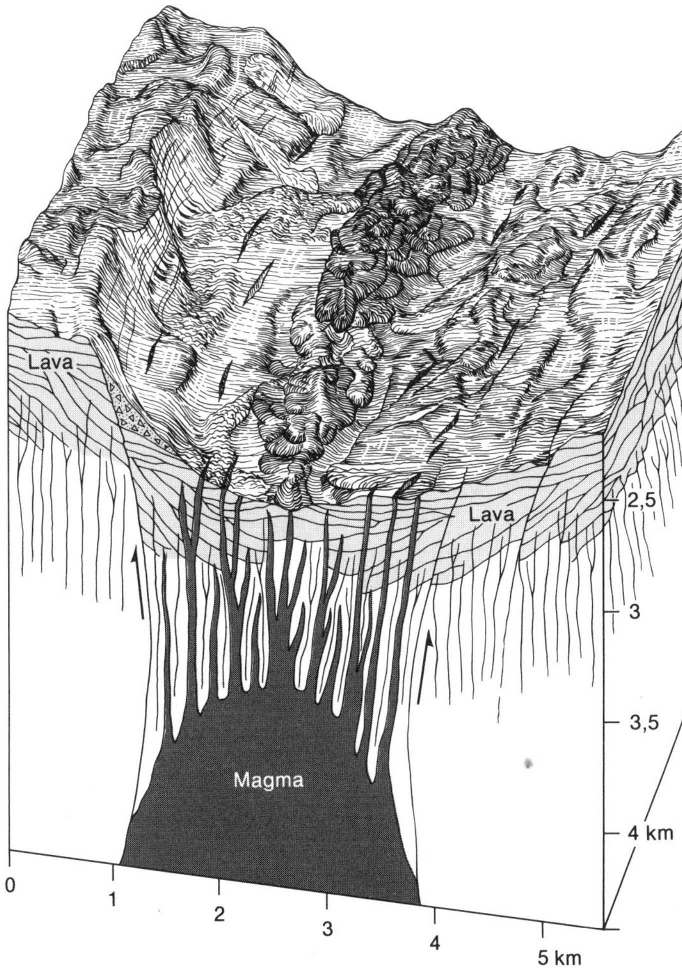

3.2 Blockbild der Struktur und submarinen Topographie des Zentralgrabens entlang des Mittelatlantischen Rückens. Der Vertikalmaßstab ist zweifach überhöht. (Nach Hekinian, R.; Moore, J. G.; Bryan, W. B. In: *Contributions to Mineralogy and Petrology* 58 (1976) S. 107.)

che, daß noch nie jemand Zeuge einer solchen Tiefsee-Eruption geworden ist – nicht einmal ozeanographische Instrumente –, macht deutlich, daß es bei der Erforschung der Erde noch viele Hindernisse zu überwinden gibt.

Die Menge an vulkanischem Gestein, die zum Verheilen der „Narben" zwischen den auseinanderdriftenden Platten benötigt wird, ist gewaltig. Jedes Jahr werden im Zuge der Plattenbewegungen 2,5 Quadratkilometer neuen Meeresbodens gebildet. Die Platten sind an ihren auseinanderstrebenden Rändern ein bis zwei Kilometer mächtig. Das Volumen der neugebildeten Kruste beträgt daher ungefähr vier Kubikkilometer pro Jahr.

Die Beschreibung des Surtsey-Ausbruchs im vorangegangenen Kapitel enthält einen interessanten Widerspruch. Einerseits führte die Eruption von Magma in geringer Wassertiefe zu heftigen Dampfexplosionen. Andererseits beobachtete man, wie Lava, die in Fließröhren zur neugebildeten Küste von Surtsey vordrang, unter Wasser noch weiterfloß und dabei weiße Dampfwolken erzeugte, ohne daß es zu einem gewaltsamen Zerbersten des geschmolzenen Gesteins kam. In beiden Fällen handelte es sich um Feuer am Meeresgrund. Warum reagierte es nur im ersten Falle explosiv?

A

B

3.3 Pillow-Lava, die aus submarinen Lavaströmen entsteht, gehört zu den häufigsten Gesteinen der Erde. A. In prähistorischer Zeit auf Island unter Gletschereis ausgeflossene Pillow-Lava. B. Junge Pillow-Lava am Mittelatlantischen Rücken in 2700 Meter Tiefe. (Photo: W. B. Bryan, Woods Hole Oceanographic Institution; Aufnahme aus dem Tauchboot *Alvin*.)

Die Antwort liegt in der Zusammensetzung des Magmas: Es enthält einen Anteil an Wasser und Gasen, der normalerweise etwa 0,5 Gewichtsprozent beträgt. Magma aus großen Tiefen, das im Flachwasser ausbricht, bildet sofort glasige Abkühlungskrusten. Unter den niedrigen Drücken an der Oberfläche expandieren die meisten Gase in der Schmelze und erhöhen ihr Volumen beträchtlich. Diese Ausdehnung erzeugt Risse in der glasigen Rinde des austretenden Magmas und ermöglicht dadurch dem Meerwasser, zu der großen inneren Oberfläche des kleinstückig zerbrochenen, noch heißen Gesteins vorzudringen. Der Wasserdampf, der in diesem Kontaktbereich entsteht, führt zusammen mit den aus dem Magma freiwerdenden Gasen zur Explosion.

Demgegenüber hat Lava, die sich aus einem Festlandskrater durch Fließröhren ins Meer ergießt, bereits den größten Teil ihrer Gase verloren. Sobald sie mit Wasser in Berührung kommt, bildet sie sackartige Strukturen mit glasiger Rinde aus; solche Gebilde nennt man *Pillow-* oder *Kissenlava* (Abbildung 3.3). Die „Kissen" zerplatzen nicht unter dem Druck sich ausdehnender Gase, da diese ja bereits an Land entweichen konnten (Abbildung 3.1). Nur eine recht kleine Oberfläche gibt Wärme an das umgebende Wasser ab, und die lediglich schwache Dampfbildung erfolgt ohne Explosionen (Abbildung 3.4).

Dieser Prozeß läßt vermuten, daß Magma in Tiefen, in denen gelöste Gase nicht expandieren können, ebenfalls ganz ruhig Pillow-Laven ausbildet. Da

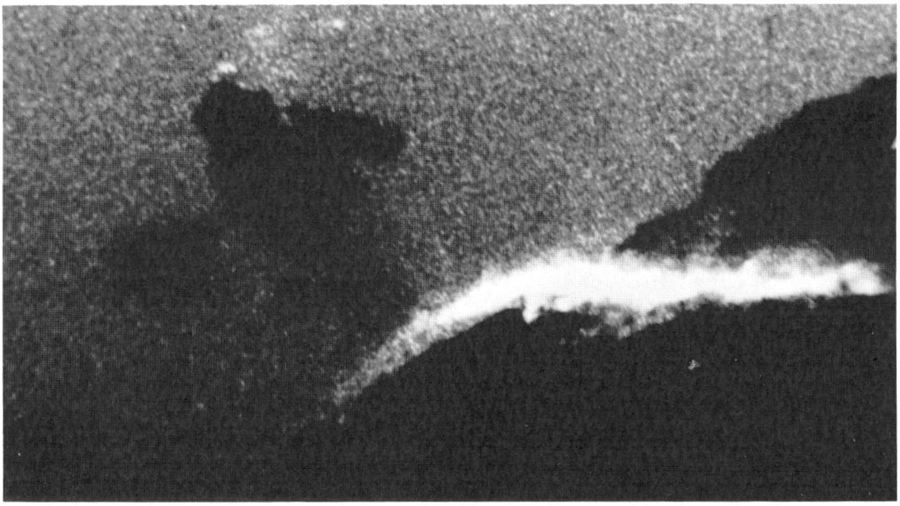

3.4 Ein Taucher beobachtet den Prozeß der Entstehung von Pillow-Lava. Das wachsende „Kissen" im rechten Vordergrund vergrößert sich entlang einer rotglühenden Naht (die in dieser Schwarzweißaufnahme weiß erscheint). Das Fehlen von Dampf, sogar in dieser geringen Tiefe, zeigt, daß die Wärmeabgabe von der Lava an das Wasser gering ist. Die Laven des Kilauea auf Hawaii, die 1971 und 1973 ins Meer flossen, haben tauchenden Geologen zum ersten Mal die Möglichkeit gegeben, die Bildung dieses weitverbreiteten Gesteinstyps direkt zu beobachten. (Photo: Lee Tepley, aus dem Film *Fire Under the Sea* der Moonlight Productions, Mountain View, Kalifornien.)

dort das Kontaktwasser unter sehr hohem Druck steht, kann zudem kein Dampf entstehen. Die Gewalt des Feuers am Meeresgrund ist demnach eine Funktion der Wassertiefe. Der Volksglaube, nach dem Feuer und Wasser unvereinbar sind, entspringt der eingeschränkten Sichtweise unseres Lebensraumes mit seinen Druckbedingungen. Natürlich wird der Begriff *Feuer* hier nicht im engeren Sinne verwendet; er soll schlicht für „heiß und glühend" stehen und nicht etwa für die „Verbrennung eines Stoffes mit Sauerstoff unter Erzeugung von Flammen".

Die Wassertiefe, unterhalb derer submarine Lava nicht mehr explosiv austreten kann, hängt von Gasgehalt und Temperatur des Magmas ab, aber normalerweise liegt sie bei nur 30 Metern. Die meisten ozeanischen Rücken, an denen der Meeresboden auseinanderdriftet und neue Kruste erzeugt wird, befinden sich mehr als 2000 Meter unter dem Meeresspiegel. Pillow-Lava stellt daher einen großen Teil des auseinanderstrebenden Meeresbodens. Von ozeanographischen Forschungsschiffen oder bei wissenschaftlichen Tauchgängen genommene Gesteinsproben bestätigen diese Theorie (Abbildung 3.5).

3.5 Das Forschungs-U-Boot *Alvin* im Zentralgraben des Mittelatlantischen Rückens. Diese zeichnerische Darstellung zeigt *Alvin* in 2600 Meter Tiefe an einer offenen Spalte, die sich durch junge Pillow-Lava zieht. (Zeichnung: National Geographic Society.)

Jim Moore, einer der Forscher, die 3000 Meter tief in den Zentralgraben des Mittelatlantischen Rückens hinabgetaucht sind, beschreibt das Terrain dort als ein fremdartiges, stilles Land aus Pillow-Lava-Hügeln und gähnenden Abgründen, das mit einer feinen Schicht von sedimentärem Schlamm überzogen ist. Die Pillow-Lava baut steile, 20 bis 30 Meter hohe und 0,5 bis ein Kilometer breite Hügel in der Nachbarschaft des vier Kilometer breiten Zentralgrabens auf. Die Erhebungen vermitteln den Eindruck, als seien sie frisch und gerade erst ausgeflossen. Sie zeichnen deutlich die genaue Lage der Spreizungsachse nach.

Auf dem Grunde des Grabens, zu beiden Seiten dieser Erhebungen, sehen die Laven älter aus. Sie sind mit herabregnendem Lockersediment bedeckt, das überwiegend aus mikroskopisch kleinen Kalkschalen von planktonischen Pflanzen und Tieren besteht. Das relative Alter der submarinen Laven kann anhand der Mächtigkeit des Schlamms, der sich mit der Zeit darauf ansammelt, abgeschätzt werden (Abbildung 3.6).

Tiefe Risse, die parallel zum Zentralgraben verlaufen, durchschneiden die ältere Lava. Diese Spalten entstehen durch das Auseinanderziehen des gesam-

3.6 Blick in eine offene Spalte im Zentralgraben des Mittelatlantischen Rückens. Der Riß zieht sich durch sedimentbedeckte Pillow-Lava und ist offensichtlich durch Kräfte entstanden, die die Platten auseinanderziehen. Das Photo wurde in etwa 2700 Meter Tiefe während des FAMOUS-Projekts (French-American Mid-Ocean Undersea Study) im Jahre 1974 aufgenommen. Ähnliche Risse treten auch an Land in der Riftzone Islands auf. (Photo: W. B. Bryan, Woods Hole Oceanographic Institution.)

ten Ozeanrückensystems. Die steilen Wände, die den Zentralgraben begrenzen, scheinen senkrecht abfallende Störungen (Abschiebungen) zu sein, an denen der Graben relativ zum Rücken 500 Meter abgesackt ist.

Über mehr als 1000 Kilometer auf beiden Seiten des Grabens flacht sich der Mittelatlantische Rücken über zerklüftetes und zerrissenes vulkanisches Terrain hin ab und geht schließlich in 4000 bis 5000 Meter tiefe Becken über (Abbildung 3.7).

An der Ostpazifischen Schwelle liegt die Spreizungsrate höher als am Mittelatlantischen Rücken; die magnetischen Streifen dort lassen auf Geschwindigkeiten von fünf bis 15 Zentimetern pro Jahr schließen. Kürzlich durchgeführte Untersuchungen an diesem Riftsystem haben einige interessante Übereinstimmungen und Unterschiede zwischen der Meeresbodenspreizung im Atlantik und jener im Pazifik aufgezeigt.

Die Forschungstauchfahrten des U-Bootes *Alvin*, das von der Woods Hole Oceanographic Institution unterhalten wird, konzentrierten sich auf ein 2500 Meter tiefes Gebiet südlich von Baja California. Dort ist der eigentliche Riftbereich nur einen Kilometer breit, und der Ostpazifische Rücken dehnt sich hier um jährlich sechs Zentimeter – das Dreifache der Spreizungsrate des Mittelatlantischen Rückens.

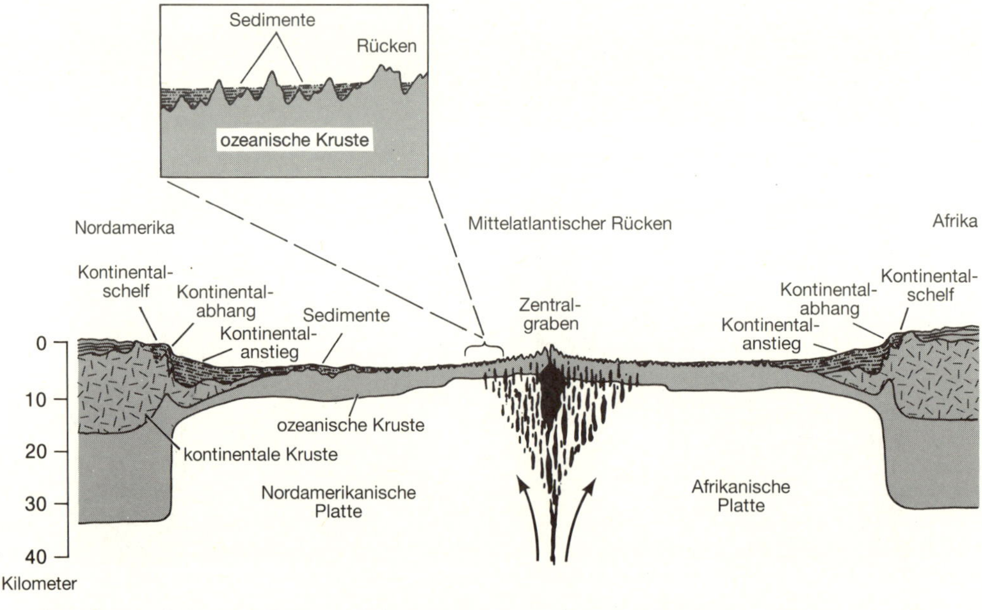

3.7 Querprofil durch die Erde unterhalb des Atlantischen Ozeans. Nordamerika und Afrika bewegen sich mit dem spreizenden Meeresboden voneinander weg und bilden sogenannte passive Kontinentalränder aus. Die Sedimente, die sich in den Meeresbecken beiderseits der vulkanischen Rücken anreichern, begraben mit der Zeit die zerklüfteten submarinen Berge. (Nach Heezen, B. C. In: Press, F.; Siever, R. *Earth*. 2. Aufl. S. 262. © 1978 bei W. H. Freeman.)

Neben jungen Pillow-Laven fand man auch basaltische Lavaströme mit glatter Oberfläche und erstarrte Lavaseen. Eine Störungszone, deren Verwerfungen überwiegend parallel zum Riftsystem verlaufen, erstreckt sich über einen Bereich von 0,5 bis zwei Kilometern beiderseits der jüngsten Laven. Die infolge der Verwerfungen aufgestellten freiliegenden Böschungen sind bis zu 70 Meter hoch und zur Kammlinie des Rückens hin ausgerichtet (Abbildung 3.8). Erdbeben und Störungstätigkeit nehmen in etwa zehn Kilometer Entfernung vom Spreizungszentrum plötzlich ab. Vermutlich ist die aktive Meeresbodenspreizung an der Ostpazifischen Schwelle also auf eine 20 Kilometer breite Zone beschränkt und spielt sich überwiegend in deren zentralem Bereich ab. Jenseits dieser Zone bewegen sich die Platten inaktiv unter dem Pazifischen Ozean fort.

Auf der Tauchexpedition wurden auch submarine heiße Quellen entdeckt. Exotische Lebensformen und Sulfidabscheidungen, die an solche hydrothermalen Schlote gebunden sind, gehören zu den aufregendsten geologischen Entdeckungen der letzten 15 Jahre. Auf warme untermeerische Quellen (20 Grad Celsius) stieß man zuerst 1977 bei Tauchfahrten am Galapagos-Rücken.

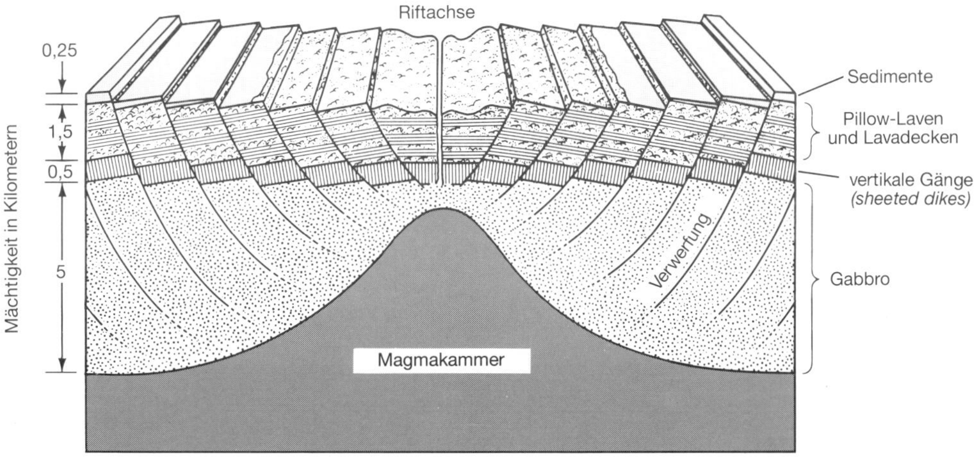

3.8 Schematisches Profil durch den Spreizungsbereich eines mittelozeanischen Rückens. Aktiver submariner Vulkanismus ist auf eine schmale Zone entlang der Spreizungsachse beschränkt. Durch Abschiebungen entstehen die abgerutschten Blöcke aus älterem vulkanischem Gestein auf beiden Seiten der Achse. Magma bildet sich, wenn die Platten auseinanderdriften, Mantelgestein aufsteigt und infolge des niedrigen Druckes aufschmilzt. An den Grenzen der Magmakammer entsteht Gabbro, ein grobkristallines Gestein basaltischer Zusammensetzung. Im oberen Teil der Kammer steigt das Magma auf, während die Platten divergieren, und kühlt zum Teil in senkrechten Gängen ab. An der Oberfläche fließt Lava aus und erstarrt in Form von geschichteten Lagen und Kissen. Während sich die neue Kruste vom Spreizungszentrum wegbewegt, wird sie mit Sedimenten bedeckt. Die reife Kruste ist von oben nach unten folgendermaßen geschichtet: Sedimente, Pillow-Laven und Lavadecken (*sheet flows*), vertikale Gänge (*sheeted dikes*) und Gabbro. (Aus Francheteau, J. *The Oceanic Crust.* © 1983 bei Scientific American. Alle Rechte vorbehalten.)

Im Jahre 1979 entdeckte man dann auf der Ostpazifischen Schwelle am 21. Grad nördlicher Breite extrem heiße Quellen (350 Grad Celsius). Bruce Luyendyk von der University of California in Santa Barbara war einer der Wissenschaftler auf jenen Erkundungsfahrten, und seine eigenen Worte geben das Erlebnis dieser Entdeckung am besten wieder:

»Die Szene hätte aus einem alten Horrorfilm stammen können. Flimmerndes Wasser quoll zwischen den Basaltkissen entlang der ganz jungen Vulkanzone empor. Bis zu 30 Zentimeter große weiße Muscheln saßen zwischen schwarzen Kissen, während Krabben blindlings über den Vulkanboden hasteten. Am dramatischsten aber wirkten die Büschel riesiger, bis zu drei Meter langer Röhrenwürmer.«

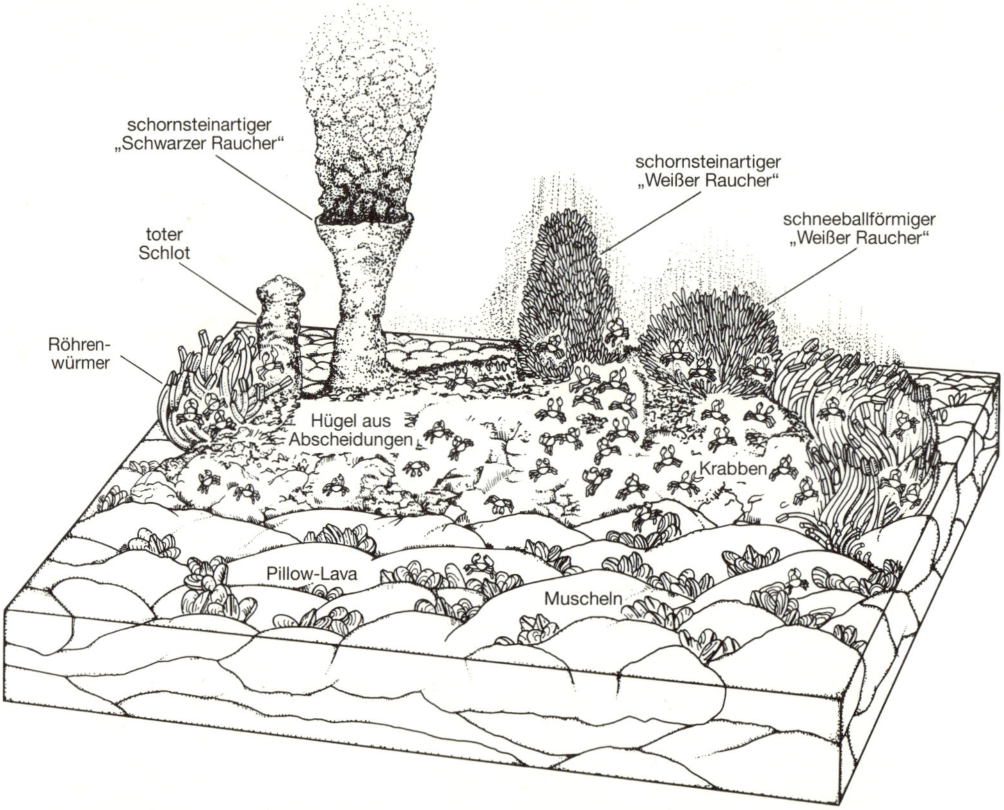

3.9 Idealisierte Szene mit Lebensformen und Metallsulfidabscheidungen an einer submarinen heißen Quelle in 2500 Meter Tiefe an der Riftzone der Ostpazifischen Schwelle. Die „Weißen Raucher“ bauen sich aus den Röhren von Pompeji-Würmern auf. Die weißlichen, wolkigen Lösungen, die ihnen entströmen, erreichen Temperaturen von 300 Grad Celsius. Das heißeste Wasser (bis zu 350 Grad Celsius) strömt aus den „Schwarzen Rauchern“ und scheidet beim Austritt dunkle Wolken aus Metallsulfidpartikeln ab, wenn es durch das umgebende kalte Meerwasser abgeschreckt wird. (Aus Macdonald, K. C.; Luyendyk, B. P. *The Crest of the East Pacific Rise.* © 1981 bei Scientific American. Alle Rechte vorbehalten.)

Beim nächsten Tauchgang bot sich den Wissenschaftlern ein anderer eindrucksvoller Anblick: »... extrem heiße, durch Sulfidminerale schwarz gefärbte Flüssigkeiten schossen aus bis zu zehn Meter hohen und 40 Zentimeter breiten schornsteinähnlichen Schloten. Wir nannten diese Schlote „Schwarze Raucher"« (Abbildung 3.9 und Farbtafel 26).

In den nachfolgenden Jahren spürte man auf Tiefsee-Expeditionen weitere solche Oasen fremdartigen Lebens mit den charakteristischen Metallsulfidablagerungen auf, und zwar verstreut entlang der Spreizungsachsen von Atlantik und Nordpazifik. Hydrothermale Quellen scheinen durchaus nicht ungewöhnliche, wenngleich keineswegs überall auftretende Phänomene des globalen Riftsystems zu sein.

Biologen und Geologen haben gerade erst begonnen, die grundlegende Bedeutung dieser exotischen Lebensgemeinschaften und der mineralischen Abscheidungen am dunklen Meeresboden zu begreifen. Die Bakterien, die am Beginn der Nahrungskette der fremdartigen Würmer, Muscheln und Krabben stehen, leben von vulkanischer Wärme, Schwefelwasserstoff und Sauerstoff; Sonnenlicht brauchen sie nicht (Abbildung 3.10). Bis vor gar nicht langer Zeit galten Sonne und Photosynthese als die einzigen primären Energiespender für das Leben auf der Erde.

3.10 Röhrenwürmer und andere ungewöhnliche Lebewesen wachsen in der Nähe der submarinen heißen Quellen. Dieses Photo zeigt Ansammlungen von großen, bis zu zwei Meter langen Röhrenwürmern, die sich in dem warmen Wasser am Rand der Hochtemperaturschlote wiegen. Chemoautotrophe Bakterien stehen am Beginn dieser sonnenunabhängigen Nahrungskette, die auch Muscheln und Krabben umfaßt. (Photo: F. N. Speiss, Scripps Institution of Oceanography; aufgenommen 1979 während der RISE-Expedition am 21. Grad nördlicher Breite an der Ostpazifischen Schwelle und von William Normark vom U.S. Geological Survey zur Verfügung gestellt.)

Ähnlich bedeutsam sind die sulfidischen Erzminerale; sie fallen aus, wenn Meerwasser die heißen Quellen abkühlt, und bilden Hügel und Krusten, die reichlich Eisen, Kupfer und Zink enthalten. Durch die Spreizung des Meeresbodens entwickeln sich diese Ablagerungen zu ausgedehnten Lagerstätten von großem ökonomischem Wert (mehr darüber in Kapitel 13).

Diskutiert wird derzeit noch die Frage, ob Riftvulkane die Ursache oder die Folge der Spreizung der ozeanischen Rücken sind. Schiebt die Intrusion vulkanischer Gesteine die Platten auseinander, oder werden durch das Auseinanderzerren der Platten Spalten aufgerissen, in denen das Magma zur Oberfläche aufsteigen kann? Die meisten Experten glauben an die zweite Möglichkeit, doch könnten auch beide zutreffen.

In den vergangenen 20 Jahren haben wir die Spreizungsrate mit sehr empfindlichen Überwachungsinstrumenten gemessen, die Veränderungen von weniger als einem Zentimeter über eine fünf Kilometer lange Strecke registrieren. Wie die Untersuchungen ergaben, dehnen sich die Riftzonen langsam und senken sich über eine Breite von zehn bis 30 Kilometern um einige Millimeter im Jahr ab, ohne dabei Erdbeben oder Vulkanausbrüche auszulösen. Wenn die Zugspannung einen kritischen Wert überschreitet, reißt die Riftzone auf (Abbildung 3.11). Ein solches Ereignis dauert ein paar Stunden oder Tage. Offene Klüfte bilden sich parallel zur Riftzone, Erdbebenschwärme erschüttern die Umgebung, und aus einigen Spalten quillt Lava.

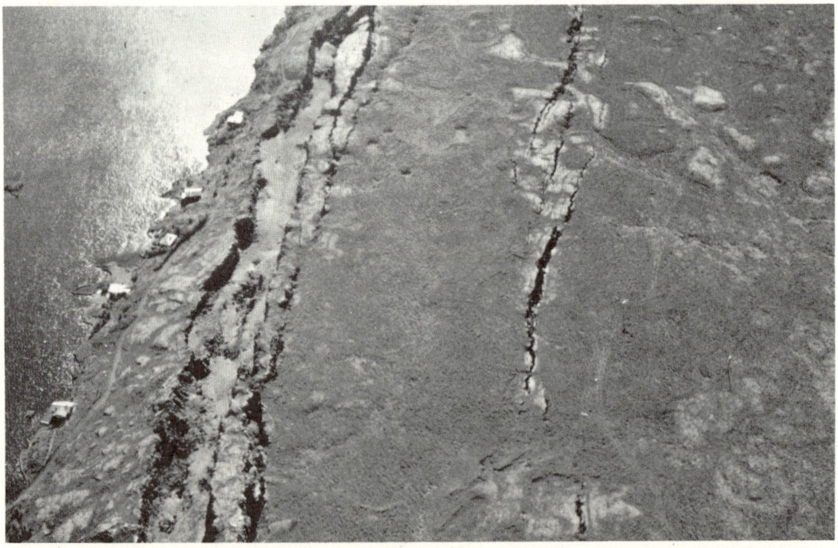

3.11 Luftbildaufnahme von Spalten in der isländischen Riftzone. Sie markieren die Fortsetzung des Mittelatlantischen Rückens über Island hinweg. In diesem Gebiet sind die Lavaströme jünger als 6000 Jahre. Am Rande des Sees, der sich im Zentralgraben der Riftzone gebildet hat (links), stehen Sommerhäuser.

Wir hatten das Glück, uns im nördlichen Teil von Island aufzuhalten, als am 7. September 1977 eine solche aktive Episode einsetzte. Einer Erdbebenserie am Vulkan Krafla folgten eine zwar kurze, jedoch spektakuläre Spalteneruption und das Aufreißen des Untergrundes parallel zur Riftzone. In einem etwa zwei Kilometer breiten und 20 Kilometer langen Bereich öffneten sich bis zu 20 Zentimeter breite Spalten, die einen vertikalen Versatz von maximal einem Meter aufwiesen. All dies ereignete sich zwischen drei Uhr nachmittags und Mitternacht (Abbildung 3.12).

Einer der Risse zog sich quer über das Gebiet eines geothermischen Kraftwerks. Etwas Magma muß in diese Spalte eingedrungen sein, denn aus einer der Wasserdampfförderstellen schossen kleine Spritzer aus glühender Lava. Die ausgestoßene Lava fraß sich durch das dicke Metall der Brunnenfassung und ergoß sich in einigen Tonnen schaumiger Lavafetzen rund um das Rohr. Dies ist der einzige bekannte Fall, in dem Lava aus einem von Menschenhand geschaffenen Schlot ausgeflossen ist (Abbildung 3.13).

Eine die Bruchzone kreuzende, vier Kilometer lange Beobachtungsstrecke dehnte sich um mehr als einen Meter. An den Flanken der neuentstandenen Spalten registrierte man dagegen Kontraktionsprozesse. Die Spaltenbildung (*rifting*) scheint demnach wie folgt abzulaufen: Über ein ausgedehntes Areal hinweg findet eine 100 bis 200 Jahre währende langsame Dehnung statt, ehe Bruchvorgänge die Deformation dann auf eine schmale Zentralzone konzentrieren und den seitlichen Bereichen somit gestatten, in den entspannten Zustand zurückzuschnellen. Der Prozeß läßt sich mit einem Gummiband vergleichen, das auseinandergezogen und dann in der Mitte durchgeschnitten wird; die gesamte, allmählich erzeugte Dehnung konzentriert sich plötzlich im Schnitt, und die Enden ziehen sich wieder zusammen. Die Parallelen werden noch deutlicher, wenn man die Vorgänge mit dem ruckartigen Ziehen an einer zuvor langsam gedehnten elastischen Folie vergleicht, da in diesem Falle die Dimensionen eher denen von Krustenplatten entsprechen als bei einem Gummiband.

Die Länge einer solchen Spalte, die während eines aktiven Riftvorgangs entsteht, liegt zwischen zehn und 100 Kilometern und beträgt damit nur einen Bruchteil der Länge des gesamten Riftsystems. Derartige Riftvorgänge treten recht selten auf, vielleicht nur einmal in ein paar hundert Jahren. Dennoch findet vermutlich zu jeder Zeit an irgendeinem Punkt entlang der ozeanischen Rücken gerade ein solcher Prozeß statt.

Das unter hohem Druck stehende Magma unter den Riftzonen trägt zum Bruchprozeß vermutlich bei, so wie ein Keil das Fällen eines Baumes beschleunigt. *Rifting* und Vulkanismus sind so stark miteinander verwoben, daß es schwierig ist, Ursache und Wirkung zu unterscheiden – analog zu Samuel Butlers Ausspruch, daß »eine Henne lediglich dem Ei dazu dient, weitere Eier zu erzeugen«.

3.12 Dieser klaffende Spalt wurde während eines Erdbebenschwarmes am 7. September 1977 im Norden von Island aufgerissen. Das Riftereignis war mit dem Ausbruch des Vulkans Krafla gekoppelt, dessen Kegel (im Hintergrund) während einer prähistorischen Eruption entstand.

3.13 Aus dieser Wasserdampfförderstelle eines geothermischen Kraftwerks wurde während des Ausbruchs des Krafla am 7. September 1977 kurzzeitig glühende Lava gefördert. Ein Riß irgendwo zwischen der Oberfläche und dem in 1200 Meter Tiefe gelegenen Brunnenende zerstörte die Brunnenfassung und ermöglichte es einer kleinen Menge Magma, dort einzudringen. Der Dampf förderte den Magmaschaum zur Oberfläche, wo er sich seinen Weg durch das Rohr fraß. Die wenigen Tonnen kleiner Lavabomben, die ausgeworfen wurden, bilden das körnige Material auf der Erdoberfläche. Dies ist der einzige bekannte Fall, in dem ein vulkanischer Förderschlot durch eine Bohrung geschaffen wurde.

Auf jeden Fall umspannen lange, größtenteils submarine Vulkanketten die Erde in mehreren Gürteln entlang der mittelozeanischen Rücken. Sie verdanken ihre Existenz den immer noch geheimnisvollen Kräften, welche die Platten auseinandertreiben. Surtsey stellt nur die sichtbare Spitze dieser ungeheuren verborgenen Aktivität dar.

4. Mount St. Helens

4.1 Der riesigen Eruption vom 18. Mai 1980 am Mount St. Helens folgten im Sommer und Herbst fünf schwächere explosive Ausbrüche. Am 22. Juli erreichte die hier gezeigte Aschenwolke in gerade acht Minuten eine Höhe von 18 Kilometern. (Photo: Katia Krafft.)

> Eine Naturkatastrophe schlägt immer dann zu, wenn der Schrecken der letzten gerade vergessen ist.
>
> Japanisches Sprichwort

Die gewaltige Eruption des Mount St. Helens im amerikanischen Bundesstaat Washington im Mai 1980 ist wie kaum ein anderer Vulkanausbruch aus nächster Nähe beobachtet und vollständig dokumentiert worden (Abbildung 4.2). Zwei Monate geringfügiger, doch unheilversprechender Aktivität hatten das Erwachen des schlafenden Vulkans angekündigt und die Vulkanologen alarmiert (Abbildung 4.3).

Am Morgen des 18. Mai, um 8.32 Uhr, wurde der Mount St. Helens von einem Erdbeben der Stärke 5 erschüttert, dessen Zentrum ein bis zwei Kilometer tief unter seiner Nordflanke lag. Die Geologen Keith und Dorothy Stoffel befanden sich mit ihrem Sportflugzeug gerade 400 Meter über dem Gipfel, als sie in dem steilwandigen Krater mehrere kleine Eislawinen niedergehen sahen. 15 Sekunden später wurden sie Zeugen eines der größten Bergstürze in der menschlichen Überlieferung, dem ein gewaltiger Vulkanausbruch folgte.

»Die ganze Nordseite des Gipfelkraters bewegte sich plötzlich wie eine einzige gigantische Masse. Diese Bewegungen waren unheimlich, anders als alles, was wir bis dahin gesehen hatten«, erinnert sich Dorothy, »die gesamte Masse begann, sich heftig aufzuwerfen, ohne sich dabei seitlich auszudehnen. Dann glitt der gesamte Nordabschnitt des Gipfels entlang einer tiefliegenden Rutschfläche nach unten« (Abbildung 4.4 oben).

Sekunden später erschütterte eine ungeheure Explosion den Berg. Aus dem Blickwinkel der Stoffels schien die anfängliche Explosionswolke wie ein Pilz seitlich aus der Nordflanke herauszuschießen und sich dann den Hang hinabzuwälzen, aber im Flugzeug hörten und spürten sie die Explosion nicht (Abbildung 4.4 unten). Als sie das ungeheure Ausmaß des Ausbruchs erkannten, ging es ihnen nur noch ums Überleben. Um Fahrt zu bekommen, gingen sie in den Sturzflug über, doch die sich ausdehnende Wolke schien sie einzuholen. Sie schwenkten nach Süden ab und entkamen schließlich. Hinter ihnen fegten schnell wachsende Aschenwolken nach Norden und Nordwesten. Im Osten blähten sich die Wolken zu Pilzen über heftigem Aschenfall auf, durch die kilometerlange Blitze schossen (Abbildung 4.5). Eine halbe Stunde später landeten die Stoffels durchgeschüttelt, aber mit dem Leben davongekommen, auf dem Flughafen von Portland.

Mit der Lawine, die sie aus der Luft beobachtet hatten, wurden etwa drei Kubikkilometer Gesteinstrümmer und Gletschereis in den Spirit Lake und den North Fork, den nördlichen Arm, des Toutle River, gerissen. Explodierender Wasserdampf sorgte für eine „Verflüssigung“ (Fluidisierung) der Lawine, die daher schnell eine Geschwindigkeit von 250 Kilometern in der Stunde erreichte. Ein Teil dieser gewaltigen Masse pflügte sich durch den Westarm des Spirit

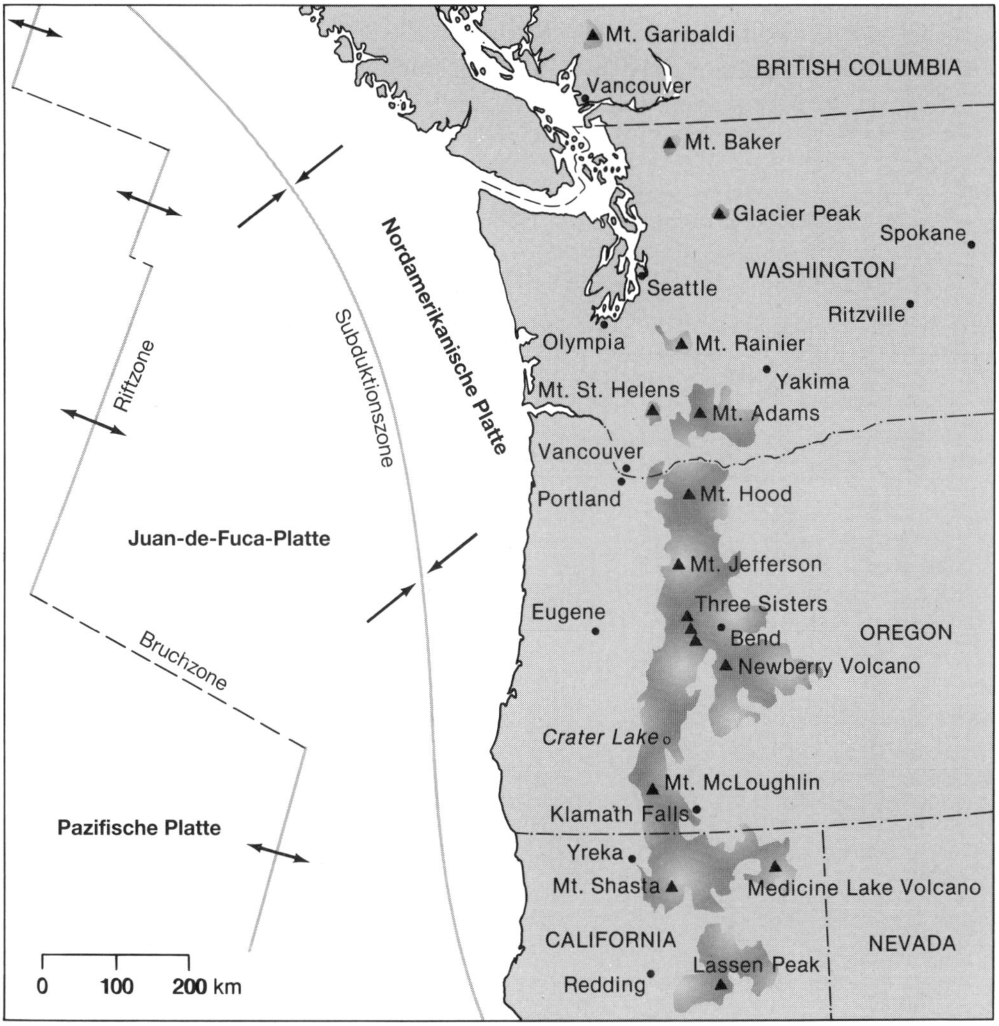

4.2 Karte der nordwestlichen Vereinigten Staaten mit den Vulkanen der Cascade Range und deren Beziehung zur Subduktion der Juan-de-Fuca-Platte unter die Nordamerikanische Platte. Vor einiger Zeit hat man auch an der Riftzone entlang der westlichen Grenze der Juan-de-Fuca-Platte submarine Vulkane und heiße Quellen entdeckt. In den dunkelgrau gehaltenen Gebieten sind die vulkanischen Gesteine jünger als zwei Millionen Jahre. (Nach Daten des U.S. Geological Survey.)

Lake und ergoß sich in das nördlich des Sees gelegene Tal. Ein anderer Teil hatte genug Schwung, um das Tal und den daran angrenzenden 360 Meter hohen Bergrücken zu überfahren. Die Hauptmasse des flüssigen Schuttstroms wälzte sich das Tal des Toutle River hinab und hinterließ eine hügelige, 21 Kilometer lange, ein bis zwei Kilometer breite und bis zu 200 Meter mächtige Ablagerung (Abbildung 4.6).

Überhitztes Grundwasser verdampfte schlagartig, als durch den Abgang der riesigen Eis- und Schneelawine der Druck im Schlot plötzlich fiel. Gleichzeitig wurden explosionsartig Gase aus dem flachsitzenden Magmakörper freigesetzt, der erst kurz zuvor in den Mount St. Helens eingedrungen war. Das Zusammenwirken von Wasserdampfentwicklung, Magmaexplosion und Abgang der riesigen Lawine führte zu einem bis zu 300 Grad Celsius heißen,

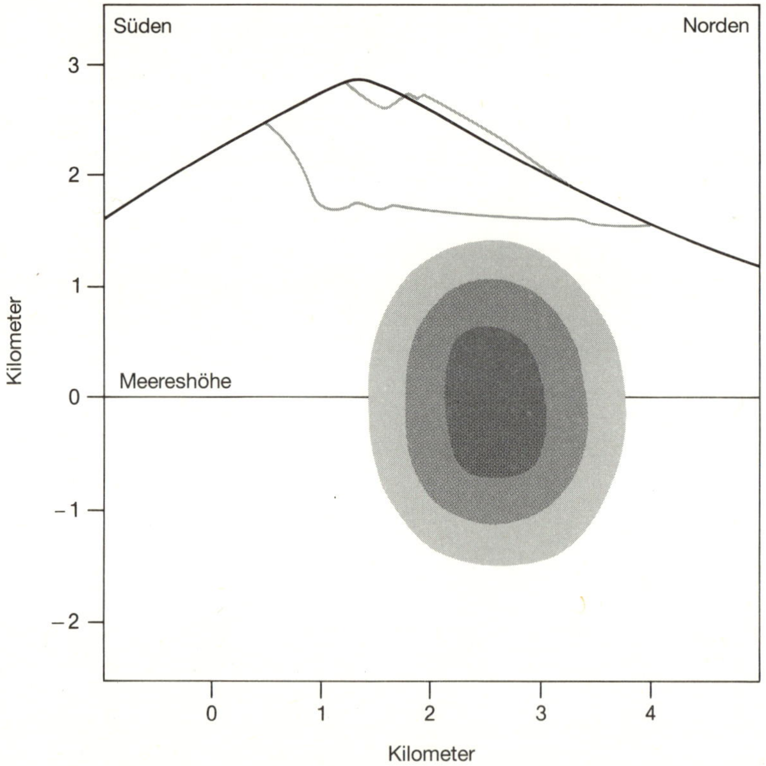

4.3 Ein Schnitt durch den Mount St. Helens zeigt die mit dem großen Ausbruch von 1980 verbundenen Veränderungen. Die durchgezogene schwarze Linie gibt den Umriß des Vulkans im Jahre 1979 wieder. Die obere grau gerasterte Linie zeigt den Krater und die Aufwölbung, die sich zwischen Ende März und Anfang Mai 1980 bildeten. Der schattierte Bereich markiert die Region, in der die vielen tausend Erdbeben, welche die Aufwölbung begleiteten, auftraten. Je dunkler die Schattierung ist, desto höher war die Dichte der Bebenherde. Die untere grau gerasterte Linie zeigt den Krater nach dem Ausbruch des 18. Mai. (Nach Daten des U.S. Geological Survey und des University of Washington Department of Geophysics.)

4.4 Eine bemerkenswerte Photoserie von der Explosion des Mount St. Helens konnte Keith Ronnholm, ein Geophysiker aus Seattle im US-Bundesstaat Washington, am Morgen des 18. Mai 1980 schießen. Er hatte bei Bear Meadows, 18 Kilometer nordöstlich des Berges, gecampt. Nach den Aufnahmen wurde Ronnholm in eine dunkle Aschen- und Bimswolke gehüllt, doch befand er sich gerade außerhalb der Verwüstungszone. Das obere Bild wurde 40 Sekunden nach Einsetzen der Lawine aufgenommen und zeigt die gewaltigen Rutschmassen, die von der Wolke der darauffolgenden Explosion überragt werden. Das untere Bild, das 20 Sekunden später aufgenommen wurde, zeigt, wie sich die schnell wachsende Explosionswolke nach Norden ausdehnt. (Photos: Keith Ronnholm, © 1980.)

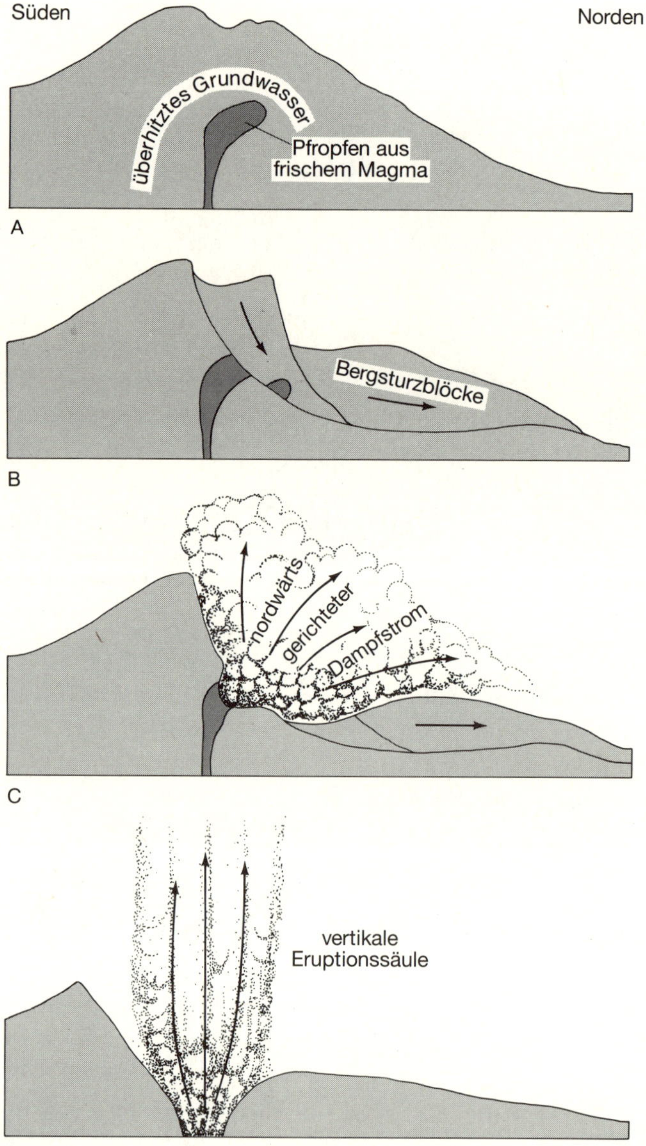

4.5 Schematisches Querprofil durch den Mount St. Helens mit den frühen Stadien der Eruption vom 18. Mai 1980: A. Ein flachsitzender, von unten eingepreßter Magmapfropfen führt zur Ausbeulung der oberen Nordflanke und zur Aufheizung des Grundwassers. Dadurch erzeugte schwächere Explosionen haben bereits einen kleinen Gipfelkrater ausgeräumt. B. Ein Erdbeben der Stärke 5, ausgelöst durch weiter eingepreßtes Magma, zerbricht die übersteilte Nordflanke des Vulkans in zwei oder mehrere massive Bergsturzblöcke. C. Als das überhitzte Grundwasser und der Magmapfropfen plötzlich vom Druck befreit werden, explodieren sie in einem gewaltigen Dampfstrom, der über viele Kilometer hinweg nach Norden fegt. D. Nach der Freilegung des Hauptförderschlotes durch den Bergsturz und den Dampfstrom setzen die im Magma gelösten Gase die Explosionen mit senkrecht hochschießenden Fontänen fort. (Verändert nach Moore, J. G.; Albee, W. C. U.S. Geological Survey Professional Paper 1250 (1981) S. 132.)

4.6 Der Mount St. Helens und die mächtigen Lawinenablagerungen im Tal des nördlichen Armes (North Fork) des Toutle River; die Blickrichtung geht nach Osten. (Photo: R. M. Krimmel, U.S. Geological Survey, 30. Juni 1980.)

dichten, staub- und aschengesättigten horizontalen Dampfstrom, der mit Geschwindigkeiten zwischen 100 und 400 Kilometern in der Stunde von dem aufgebrochenen Vulkan nach Norden schoß. Dieser Dampfstrom und seine quasi verflüssigte Fracht aus vulkanischen Gesteinstrümmern verwüsteten mehr als 500 Quadratkilometer des Berglandes im Nordwesten, Norden und Nordosten des Mount St. Helens. Die schwarzen Wolken, die dicht am Boden blieben, fegten über vier größere Bergrücken und Täler hinweg, bevor sie nach 28 Kilometern zum Stillstand kamen.

Die Zerstörung war vollkommen. Auf den ersten Kilometern wurden Bäume mit Stammdurchmessern von ein bis zwei Metern komplett entwurzelt und in

4.7 In dem Dampfstrom wurden ganze Wälder über Hunderte von Quadratkilometern hinweg von den orkanartigen, heißen und schuttbeladenen Winden wie in Strömungslinien umgeworfen. Diese Stämme von großen Douglasien und anderen Nadelhölzern haben Durchmesser von ein bis zwei Metern und sind 40 bis 60 Meter lang. (Photo: Katia Krafft.)

der Explosionswolke mitgerissen. Etwas weiter weg schloß sich eine zehn bis 15 Kilometer breite Windbruchzone an, in der kräftige Douglasien wie Streichhölzer umgeknickt worden waren (Abbildung 4.7). Am äußeren Rand des verwüsteten Bereichs standen die Bäume zwar noch, aber ihre Nadeln waren völlig versengt.

In der Zerstörungszone sah es so aus, als ob eine gewaltige, sich radial ausbreitende Schockwelle die Bäume umgeworfen hatte, doch das war nicht der Fall. Überlebende aus dem Randbereich der verwüsteten Gebiete hatten nur ein mäßig lautes Knallen oder Donnern gehört, ehe sich zwei bis drei Minuten später die schwarzen, von heißen, orkanartigen Winden begleiteten Wolken auf sie zuwälzten. Die mittlere Geschwindigkeit des herannahenden Dampfstromes lag unterhalb der Schallgeschwindigkeit. Bei genauer Betrachtung zeichneten die durch die abgeknickten Bäume erzeugten Muster Turbulenzen und geschwungene Strömungslinien nach. Am Rande der Verwüstungszone waren die meisten Bäume talabwärts umgeworfen worden und zeigten zum Teil sogar in die dem Dampfstrom entgegengesetzte Richtung (Abbildung 4.8).

Als die Wucht der Explosion nachgelassen hatte, lieferte offenbar die Schwerkraft die weitere Energie für die dichte, verflüssigte Masse. Als die

Turbulenzen im Dampfstrom verebbten, regneten Asche und Gesteinsfragmente aus den dichten Wolken nieder und bildeten eine wenige Millimeter bis einen Meter mächtige Lockermaterialschicht. Eckige Trümmer aus älterem vulkanischem Gestein und frischem, heißem Dazit wurden in dem Dampf-

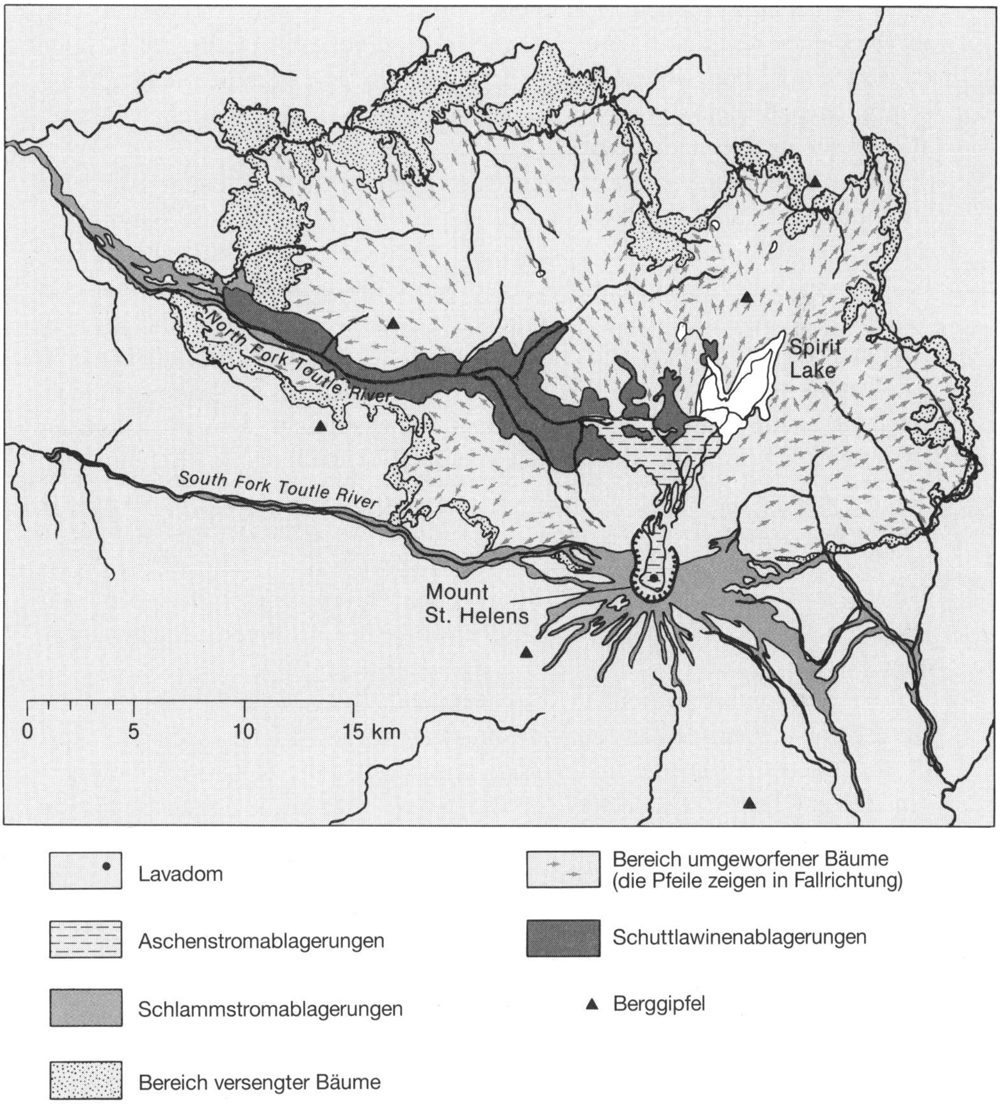

4.8 Eine Karte von der Umgebung des Mount St. Helens zeigt die verschiedenartigen Auswirkungen des Ausbruchs vom 18. Mai 1980 sowie den Lavadom Im Kraterzentrum. Die Verwüstungen erstrecken sich über ein Gebiet von 500 Quadratkilometern. Durch den Ausbruch vergrößerte sich die Fläche des Spirit Lake; die alte und neue Uferlinie sind der Karte zu entnehmen. (Nach einer Darstellung des U.S. Geological Survey.)

strom bis zu 15 Kilometer weit verfrachtet. Verkohlte Bäume fand man noch sieben Kilometer von der Nordwest- und Nordflanke und bis zu 18 Kilometer von der Nordostflanke des Mount St. Helens entfernt.

Das Schlimmste war nach den ersten zehn Minuten vorüber, doch die donnernde Eruptionssäule stieg weiterhin zum Himmel auf und erreichte während der meisten Zeit des Tages mehr als 16 Kilometer Höhe. Ursache dieser pausenlos explodierenden und hochschießenden Gas- und Aschensäule war das brodelnde Magma in dem gipfelnahen Reservoir, das bis in große Tiefen entleert wurde. Die Schleifwirkung der Eruptionssäule vergrößerte den hufeisenförmigen Krater, der durch die Schuttlawine und den seitlichen Dampfstromausbruch entstanden war.

Höhenwinde wehten den ganzen Tag in nordöstliche Richtung, und am Vormittag ging über den Städten im Inneren des Bundesstaates Washington ein Aschenregen nieder. In Yakima, 150 Kilometer vom Vulkan entfernt, bestand die erste Lage aus „Pfeffer und Salz“, das heißt aus sandkorngroßen Teilchen von dunklem Gestein und helleren Feldspatfragmenten, über die sich anschließend eine dickere Schicht aus staubkorngroßen Glaspartikeln legte. 30 Kilometer nördlich von Yakima lag die Asche maximal 20 Millimeter hoch. Nach Osten hin schwoll die Aschenlage an und erreichte im 330 Kilometer entfernten Ritzville eine Mächtigkeit von über 70 Millimetern; sie fühlte sich wie Talkumpuder an. Obwohl in der Nähe von Spokane, 430 Kilometer nordöstlich vom Vulkan, nur noch fünf Millimeter Asche fielen, wurde es in der Stadt um drei Uhr nachmittags finster, und die Sichtweite sank auf drei Meter. Am 19. Mai ging gegen Mittag vereinzelt Asche über Denver nieder; innerhalb von drei Tagen hatte die Aschenwolke die Vereinigten Staaten überquert.

Zu den Begleiterscheinungen des Ausbruchs zählten auch Schlammströme. Diese Ströme bestanden aus einem Gemisch von vulkanischer Asche, feinkörnigen Gesteinsfragmenten und Wasser und besaßen die Konsistenz von nassem Zement. Die Aschendecke in der Nähe des Vulkans und das zertrümmerte Gestein der Schuttlawine lieferten die festen Bestandteile des Schlammstroms; das zusätzliche Wasser stammte vermutlich aus mehreren Quellen: Schmelzwasser aus der Schnee- und Eisdecke, verdrängtes Wasser aus dem Spirit Lake und dem nördlichen Arm des Toutle River, Wasser aus der Verdichtung und anschließenden Entwässerung des wassergesättigten Lawinenschutts und schließlich kondensierender Wasserdampf.

Die höchste Flutwelle im nördlichen Arm des Toutle River passierte noch am selben Abend die Meßstation am Fluß und zerstörte sie. Schlammreste an Bäumen belegten, daß der Höchststand 16 Meter betrug und damit neun Meter über jedem zuvor am Toutle River gemessenen Hochwasser lag. Flußabwärts verstopfte der Schutt den Flußlauf des Cowlitz River und verursachte eine starke Verschlammung der Fahrrinne des Columbia River.

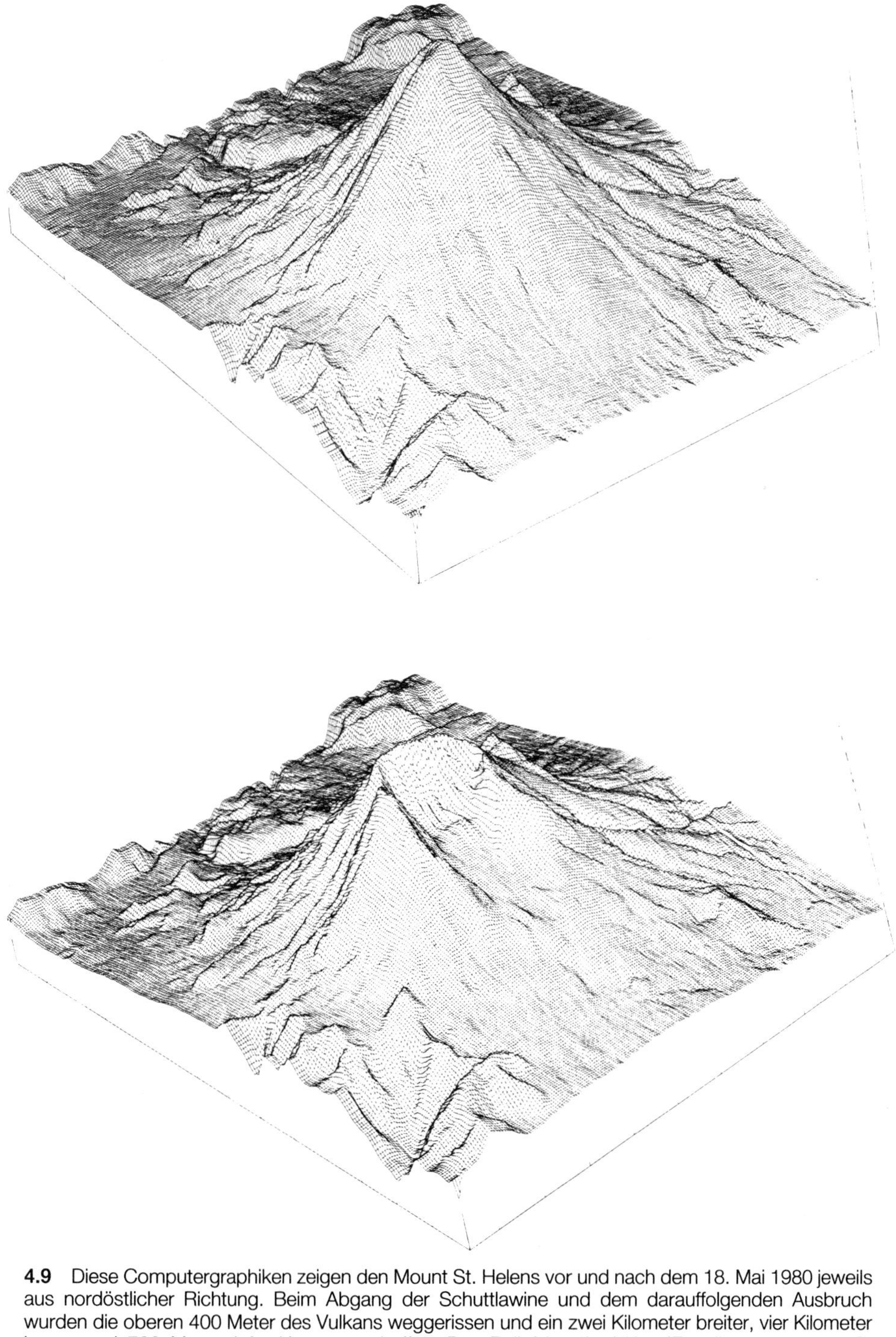

4.9 Diese Computergraphiken zeigen den Mount St. Helens vor und nach dem 18. Mai 1980 jeweils aus nordöstlicher Richtung. Beim Abgang der Schuttlawine und dem darauffolgenden Ausbruch wurden die oberen 400 Meter des Vulkans weggerissen und ein zwei Kilometer breiter, vier Kilometer langer und 700 Meter tiefer Krater geschaffen. Das Relief ist überhöht. (Erstellt durch den U.S. Geological Survey und Dynamic Graphics.)

Einige Zeit nach der Schuttlawine und der Dampfstromeruption flossen pyroklastische Ströme, die aus feiner Asche und Bimssteinbrocken bestanden, aus der offenen Seite des neugebildeten Kraters den Nordhang des Mount St. Helens hinab (Abbildungen 4.9 und 4.10). Dieses verflüssigte Gemisch aus heißen – wenngleich nicht geschmolzenen – Gesteinstrümmern und vulkanischen Gasen bildete dichte Ströme, die sich unterhalb der aufsteigenden Aschenwolke aus dem Krater ergossen. Nachfolgende Ströme rasten die Nordflanke mit Geschwindigkeiten von bis zu 100 Kilometern pro Stunde hinunter, begruben das Rutschmaterial und die Dampfstromablagerungen unter sich und erreichten das Südufer des Spirit Lake. Das Zusammentreffen dieser heißen pyroklastischen Ströme mit dem Wasser des Sees löste sekundäre Explosionen aus, die Dampf und Aschenwolken bis zu zwei Kilometer weit in den Himmel beförderten.

Das Ausmaß der Zerstörung war niederschmetternd: 57 Menschen starben, und es entstand ein Sachschaden von mehr als einer Milliarde Dollar, vornehmlich für die Holzindustrie. Doch der vielleicht größte Schaden war psychologischer Natur: Im Nordwesten der USA hatten die Vulkane der Cascade Range ihren Ruf als stille, behütende Berge verloren und waren zu potentiellen Killern geworden.

Obwohl man das jähe Einsetzen, die Komplexität und das Ausmaß der Eruption vom 18. Mai nicht vorhergesehen hatte, war sie dennoch keine völlige Überraschung: Im Jahre 1978 hatten Dwight Crandell und Donal Mullineaux vom U.S. Geological Survey, dem Geologischen Dienst der USA, einen Bericht über den Mount St. Helens veröffentlicht, der mit der Warnung schloß: »... wahrscheinlich wird er in den nächsten 100 Jahren ausbrechen, vielleicht schon vor Ende dieses Jahrhunderts.« Die Vorhersage der beiden Forscher beruhte auf ihren Untersuchungen von Aussehen, Verteilung und Alter prähistorischer Vulkanite rund um den Berg sowie auf vereinzelten Berichten über Ausbrüche des Mount St. Helens von 1831 bis 1857. Nur zwei Jahre nach der Veröffentlichung war die Ruhephase des Mount St. Helens vorbei.

Ab dem 20. März 1980 hatte eine Serie schwacher bis mittlerer Erdstöße, deren Epizentren unter dem Mount St. Helens lagen, das Erwachen des Vulkans angekündigt. Seismologen der University of Washington hatten bereits einen Seismographen am Westhang installiert, und bald nachdem die Beben eingesetzt hatten, wurden weitere dieser Meßgeräte aufgebaut, um die Erdstöße noch genauer aufzeichnen und lokalisieren zu können. Am 25. März traten

4.10 Der Mount St. Helens vor und nach dem Ausbruch: Das obere Bild wurde im Juni 1979 aufgenommen, das untere stammt vom Mai 1980. Vor 1980 war der Berg 2950 Meter hoch und erhob sich etwa 1000 Meter über seine Umgebung. Der Rand des neuentstandenen Kraters liegt auf 2400 bis 2550, der Kraterboden auf 1800 bis 1900 Meter Höhe. (Unteres Photo: Ross Hamilton, U.S. Geological Survey, 1980.)

innerhalb von zwölf Stunden 47 Erdbeben der Stärke 3 und mehr auf, deren Herde nur wenig unterhalb der Nordflanke des Vulkans lagen.

Die ersten Ausbrüche – kleinere Dampfexplosionen – setzten zwei Tage später ein und schufen in dem schnee- und eisbedeckten Gipfel einen neuen, 70 Meter großen Krater. Lange, von Ost nach West verlaufende Risse öffneten sich quer über das Gipfelareal. Ein zweiter, kleinerer Krater entstand am 29. März, und aus der Luft waren bei Nacht blaue Flammen zu beobachten, die vermutlich von brennendem Schwefelwasserstoff herrührten. Am nächsten Tag registrierte man 93 kleinere Dampf- und Ascheneruptionen.

Am 1. April meldeten die Seismographen die ersten harmonischen Beben – mehr oder minder gleichmäßig anhaltende Vibrationen des Untergrundes –, die bei vielen tätigen Vulkanen auftreten. Die genaue Ursache für solche Beben, die man auch als „vulkanischen Tremor" bezeichnet, ist nicht bekannt, aber vermutlich liegen ihnen die Magmabewegung oder die geräuschvolle Bildung beziehungsweise das Platzen von Gasblasen in der Gesteinsschmelze zugrunde – verbunden mit der beginnenden Freisetzung von Wasserdampf und im Magma gelösten Gasen.

Die kleinen Dampf- und Aschenexplosionen setzten sich fort, zuweilen als einzelne Ausbrüche, zuweilen aber auch in über Stunden andauernden pulsierenden Fontänen. Gas- und Aschensäulen stiegen bis zu drei Kilometer hoch auf. Die Krater vereinigten sich zu einem einzigen, 500×300 Meter großen und 200 Meter tiefen, ovalen Loch. Die Aschen bestanden aus Trümmern älterer Vulkanite; die Gase enthielten im wesentlichen Wasserdampf, vermischt mit Kohlen- und Schwefeldioxid, Schwefelwasserstoff und Salzsäure. Schwache explosive Ausbrüche während dieser Zeit waren offensichtlich auf Grundwasser zurückzuführen, das im oberen Teil des Vulkans über seinen Siedepunkt erhitzt wurde und schlagartig in Wasserdampf überging – ein ähnlicher Vorgang wie bei einem Geysir, aber mit ausreichend Energie, um Gesteinsbrocken loszureißen und einen Krater freizusprengen.

Zu der anhaltend starken seismischen Aktivität – täglich etwa 50 Beben der Stärke 3 oder mehr – kamen noch weitere unheilverkündende Anzeichen. Wissenschaftler, die Luftbilder aus der Zeit vor und nach Beginn der seismischen Tätigkeit miteinander verglichen, entdeckten eine ausgedehnte Verformung an der oberen Nordflanke des Vulkans. Sorgfältige Messungen ergaben, daß sich diese „Beule" nach oben und zu einer Seite hin vergrößerte und dabei ein Netz breiter Risse in der Eis- und Schneedecke schuf. Auf Karten, die der U.S. Geological Survey aus Luftbildern vom 12. April anfertigte, konnte man den deformierten Bereich klar erkennen: Er war bereits zwei Kilometer groß und schon 100 Meter nach oben und außen angeschwollen.

Wiederholte Bodenvermessungen Ende April und Anfang Mai bestätigten, daß die Aufwölbung nach Norden hin um etwa 1,5 Meter am Tag anwuchs. Die deformierte Zone lag genau über dem zwei Kilometer tiefer gelegenen

Erdbebenherd. Die Experten vor Ort waren sich einig, daß die andauernden Erdstöße und die Aufwölbung Anzeichen für das Einpressen von Magma in Bereiche direkt unter der Oberfläche des Mount St. Helens waren. Wenn die Intrusion von Magma in diesem Ausmaß weitergehen würde, hielten sie einen größeren Ausbruch für wahrscheinlich; die Frage war lediglich, wann er stattfinden und wie heftig er ausfallen würde.

In der ganzen ersten Maihälfte waren kleine Wasserdampf- und Aschenexplosionen zu beobachten, und die seismische Aktivität wie auch die Deformation hielten unvermindert an. Zwischen dem 15. und 17. Mai gab es keine Eruptionen, doch die Beben und die Aufwölbung setzten sich in gleicher Stärke fort. Der 18. Mai begann als ein wunderschöner Frühlingstag, doch um 8.32 Uhr bestätigten sich die schlimmsten Befürchtungen der Wissenschaftler.

Unter den Toten und Vermißten dieses Tages war auch David Johnston, ein Mitarbeiter des U.S. Geological Survey, der das Wachstum der Aufwölbung von einem zehn Kilometer nördlich des Vulkans gelegenen Rücken aus vermessen sollte. Der Ausbruch verlief unerwartet heftig, und insbesondere die Ausdehnung des durch den Dampfstrom verwüsteten Gebiets war in der historischen Ausbruchsgeschichte des Mount St. Helens beispiellos. Verantwortlich für diese Heftigkeit war vor allem die Geschwindigkeit, mit welcher der abgehende Bergsturz das überhitzte Grundwasser und das Magma unter dem Vulkangipfel freisetzte. Wäre der Vorgang langsamer, eher schrittweise erfolgt – zum Beispiel in einer über mehrere Tage andauernden Serie sich steigernder Explosionen –, wäre das verwüstete Gebiet wesentlich kleiner ausgefallen.

Noch fünfmal wurden während des Sommers und Frühherbstes 1980 bei schwächeren Eruptionen des Mount St. Helens Aschenwolken und pyroklastische Ströme gefördert (Abbildung 4.1 und Farbtafel 17). Bei zwei Ausbrüchen schoben sich Dome aus zähflüssiger Lava von unten in den Krater, wurden aber durch Explosionen bald danach wieder zerstört. Seit Oktober 1980 jedoch wächst erneut ein Lavadom episodisch aus dem Förderschlot; bis 1989 erreichte er einen Durchmesser von einem Kilometer und eine Höhe von 250 Metern (Abbildung 4.11). Die Schübe schnellen Domwachstums waren meist mehrere Tage lang und von Monate bis Jahre dauernden Ruhepausen unterbrochen. Ihnen gingen zunächst einige Tage erhöhter seismischer Aktivität und verstärkter Deformation des Untergrundes an den Rändern des Doms voraus. Gestützt auf eine kontinuierliche Überwachung der seismischen und deformativen Vorgänge haben sich Vorhersagen über den Beginn solcher Phasen schnellen Domwachstums als sehr zuverlässig erwiesen. Da die Wachstumsrate für jede Episode ungefähr proportional zur Länge des vorangegangenen Ruheintervalls war, konnten auch Aussagen zur voraussichtlich geförderten Lavamenge gemacht werden.

Zum vorläufig letzten Mal wuchs der Dom im Oktober 1986. Sollte sich der Trend fortsetzen, nach dem die Lavaproduktion von der Länge der Ruhephase

4.11 Von 1981 an hat sich schubweise ein Lavadom aus dem Förderschlot des Mount St. Helens geschoben. 17 Episoden schnellen Wachstums, die jeweils einen Tag bis drei Wochen dauerten, haben zur Bildung dieses (im Jahre 1989) ein Kilometer breiten, 250 Meter hohen Doms aus dazitischer Lava geführt. Er konnte sich über dem Schlot auftürmen, weil die siliciumreiche dazitische Lava zäher als Basaltlava ist. (Photo: Lyn Topinka, U.S. Geological Survey, 1984.)

abhängt, könnte der nächste Schub recht gewaltig ausfallen. Im ganzen gesehen sinkt jedoch die Magmamenge, die bis an die Oberfläche des Mount St. Helens dringt, seit Beginn des Ausbruchs im Mai 1980 ständig. Diese Entwicklung spiegelt sich auch in der abnehmenden seismischen Aktivität wider. Falls hier keine Wende erfolgt, geht die gegenwärtige eruptive Phase des Mount St. Helens wohl ihrem Ende entgegen.

Aber immer noch ist die Gefahr einer neuerlichen Explosion, die den gesamten Lavadom oder Teile davon in die Luft sprengen könnte, nicht völlig gebannt. Die Flanken des Lavadoms sind steil und instabil, und das Abscheren einer Seite könnte den immer noch heißen Kern freilegen und einen explosiven Ausbruch auslösen. Da der jetzige Lavadom viel niedriger als der frühere

Gipfel des Mount St. Helens ist und die Gase über die exponierte Oberfläche entweichen können, fiele eine solche Explosion im Vergleich zum Ausbruch von 1980 vermutlich schwach aus.

Der Mount St. Helens ist einer der 15 größeren Vulkane der Cascade Range, die sich von Nordkalifornien bis in das westliche Kanada zieht. Obwohl jeder dieser Vulkane aktiv werden kann, ist in diesem Jahrhundert nur einer von ihnen – der Lassen Peak in Kalifornien – ausgebrochen. Die 63 Jahre währende Ruhepause zwischen dessen Eruptionen in den Jahren 1914 bis 1917 und dem Ausbruch des Mount St. Helens im Jahre 1980 war für die Amerikaner gerade lange genug, um zu vergessen, daß die Berge der Cascade Range noch leben und gefährlich sind; nach dem 18. Mai 1980 war es ihnen allen wieder bewußt.

5. Ring aus Feuer

5.1 Der Vulkan Cerro Negro in Nicaragua, 1968.

> In der Ferne sahen wir die von Nebel verhüllten Umrisse der Vulkaninseln – Glieder in Plutos mächtiger Kette.
>
> Y. Markhinin (1971)

Der amerikanische Kontinent entfernt sich von Europa und nähert sich dabei gleichzeitig Japan. Tatsächlich schieben sich sämtliche Platten rund um den Pazifik über- und untereinander – entlang von Subduktionszonen, die den riesigen Ozean in einem großen Ring umschließen. Die Vulkane, die an diese konvergenten Plattenränder gebunden sind, bilden einen Feuergürtel, den *Ring of Fire*, der fast den gesamten Pazifik umspannt (Abbildung 5.2).

Der Mount St. Helens und die anderen Vulkane der Cascade Range in Kalifornien sitzen an der Subduktionszone zwischen der kleinen Juan-de-Fuca-Platte und der Nordamerikanischen Platte. Vulkane in Mexiko, Mittelamerika, den Anden, auf Neuseeland, Papua-Neuguinea, den Philippinen, Japan, der Halbinsel Kamtschatka und in Alaska vervollständigen den Ring.

Ungefähr 400 der weltweit etwas mehr als 500 Vulkane, die in historischer Zeit mindestens einmal ausgebrochen sind, liegen an Subduktionszonen (das schließt auch die Mittelmeervulkane in Italien und Griechenland ein).

Es gibt wesentliche Unterschiede zwischen Subduktionszonenvulkanen und solchen an Riftzonen. Aus ersteren entstehen Inselbögen und Gebirgsketten und nur selten submarine Rücken. Dieser Vulkantypus verhält sich explosiver, produziert neben Lavaströmen auch beträchtliche Mengen an Aschen und weist eine größere Bandbreite in der Zusammensetzung auf; darüber hinaus unterscheiden sich die Vulkane an Subduktionszonen und jene an divergenten Plattengrenzen in der Form.

Während Riftvulkane genau auf den Rändern der auseinanderdriftenden Platten sitzen, entstehen Subduktionszonenvulkane nicht direkt an den tiefen Ozeangräben, die dort, wo die Platten kollidieren, einsinken, sondern 100 bis 200 Kilometer davon entfernt in Richtung Kontinent. Die Ketten dieser Subduktionszonenvulkane bilden sanft geschwungene Bögen von einigen tausend Kilometer Länge. Bei näherer Betrachtung zeigt sich, daß häufig fünf bis zehn solcher Vulkane auf einer Geraden liegen, die sich über mehrere hundert Kilometer erstreckt und mit einer leichten Biegung oder einem Versatz an die nächste Gruppe anschließt. Durch diese Knicke ergänzen sich die Teilstücke zu einem Bogen, der im allgemeinen zur Meerseite hin konvex ist.

Japan liefert mit seinen etwa 50 Einzelvulkanen, die zu vier Inselbögen gehören, ein gutes Beispiel für eine solche Subduktionskette. Die entsprechenden Tiefseegräben liegen 200 Kilometer weiter östlich im Pazifik und markie-

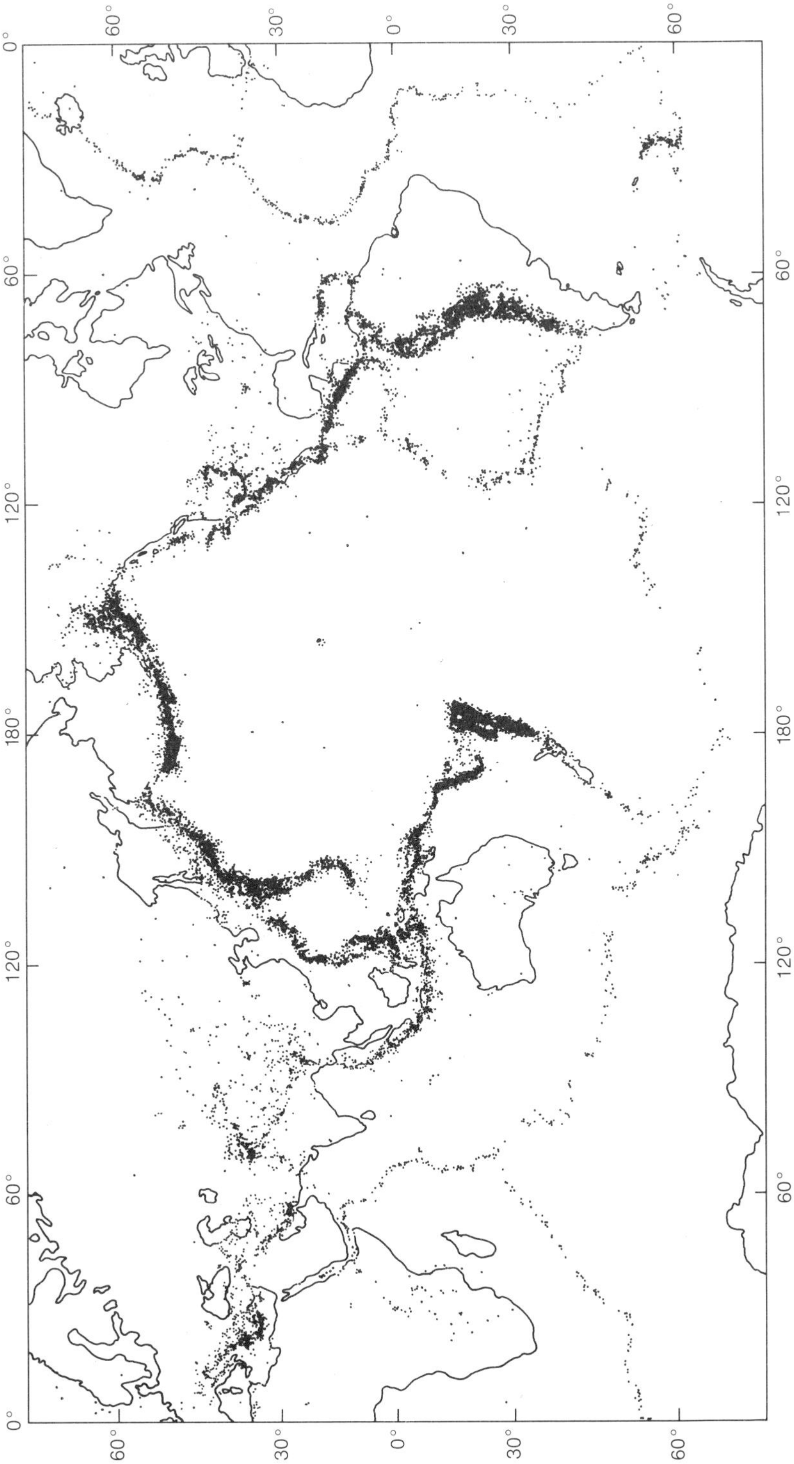

5.2 Der Feuergürtel rund um den Pazifik, wie er sich anhand der zwischen 1963 und 1977 aufgetretenen Erdbeben der Stärke 4,5 und darüber darstellt. (Die Erdbebeninformationen stammen vom Earthquake Information Service des U.S. Geological Survey, die Karte vom Environmental Data and Information Service der National Oceanic and Atmospheric Administration, NOAA.)

ren den eigentlichen Verlauf der Plattengrenzen. Von diesen Gräben zieht sich eine erdbebenreiche Zone bis hinab unter die Inselbögen; sie folgt den abtauchenden Oberflächen von Pazifischer und Philippinischer Platte, die sich unter Asien schieben.

Der Vulkangürtel bildet sich auf der Eurasischen Platte etwa dort, wo die Erdbebenzone 100 bis 200 Kilometer tief unter der Oberfläche liegt (Abbildung 5.3). Die meisten großen Vulkane befinden sich dabei im östlichen Teil dieses Gürtels, wo die Beben flacher sind. Japanische Geologen bezeichnen diesen Bereich als vulkanische Front. Die Anzahl der Vulkane und ihre Förderrate nehmen mit der Entfernung von der vulkanischen Front zur asiatischen Seite hin allmählich, auf der pazifischen Seite dagegen abrupt ab.

Diese Anordnung ist charakteristisch für Vulkane an Subduktionszonen und läßt vermuten, daß das aufsteigende Magma dort erzeugt wird, wo die abtauchende (subduzierte) Platte eine Tiefe von 100 bis 200 Kilometern erreicht. Früher nahmen die Geologen an, daß die Reibung zwischen den beiden Platten Hitze erzeugt und daß diese zusätzliche Erwärmung dazu beiträgt, Magma für die Subduktionszonenvulkane aufzuschmelzen. Mittlerweile konnte man mit Modellrechnungen nachweisen, daß die absinkende Platte ihre niedrigere Oberflächentemperatur quasi ein Stück weit „mitnimmt“ und somit den Bereich unter der vulkanischen Front sogar abkühlt. Heute sind die meisten Geologen davon überzeugt, daß die Magmabildung in Subduktionszonen unter der Mitwirkung von Wasser und Kohlendioxid erfolgt, die beide in den Ozeansedimenten der abtauchenden Platte enthalten sind und wie Schmelzmittel wirken. Wasser, Kohlendioxid und Minerale, die Natrium und Kalium enthalten, erniedrigen die Schmelztemperatur der Gesteine, und die in der Zone

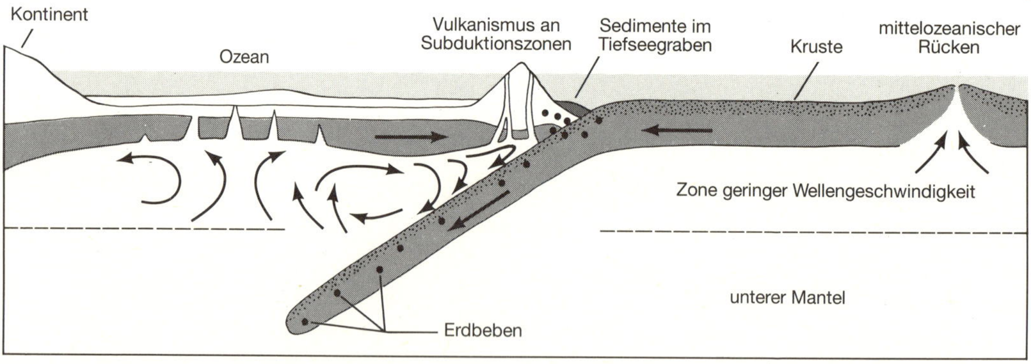

5.3 Platten aus Kruste und starrem oberem Mantel, die an den mittelozeanischen Rücken entstehen, schwimmen auf der zähflüssigen, nachgiebigen Zone geringer Wellengeschwindigkeit und werden an einer Subduktionszone unter die entgegenkommende Platte geschoben. An dieser Stelle senkt sich ein Tiefseegraben ein, während sich über der abtauchenden (subduzierten) Platte ein Inselbogen aus zusammengepreßten Gesteinen und Vulkanen bildet. (Nach Toksoz, M. N. *The Subduction of the Atmosphere*. © 1975 bei Scientific American. Alle Rechte vorbehalten.)

geringer Wellengeschwindigkeit in 100 bis 200 Kilometer Tiefe an der Oberfläche der subduzierten Platte herrschenden Temperaturen sind hoch genug, um das Aufschmelzen in Gang zu setzen. Die Zufuhr von Wasser und Kohlendioxid erhöht außerdem den Gasgehalt der Schmelze und bewirkt die ausgeprägtere Explosivität von Vulkanen an Subduktionszonen.

Sobald sich in der entsprechenden Tiefe genug Magma gebildet hat, zwingt die höhere Dichte des umgebenden Gesteins die Schmelze zum Aufstieg. Durch Risse in der oberen Platte wird dies vermutlich noch erleichtert. Die Entfernung zwischen den einzelnen Vulkanen eines Inselbogens beträgt im Mittel 50 bis 70 Kilometer. Das entspricht in etwa der Mächtigkeit der oberen Platte – eine schlüssige Übereinstimmung, da der Abstand von Rissen in einer starren Platte auf weichem Untergrund im allgemeinen gleich der Dicke der Platte ist.

Der Siliciumdioxid-(SiO_2-)Gehalt der meisten Riftvulkanschmelzen liegt bei etwa 50 Prozent und variiert nur um wenige Prozentpunkte, während er in Schmelzen aus Subduktionszonen zwischen 50 und 70 Prozent schwanken kann. Die Konzentration an Siliciumdioxid bestimmt im wesentlichen, welche Minerale sich im vulkanischen Gestein bilden, und damit auch die Beschaffenheit der daraus entstehenden Ablagerungen. Quarz als freie Phase kann sich zum Beispiel nur bilden, wenn der SiO_2-Gehalt der Schmelze 55 Prozent übersteigt. Auf Island findet man daher weder Quarz in den Basaltlaven noch weiße Quarzsandstrände und ebensowenig Quarzadern, in denen Edelmetalllagerstätten verborgen sein könnten. Entlang des vulkanischen Feuergürtels indessen kommen in den meisten vulkanischen Gesteinen Quarzkörner vor, die durch Verwitterung helle Sandstrände entstehen lassen, und die erodierten Überreste alter Vulkane sind dicht mit Gold-, Silber- und Kupferminen besetzt.

Die Zusammensetzung vulkanischer Gesteine ist im wesentlichen von drei Faktoren beziehungsweise Prozessen abhängig: dem partiellen Aufschmelzen, der partiellen Kristallisation sowie der Aufnahme von Nebengestein, der Kontamination.

Mit partiellem Aufschmelzen bezeichnet man einen Prozeß, bei dem sich ein Teil des festen oberen Erdmantels in Magma umwandelt. Gesteine stellen generell eine Mischung aus mehreren chemischen Komponenten mit jeweils unterschiedlichen Schmelzpunkten dar. In einer partiellen Schmelze hat die zuerst aufgeschmolzene Fraktion einen höheren Anteil an Bestandteilen mit niedrigem Schmelzpunkt als das Ausgangsgestein. Zur Veranschaulichung sei die Alkoholextraktion aus Apfelwein durch Gefrieren und Wiederauftauen herangezogen: Wenn man einen durchgefrorenen Block aus Apfelwein langsam schmilzt, enthält die erste Fraktion eine höhere Alkoholkonzentration als der verbliebene Block, da Alkohol einen niedrigeren Schmelzpunkt besitzt als Wasser.

Partielle Kristallisation beschreibt genau das Gegenteil: In einer Schmelze, die langsam abkühlt, kristallisieren zunächst die Minerale mit höherem Schmelzpunkt aus, und die Restschmelze verändert ständig ihre Zusammensetzung. Dieser Vorgang ist mit dem allmählichen Einfrieren von Apfelwein vergleichbar, bei dem der Alkohol in der verbleibenden Flüssigkeit konzentriert wird.

Siliciumdioxid reichert sich in den Fraktionen mit niedrigem Schmelzpunkt an, besonders bei Anwesenheit von Wasser. Daher kann partielles Aufschmelzen bei geringem Wassergehalt ebenso wie partielle Kristallisation während des Aufstiegs von Magma zur Erdoberfläche den SiO_2-Gehalt der entstehenden vulkanischen Gesteine erhöhen. An Subduktionszonenvulkanen scheint das Magma aus noch größeren Tiefen aufzusteigen als an Riftvulkanen. Da diese Schmelze zudem alte kontinentale Schichten durchdringt, die bereits stark SiO_2-haltig sind, ist die Möglichkeit einer Kontamination hier viel größer.

Die Modelle des partiellen Aufschmelzens, der partiellen Kristallisation sowie der Aufnahme von Nebengestein erklären in allgemeiner Form die Existenz so vieler unterschiedlicher vulkanischer Gesteine. Es gibt auch speziellere Modelle, die den einen oder anderen Prozeß verschieden gewichten und in kleinen Details voneinander abweichen. Das Problem besteht nicht im Mangel an Erklärungen, sondern eher im Vorhandensein zu vieler Erklärungsmöglichkeiten. Wahrscheinlich sorgen mehrere Prozesse gemeinsam für die beobachteten Veränderungen; die Wahrheit ist oft ein Kompromiß widerstreitender Standpunkte.

Der höhere Anteil an gelöstem Wasser und Kohlendioxid im Magma der Subduktionszonenvulkane führt zusammen mit den gegenüber Riftvulkanen etwas niedrigeren Temperaturen zu explosiveren Ausbrüchen. Das kühlere und daher viskosere Magma verzögert das Entweichen der Gase und fördert so das explosive Entweichen von vulkanischer Asche. Ausbrüche an Subduktionszonen setzen oft mit einem Regen von Aschen, Schlacken und Blöcken ein und enden in mächtigen Strömen zähflüssiger Lava. Die Wechsellagerung von Asche und Lava erzeugt jene ästhetischen steilen Vulkankegel, wie sie der Fudschijama, der Archetyp des klassischen Vulkans, besitzt (Abbildung 5.4).

Rund 40 Vulkane brechen jedes Jahr an Subduktionszonen aus. Einige, wie der Stromboli im Mittelmeer, sind seit Jahrhunderten aktiv, von anderen ist nur ein einziger Ausbruch dokumentiert. Generell kann man davon ausgehen, daß ein Ausbruch um so heftiger ausfällt, je länger die vorangegangene Ruhepause war. Das Material solcher Eruptionen ist größtenteils explosiven Ursprungs: Asche, Bims, Schlacke, Blöcke und vulkanische Bomben. Dies steht in scharfem Kontrast zum Riftvulkanismus an ozeanischen Rücken, der im wesentlichen *effusiv*, das heißt nichtexplosiv verläuft. Die berüchtigtsten Vulkane der Erde gehören zur Familie der Subduktionszonenvulkane: Vesuv, Krakatau, Mont Pelée, Katmai, Besymiannij, Mount St. Helens und Nevado del Ruiz.

5.4 Der Fudschijama, geradezu der Archetyp eines Vulkans. Die klassische Form dieses nahezu perfekten Kegels mit anmutig geschwungenen Hängen sowie seine Lage in der Nähe von Tokio haben ihn zu dem bekanntesten Vulkan der Erde gemacht. Er erhebt sich 3776 Meter über seinem fast auf Meereshöhe liegenden, 30 Kilometer breiten Sockel. Der Fudschijama verkörpert die Schönheit, Erhabenheit und Kraft der gesamten Natur. (Holzschnitt von Hokusai (1760–1849) aus seiner berühmten Serie *36 Ansichten des Fudschijama*.)

5.5 Pompeji lag fast 2000 Jahre unter einer sechs Meter dicken Aschenschicht verborgen. Sein Zerstörer und „Erhalter", der Vesuv, ist im Hintergrund zu erkennen. Aschenregen und Glutlawinen begruben die Stadt im Jahre 79 nach Christus innerhalb eines einzigen Tages. Der römische Geschichtsschreiber Plinius verglich die Eruptionswolke mit einer Pinie – zunächst ein vielleicht unverständlicher Vergleich, bis man den Baum hinter den Ruinen entdeckt.

Der Vesuv begrub im Jahre 79 nach Christus Pompeji unter einer Ascheschicht (Abbildung 5.5) und überlieferte damit den Ausgräbern des 19. und 20. Jahrhunderts eine Momentaufnahme römischer Architektur, Kunst und Wohnkultu . Vor seinem gewaltigen Ausbruch in römischer Zeit hatte der Vesuv als erloschen gegolten. Seither ist er noch oft ausgebrochen, das letzte Mal 1944.

Im Jahre 1883 förderte der Vulkan Krakatau auf einer kleinen Insel westlich von Java 18 Kubikkilometer Bims und Asche und verursachte bis zu 30 Meter hohe Flutwellen, sogenannte Tsunamis, in denen 36 000 Menschen ihr Leben ließen. Der Ausbruch hinterließ eine runde, unter dem Meeresspiegel liegende

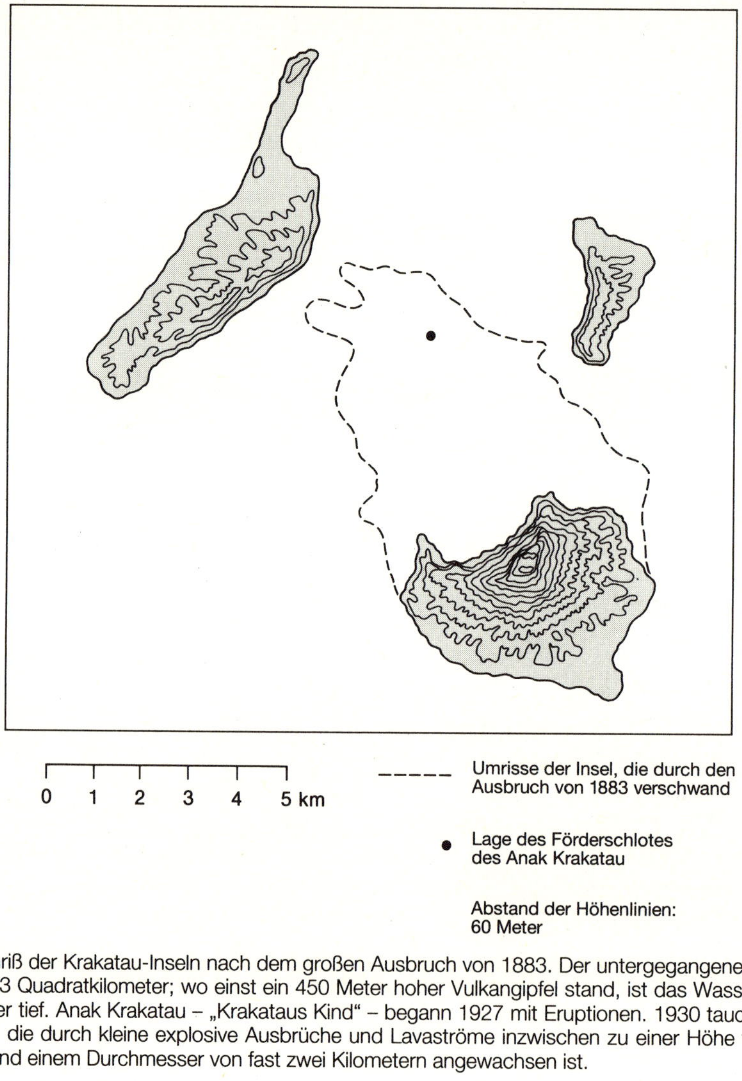

5.6 Umriß der Krakatau-Inseln nach dem großen Ausbruch von 1883. Der untergegangene Bereich umfaßt 23 Quadratkilometer; wo einst ein 450 Meter hoher Vulkangipfel stand, ist das Wasser heute 275 Meter tief. Anak Krakatau – „Krakataus Kind" – begann 1927 mit Eruptionen. 1930 tauchte eine Insel auf, die durch kleine explosive Ausbrüche und Lavaströme inzwischen zu einer Höhe von 200 Metern und einem Durchmesser von fast zwei Kilometern angewachsen ist.

Eintiefung (Caldera) von sechs Kilometer Durchmesser, die in nicht einmal einem Tag einbrach (Abbildungen 5.6 bis 5.8). Die Explosion des Krakatau hatte weltweite Auswirkungen. Der Ausbruch war über Tausende von Kilometern zu hören, und die Druckwelle wurde von Barometern rund um die Welt aufgezeichnet. Der Staub, der bis in die Stratosphäre getragen wurde, umkreiste die Erde und sorgte für erstaunliche optische Effekte: farbenprächtige Sonnenauf- und Sonnenuntergänge und eine bläulich-grüne Färbung von Sonne und Mond. Der Staub trieb nach Westen, umrundete innerhalb von zwei Wochen den Äquator und driftete dann nach Norden und Süden. In Europa verringerte sich die durchschnittliche Sonneneinstrahlung in den darauffolgenden drei Jahren um zehn Prozent, und gleichzeitig sanken die globalen Temperaturen unter das normale Mittel.

Der Ausbruch des Mont Pelée auf Martinique (Westindische Inseln) forderte am 8. Mai 1902 in der Hafenstadt Saint Pierre 28 000 Menschenleben (Abbildung 5.9). Eine glühende Lawine, eine *Nuée ardente*, fegte den Berg hinunter,

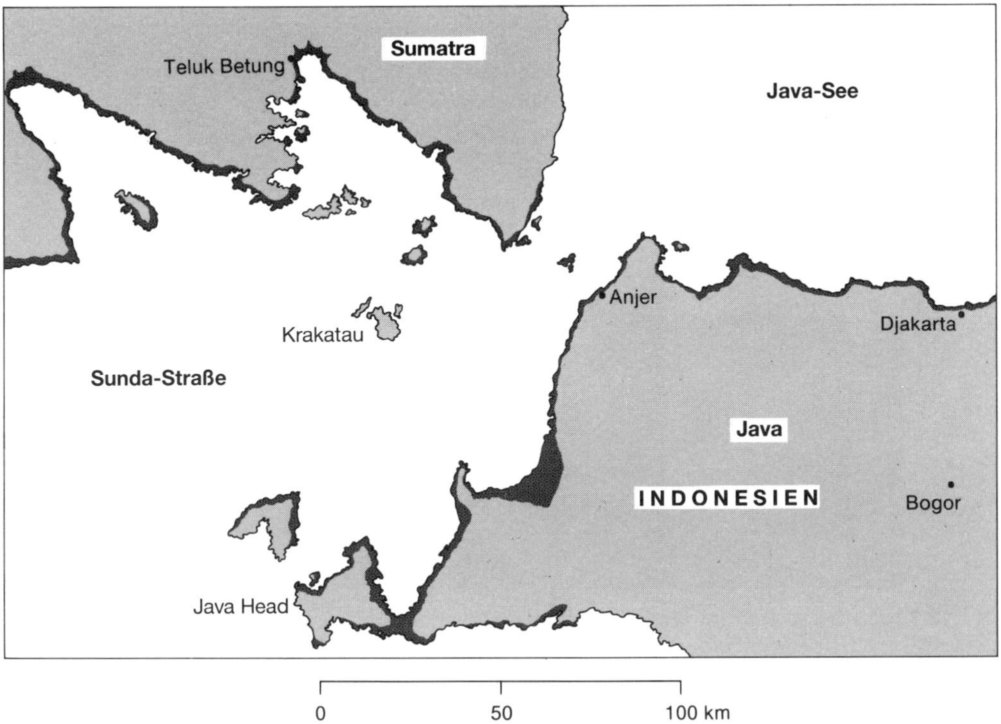

5.7 Der Ausbruch des Krakatau von 1883 erzeugte riesige Flutwellen (Tsunamis), in denen 36 000 Menschen umkamen. Die dunkel markierten Bereiche an den Küsten von Java und Sumatra kennzeichnen die Gebiete, die nach der explosiven Eruption und dem Einbruch der Caldera von den Tsunamis überschwemmt wurden. (Nach Symons, C. J. (Hrsg.) *The Eruption of Krakatoa*. Royal Society Report of the Krakatoa Committee, 1888.)

5.8 Ein mäßig heftiger explosiver Ausbruch des Anak Krakatau im Januar 1960 ließ eine 1000 Meter hohe Aschensäule aufsteigen. Die bei der Explosion freigesetzte Energie betrug weniger als ein Millionstel der Energie der Eruption von 1883.

5.9 Eine große Glutwolkeneruption des Mont Pelée. Mehrere Monate zuvor hatte eine ähnliche Wolke aus heißen Gasen und vulkanischer Asche die Stadt Saint Pierre dem Erdboden gleichgemacht und innerhalb weniger Minuten 28 000 Menschen getötet. (Photo: A. Lacroix, 1902; mit freundlicher Genehmigung des American Museum of Natural History.) ▶

wobei die heißen Gase und die Asche in wenigen Minuten alles überrollten und verbrannten, was sich ihnen in den Weg stellte, einschließlich der Schiffe im Hafen. Lediglich zwei Bewohner von Saint Pierre überlebten.

Der Katmai in Alaska brach an zwei Tagen im Juni 1912 aus. Das Volumen des Aschenregens belief sich auf 20 Kubikkilometer und begrub die Insel Kodiak buchstäblich unter sich. Eine fünf Kilometer große Caldera verschlang den Gipfel des Katmai, und zehn Kubikkilometer glühender vulkanischer Trümmermassen füllten ein 20 Kilometer langes und drei Kilometer breites Tal auf, das heute „Tal der zehntausend Dämpfe" heißt.

Der erste historisch belegte Ausbruch des Besymiannij auf der sibirischen Halbinsel Kamtschatka fand am 22. Oktober 1955 statt. Die Eruptionstätigkeit dieses Vulkans gipfelte in einem gewaltigen explosiven Ausbruch am 30. März 1956. Die Eruptionssäule stieg bis in eine Höhe von 35 Kilometern auf, große Gesteinstrümmer wurden 25 Kilometer weit geschleudert; eine zwei Kilometer große Caldera brach ein, und Glutlawinen hinterließen drei Kubikkilometer Trümmermassen, die die russischen Geologen als das „Tal der zehntausend Dämpfe von Kamtschatka" bezeichnen (Abbildung 5.10). Zum Glück waren die Gebiete sowohl um den Katmai als auch um den Besymiannij fast unbewohnt, so daß keine Menschen zu Schaden kamen. Ein Ausbruch dieser Stärke in Japan, Mittelamerika oder anderen Bereichen des Feuergürtels, wo die Bevölkerungsdichte hoch ist, hätte katastrophale Folgen.

5.10 Die riesige Explosionswolke des Besymiannij auf der Halbinsel Kamtschatka am 30. März 1956. Die fächerförmige Wolke beginnt in sieben Kilometern und endet in 35 Kilometer Höhe. (Photo: I. V. Erov; aufgenommen aus 45 Kilometer Entfernung westlich des Vulkans.)

Um eine Katastrophe auszulösen, muß ein Vulkanausbruch allerdings nicht unbedingt heftig sein. Die Eruption des 5389 Meter hohen Nevado del Ruiz in den kolumbianischen Anden bezeugt dies. Trotz seiner Lage – nur fünf Grad nördlich des Äquators – ist sein Gipfel von einem ausgedehnten Eis- und Schneefeld bedeckt (Abbildung 5.11). Am 13. November 1985 spie der Krater eine relativ kleine Menge Asche und Bimsstein aus, die auf der Eiskappe landete und deren plötzliches Aufschmelzen verursachte. Infolge der Schmelzwasserflut gingen mächtige Schlammströme in den steilen Canyons der Vulkanflanken nieder. 5000 Höhenmeter tiefer wälzten sich die Schlammfluten durch das Flußbett des Lagunillas und überschwemmten und zerstörten die 50

5.11 Der 5389 Meter hohe Gipfel des Nevado del Ruiz in Kolumbien ist von einer 17 Quadratkilometer großen Eiskappe bedeckt. Ein kleiner pyroklastischer Ausbruch am 13. November 1985 schmolz etwa fünf bis zehn Prozent der Eisbedeckung auf und löste so in den steilen Tälern an den Hängen des Vulkans Schlammströme aus. (Photo: Robert Tilling, U.S. Geological Survey.)

5.12 Die Stadt Armero in Kolumbien, 50 Kilometer östlich und fünf Kilometer unterhalb des Gipfels des Nevado del Ruiz gelegen, wurde nach der Eruption des 13. November 1985 von einem Schlammstrom zerstört, der sich den Fluß Lagunillas hinunterwälzte. Etwa 22 000 Menschen kamen hier in den plötzlichen, reißenden Schlammfluten von drei bis fünf Meter Tiefe ums Leben.

Kilometer vom Vulkangipfel entfernte Stadt Armero (Abbildung 5.12). Hier und entlang einiger anderer Flüsse, die den Nevado del Ruiz entwässern, starben 25 000 Menschen in den Fluten.

Von extrem großen Ausbrüchen in prähistorischer Zeit stammen gewaltige Ablagerungen von pyroklastischen Bims- und Aschenströmen, die an mehreren Stellen des Feuergürtels Tausende von Quadratkilometer bedecken. Das Volumen des ausgeworfenen Materials betrug zum Teil mehr als das Hundertfache der Fördermenge des Krakatau-Ausbruchs. Für uns heute bedeutet die Existenz solch gigantischer Eruptionen allerdings nicht gleich den drohenden Untergang; dazu treten sie zu selten auf. Sie sollten uns jedoch Respekt einflößen; da Millionen Menschen um den Ring aus Feuer mit starken vulkanischen Ausbrüchen leben müssen, ist es wichtig, sie besser verstehen zu lernen.

6. Kilauea, Hawaii

6.1 Kilauea Iki, 1959. (Photo: J. P. Eaton, U.S. Geological Survey.)

Die Ehe von Pele, Göttin von Erde und Feuer, mit Kamapuaa, Gott des Wassers, war kurz und stürmisch. Im Zorn vertrieb sie ihn aus ihrem Feuerkrater und jagte ihn mit Strömen von Lava in die See.

Hawaiianische Legende

Der Kilauea auf der Insel Hawaii ist der am gründlichsten erforschte Vulkan der Erde (Abbildungen 6.2 und 6.3). Mit reger Ausbruchstätigkeit und glühenden Lavaseen, die über Jahre hinweg brodeln (Farbtafel 22), zählt er auch zu den aktivsten Vulkanen. Nahezu all seine Ausbrüche verlaufen verhältnismäßig ruhig, wobei man das Wort *ruhig* nicht mißverstehen sollte, denn oft schleudern die Schlote feurige Fontänen glühender Lava mehrere hundert Meter hoch (Abbildung 6.1). Die Fontänen fallen in die Lavaseen zurück oder speisen Lavaströme. Ruhig kann man diese Ausbrüche nur im Vergleich zu dem explosiven Vulkanismus nennen, bei dem Bims und Asche mit der Wucht gewaltiger Dynamitexplosionen gefördert werden.

Effusive Eruptionen vom Hawaii-Typ lassen sich vergleichsweise gefahrlos aus der Nähe beobachten, und das Hawaiian Volcano Observatory befaßt sich damit seit 1912. Wir hatten das Glück, die hawaiianischen Vulkane während der frühen achtziger Jahre studieren zu können, als sowohl der Kilauea als auch der Mauna Loa ausbrachen.

An Neujahr 1983 setzten die längsten und heftigsten Spalteneruptionen (Rifteruptionen) am Kilauea seit Beginn der Aufzeichnungen im Jahre 1823 ein. Bis 1989 förderte der Ausbruch – ohne Anzeichen eines baldigen Versiegens – 850 Millionen Kubikmeter Lava, genug Material für eine Straße, die viermal die Erde umrunden würde. Die Lavaströme sind elf Kilometer weit bis zum Meer geflossen, sie bedecken 60 Quadratkilometer Land und haben die Insel um 0,4 Quadratkilometer vergrößert. Menschen kamen nicht zu Schaden, doch sind mindestens 64 Häuser zerstört worden, und der Gesamtschaden beläuft sich auf mehr als zehn Millionen Dollar.

Der 1. Januar 1983 begann friedlich, doch das sollte sich rasch ändern. Kurz nach Mitternacht weckte ein automatisches Erdbebenwarngerät die Mitarbeiter

6.2 Die Insel Hawaii, auch Big Island („Große Insel") genannt, wird von fünf Vulkanen aufgebaut (Höhenangaben auf Karte A in Metern). Die in Karte B dunkelgrau gekennzeichneten Riftzonen stellen Schwächezonen dar, an denen zahlreiche Flankenausbrüche aufgetreten sind. Der Kilauea ist gegenwärtig aktiv, der Mauna Loa ist zuletzt 1984, der Hualalai 1801 ausgebrochen. Die letzten Eruptionen des Mauna Kea liegen 4000 Jahre, die des Kohala etwa 60 000 Jahre zurück. Loihi ist ein submariner Vulkan. Er ist vermutlich aktiv, da in jener Region wiederholt Erdbebenschwärme auftreten und bei Tauchfahrten sowohl heiße Quellen als auch junge Lava entdeckt wurden. (Nach Peterson, D. W.; Moore, R. B. U.S. Geological Survey Professional Paper 1350 (1987) S. 151.)

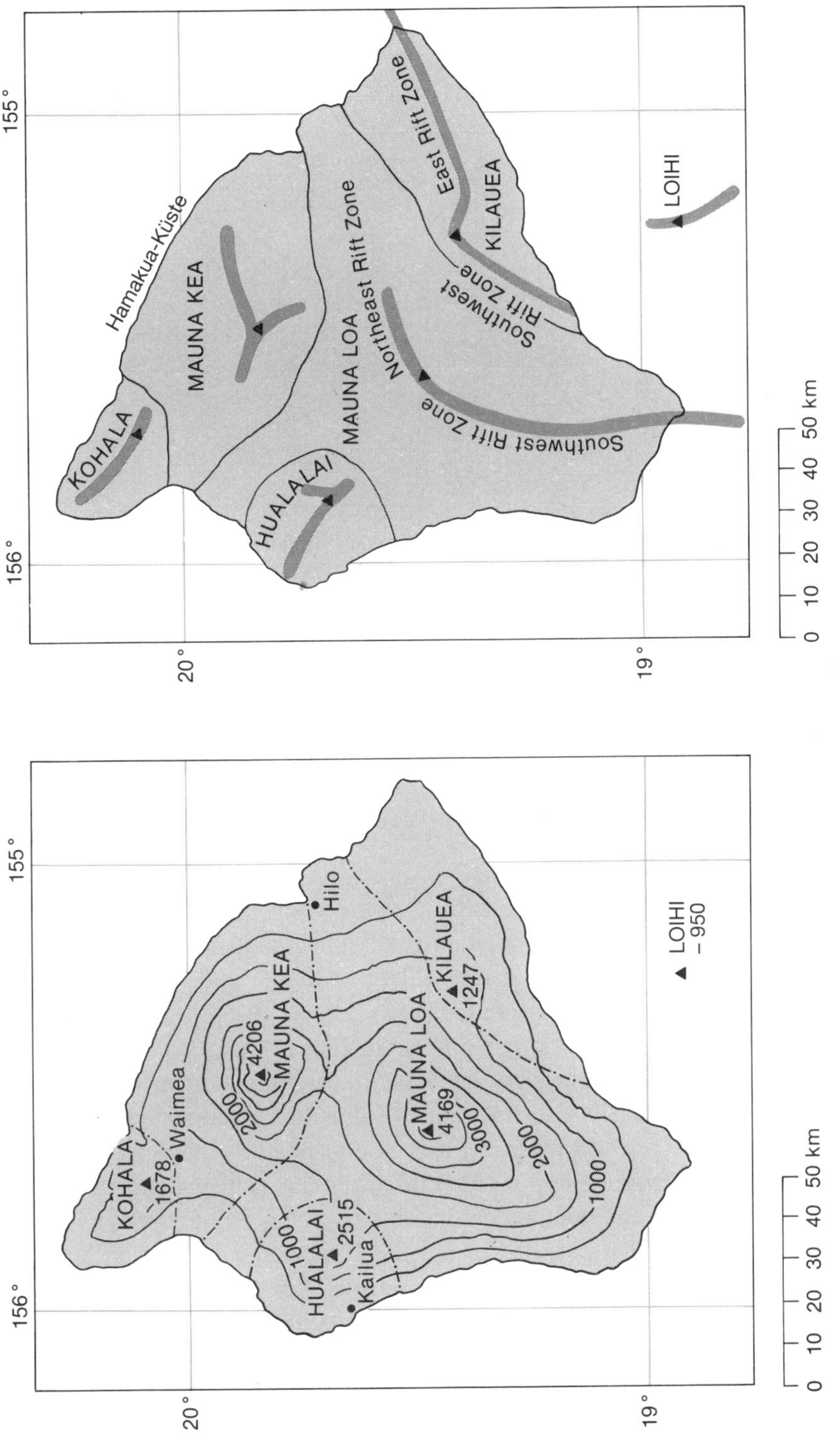
155°
156°
20°
19°
KOHALA
1678
Waimea
MAUNA KEA
4206
2000
HUALALAI
2515
1000
Kailua
Hilo
MAUNA LOA
4169
3000
2000
1000
KILAUEA
1247
LOIHI
− 950
0 10 20 30 40 50 km
A
Hamakua-Küste
KOHALA
MAUNA KEA
HUALALAI
MAUNA LOA
Northeast Rift Zone
Southwest Rift Zone
Southwest Rift Zone
East Rift Zone
KILAUEA
LOIHI
0 10 20 30 40 50 km
B

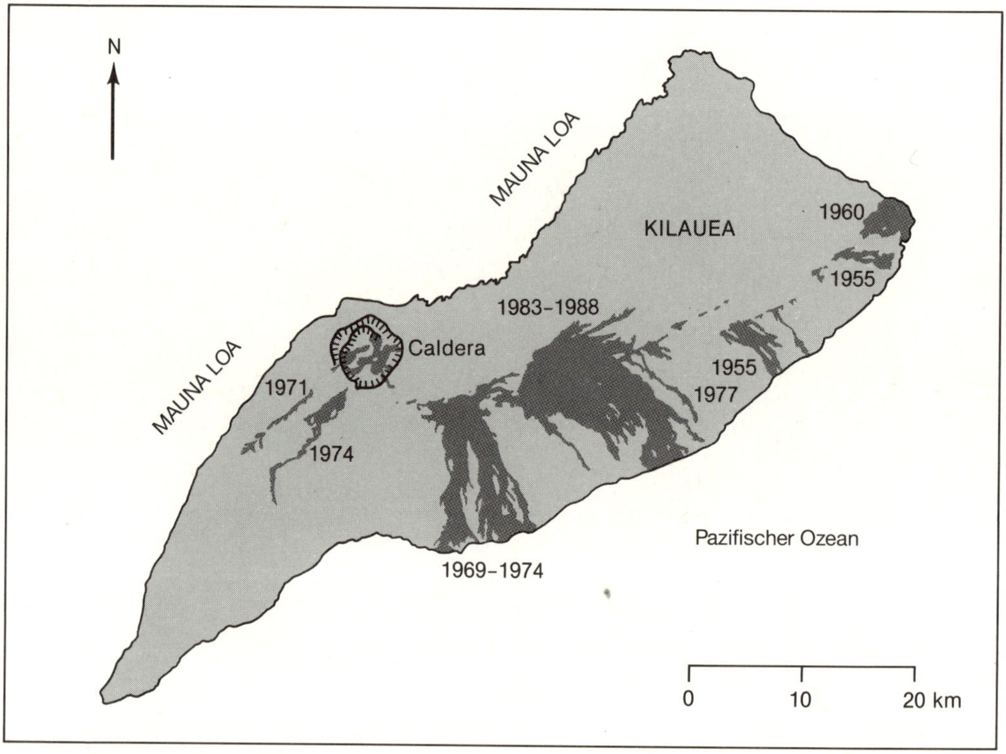

6.3 Seit 1955 ist der größte Teil der Lava des Kilauea an der östlichen Spaltenzone (East Rift Zone) ausgeflossen. Zwei Ausbrüche (1971, 1974) ereigneten sich an der Southwest Rift Zone und zwölf am Gipfel. Die mit 1983–1988 gekennzeichneten Lavaströme gehören zu der Puu-Oo-Eruption. (Nach Robin Holcomb und Christina Heliker, U.S. Geological Survey.)

des Volcano Observatory. Wir eilten zur Beobachtungsstation am Kraterrand der drei mal fünf Kilometer großen Kilauea-Caldera und bemerkten bald die drei untrüglichen Anzeichen für eine bevorstehende Eruption.

Zunächst einmal registrierten Seismographen in der Nähe der East Rift Zone, der östlichen Spaltenzone des Kilauea, sogenannte harmonische Beben (*volcanic tremor*), die sich in einer anhaltenden niederfrequenten Vibration des Untergrundes zeigen. Harmonische Beben entstehen dann, wenn sich Magma mit hoher Geschwindigkeit in unterirdischen Leitungsbahnen bewegt. Die Seismographen offenbarten außerdem eine Häufung von Erdbeben nur wenig unterhalb der East Rift Zone, was auf die Bildung neuer Spalten hindeutete. Neigungsmesser (sogenannte Tiltmeter) schließlich registrierten eine Absenkung des Gipfelareals. Ein Neigungsmesser arbeitet wie eine äußerst empfindliche Wasserwaage und mißt Veränderungen im Neigungswinkel auf ein tausendstel Promille genau – das entspricht einem Anstieg von einem Millimeter auf einer ein Kilometer langen Strecke.

Die harmonischen Beben, die Beben unter der East Rift Zone und die Gipfelabsenkung legten nahe, daß Magma von einem Reservoir unter der Gipfelregion in die östliche Spaltenzone gepreßt wurde (Abbildungen 6.4 und 6.5). Solche flachbahnigen Magmaeinpressungen in die Schwächezonen an der Flanke des Vulkans sind nicht ungewöhnlich und können mehrmals im Jahr auftreten. Nur einige von ihnen erreichen die Oberfläche und führen zu Ausbrüchen. Nun beschäftigte jeden dieselbe Frage: Könnte es wieder falscher Alarm sein, oder würde sich diese Magmaintrusion zu einer Eruption entwikkeln?

Die Beben und die Absenkung des Gipfels dauerten auch am 2. Januar noch an. Die Erdbeben konzentrierten sich auf den mittleren Bereich der East Rift Zone, etwa zehn bis 20 Kilometer östlich vom Gipfel des Kilauea. Endlich, nach Mitternacht des 3. Januar, brachen am Napau-Krater, 15 Kilometer vom Gipfel entfernt, Lavafontänen durch. Gegen Morgen sprühten in einem entlegenen, unzugänglichen Wald auf einer Länge von sechs Kilometern „Vorhänge aus Feuer" aus einer unterbrochenen Spaltenzone. Während der nächsten zwölf Tage brachen immer wieder Förderschlote entlang dieses Spaltensystems auf, aber nur Geologen und Fernsehteams mit Hubschraubern hatten die Möglichkeit, den spektakulären Beginn dieser langandauernden Ausbruchstätigkeit mitzuerleben.

Diesem Lavaausbruch war ein längeres Vorspiel vorausgegangen; die sorgfältige Beobachtung der kleinen Beben und der Verformung des Untergrundes hatte schon Hinweise auf die im Verborgenen ablaufenden Prozesse geliefert. Das Magma des Kilauea steigt aus 60 und mehr Kilometer Tiefe auf und sammelt sich zeitweilig in einem Reservoir, das nur wenige Kilometer unter dem Gipfel liegt. Durch die Auffüllung dieses Reservoirs erhöht sich darin der Druck, bis die hangenden (überlagernden) Gesteine beziehungsweise die Wände der Magmakammer nachgeben und aufbrechen. In die Spalten dringt dann die Gesteinsschmelze ein und bricht so zur Oberfläche durch (Farbtafel 20) oder verbleibt als flache Magmaeinpressung in den Riftzonen der Vulkanflanken im Untergrund. Es gibt an den Hängen des Kilauea zwei ständige Schwächezonen: die East Rift Zone (die östliche Spaltenzone) und die Southwest Rift Zone (die südwestliche Spaltenzone).

Wenn die Schmelze in einen dieser Bereiche aufsteigt, wird ihre Wanderung von einer Serie von Erdbeben begleitet. Und wenn sich die Magmakammer entleert, kommt es zu einer Absenkung des Gipfels. Magma, das sich unterirdisch mit hoher Geschwindigkeit bewegt, verursacht zudem harmonische Beben. Durch die Aufzeichnungen der an vielen Stellen des Vulkans installierten Seismographen sowie durch die Messung von kleinsten Veränderungen in der Aufwölbung, der Absenkung, der Ausdehnung und der Kontraktion der Vulkanoberfläche werden die unterirdischen Bewegungen des Magmas am Kilauea regelmäßig aufgespürt und kartiert.

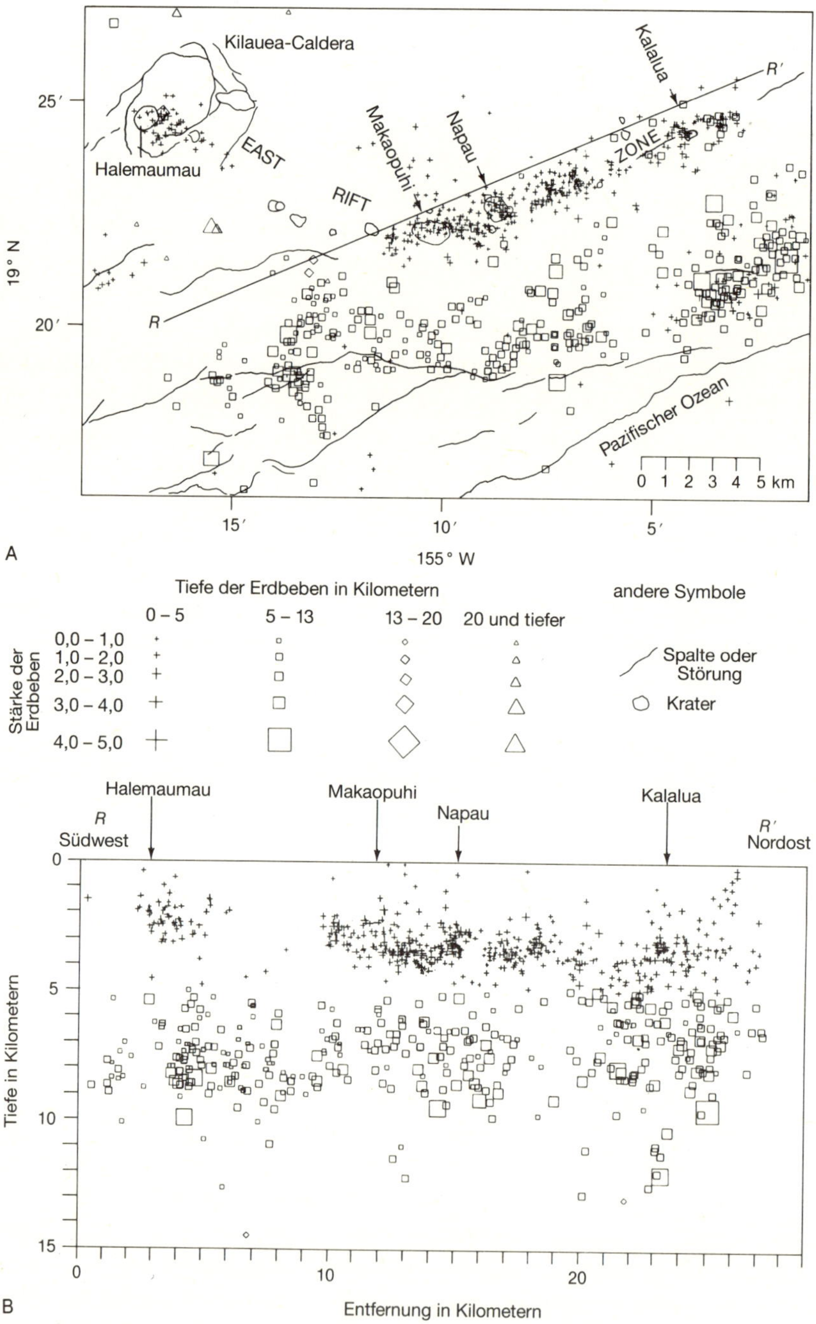

6.4 A. Lage der Erdbeben unter dem Gipfel und an der östlichen Spaltenzone des Kilauea im Januar 1983. Die flachen Beben zwischen Makaopuhi und Kalalua wurden durch das Magma verursacht, das zu Beginn der Puu-Oo-Eruption durch die Spalten drang. B. Die Projektion der Erdbebenherde auf einen Schnitt durch die Insel zeigt, daß die Leitungsbahn für das Magma in etwa drei Kilometer Tiefe lag. (Aus Wolfe, E. W. et al. U.S. Geological Survey Professional Paper 1350 (1987) S. 482f.)

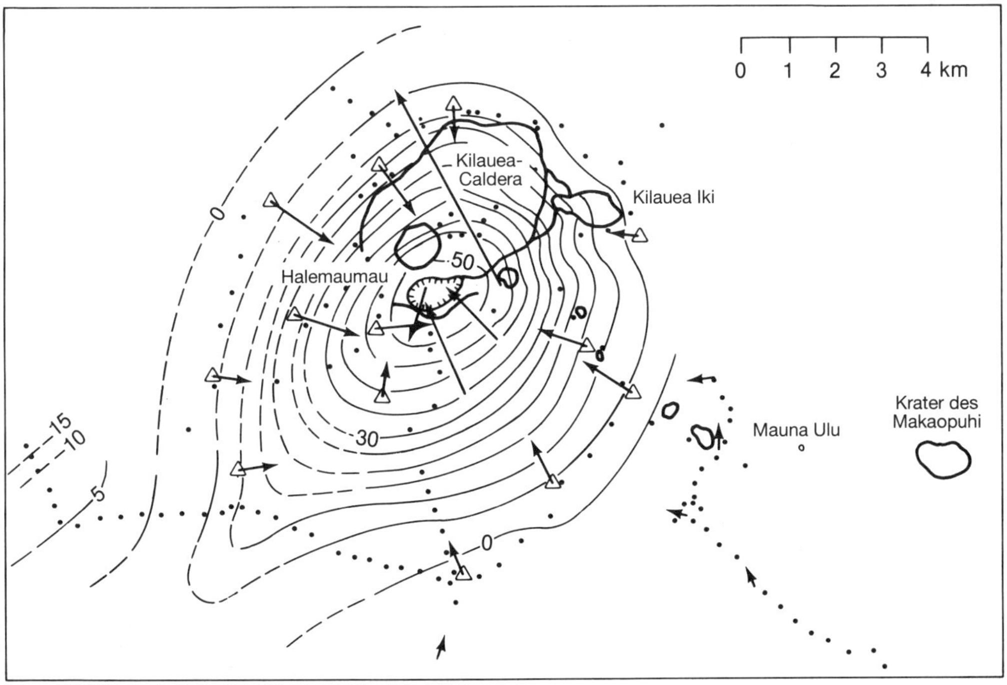

6.5 Die Absenkung des Kilauea-Gipfels war die Folge der Magmawanderung in die East Rift Zone vor der Puu-Oo-Eruption. Die Höhen- beziehungsweise Neigungsmessungen, die diese Absenkung deutlich machten, wurden vom 27. September bis 5. Oktober 1982 und erneut vom 7. bis 11. Februar 1983 durchgeführt. Mit Hilfe eines kontinuierlich aufzeichnenden Neigungsmessers an der Nordwestseite des Kilauea gelang der Nachweis, daß sich die Absenkung zum überwiegenden Teil zwischen dem 2. und 7. Januar 1983 vollzog. (Aus Wolfe, E. W. et al. U.S. Geological Survey Professional Paper 1350 (1987) S. 488.)

Zwischen den Jahren 1978 und 1982 kam es unter der East Rift Zone zu zwölf Magmaintrusionen; lediglich zwei brachen an die Oberfläche durch: eine im Jahre 1979 und eine kleinere 1980. Neben diesen schnellen Intrusionen in neuentstandene Spalten verursachte langsam fließendes Magma, das sich von der flachgelegenen Magmakammer in bereits vorhandene Risse bewegte, eine zusätzliche Aufbeulung der östlichen Spaltenzone im Bereich der Eruption von 1983. Das Gebiet war reif für einen großen Ausbruch.

Die Spaltenausbrüche erfolgten zwischen dem 3. und 23. Januar, dann versiegte der Lavastrom, und der Gipfel des Kilauea stieg wieder an. Fast fünf Quadratkilometer Land waren mit 14 Millionen Kubikmetern basaltischer Lava überdeckt. Da kurzlebige vulkanische Aktivität auf Hawaii an der Tagesordnung ist, hielten viele den Ausbruch für beendet; doch am 10. Februar setzte der Lavaausstoß erneut ein, und vom 25. Februar bis 4. März schossen mächtige Lavafontänen aus einem Förderkanal, der sich im unteren Drittel des alten Spaltensystems geöffnet hatte. Wieder hörte die Eruption auf, und die Neigungsmesser, die bereits eine Absenkung angezeigt hatten, registrierten eine erneute Aufwölbung.

Würde sich der Ausbruch fortsetzen, sobald die Aufwölbung des Gipfels einen kritischen Punkt erreicht hatte? Genauso war es: Während der dritten Episode floß Lava vom 28. März bis 9. April; in der vierten Episode vom 13. bis 17. Juni schossen Lavafontänen aus einer neuen Öffnung im Zentralbereich des alten Spaltensystems empor. Zwischen Juli 1983 und Juli 1986 wiederholte sich dieses Eruptionsmuster 43mal: Kurze Perioden von Stunden bis Tagen mit hohen Lavafontänen aus jeweils einem Förderschlot wurden von längeren Ruhephasen unterbrochen, die im Mittel einen Monat dauerten.

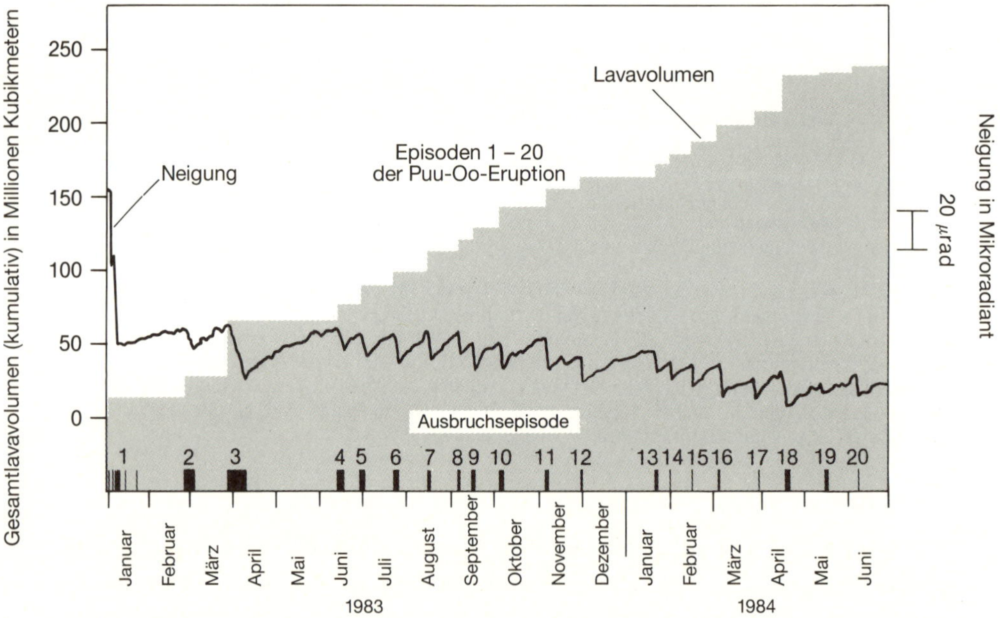

6.6 Von 1983 bis 1986 brach der Puu-Oo-Krater immer wieder aus. In den Ruhephasen wölbte sich der Gipfel langsam auf, und während der Episoden mit mächtigen Lavafontänen (schwarze Markierungen mit Nummern) senkte er sich schnell ab. Die deutliche Neigungsabnahme zu Beginn der ersten Ausbruchsepisode wurde durch die Abwanderung großer Magmamengen in das Spaltensystem, das die Eruption auslöste, verursacht. (Aus Wolfe, E. W. et al. U.S. Geological Survey Professional Paper 1350 (1987) S. 490f.)

Obwohl diese dreijährige Aktivitätsperiode eine gewisse Gleichförmigkeit anzunehmen schien, entdeckten die für Geländebeobachtungen zuständigen Geologen Trends und Veränderungen im Ausbruchsgeschehen, die Licht auf die Vorgänge im Inneren des Kilauea warfen. In Abbildung 6.6 lassen sich das Gesamtmagmavolumen sowie die Absenkungs- und Aufwölbungszyklen der flachen Magmakammer ablesen; das Einsinken des Gipfels während einer Ausbruchsepisode erfolgt stets wesentlich rascher als die anschließende Aufwölbung. Daraus läßt sich schließen, daß die Förderrate viel höher ist als die Geschwindigkeit des Nachschubs aus der Tiefe.

Die durchschnittliche Ausstoßrate belief sich auf 160 Millionen Kubikmeter pro Jahr (Abbildung 6.7). Während eines Ausbruchs entgasen die meisten flüchtigen Komponenten in den mächtigen Lavafontänen. Dennoch bleibt ein Teil der Gase in Form von Blasen im Gestein zurück. Um die Magmamenge zu ermitteln, muß man das Volumen dieser Blasen – etwa 25 Prozent – abrechnen. Dann ergibt sich eine mittlere Lavaförderung von 120 Millionen Kubikmetern pro Jahr – ein Wert, der nahe an der Nachschubrate des Kilauea liegt. Diese Bilanz wird durch die gemessenen Neigungsänderungen während der Eruption bestätigt. Obwohl sich der Gipfel im Verlauf der einzelnen Episoden hob und senkte, änderte sich die Neigung seit dem Ende der ersten Episode insgesamt nur geringfügig. Ein solches Gleichgewicht zwischen Förder- und Nachschubrate läßt auf eine lange Aktivitätsdauer schließen.

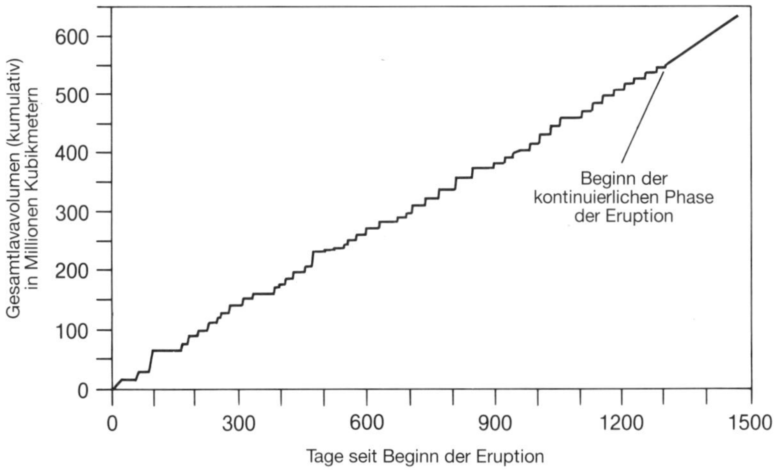

6.7 Lavaförderrate der Puu-Oo-Eruption von Januar 1983 bis Dezember 1986. Die Ausstoßrate ist von 1983 bis 1989 bemerkenswert konstant geblieben. Während der episodischen Phase des Ausbruchs förderte jedes mit Fontänen verbundene Ereignis etwa 13 Millionen Kubikmeter Lava. Die Ruhephasen zwischen den Episoden dauerten ungefähr einen Monat. Seit im Juli 1986 die kontinuierliche Phase einsetzte, belief sich der langsame, doch fortwährende Lavaausstoß auf 0,4 bis 0,5 Millionen Kubikmeter pro Tag. (Nach G. E. Ulrich, U.S. Geological Survey.)

Im Verlauf der Förderung wurden die eruptiven Phasen kürzer, gleichzeitig beschleunigte sich der Lavaausstoß (Abbildung 6.8) unter Beibehaltung der Gesamtfördermenge pro Episode (etwa 13 Millionen Kubikmeter). Als sich die Förderraten erhöhten, wuchsen die Lavafontänen, und während der Episoden 24 bis 30 stiegen sie bis in über 400 Meter Höhe. Die dazu nötige zusätzliche Energie beruhte möglicherweise auf besseren Zufuhrmöglichkeiten. Vermutlich hatte Magma, das sich bei jedem Ausbruchsereignis im Untergrund bewegt, die Leitungskanäle vergrößert. Magma ist heiß genug (etwa 1150 Grad Celsius), um Nebengestein aufzuschmelzen und so die durchströmten Röhren zu erweitern. Man sieht hierin auch die Ursache dafür, daß sich eine Spalteneruption im Verlauf des Ausbruchs gewöhnlich auf einen Förderschlot beschränkt. Durch enge Kanäle kann nur wenig Magma fließen; zudem schließen sie sich leicht, wenn die Lava sich abkühlt und an den Wänden haften bleibt. Weite Spalten werden hingegen vergrößert, wenn heißes Magma

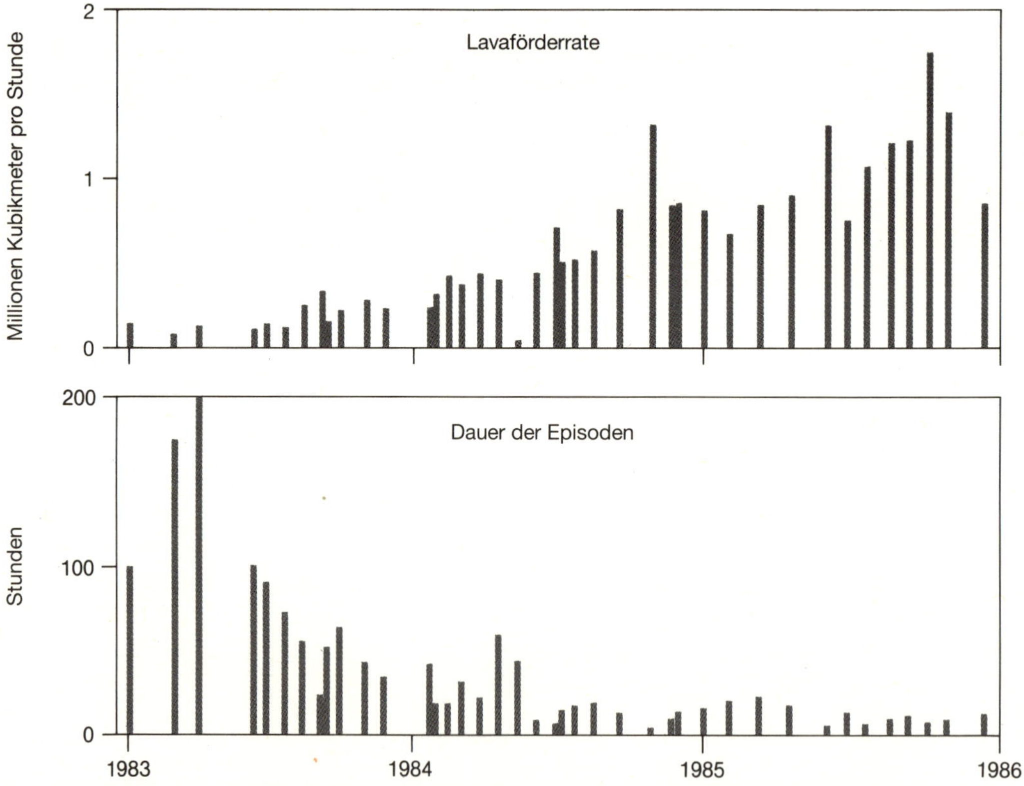

6.8 Die Rate des Lavaausstoßes und die Höhe der Lavafontänen stiegen im Verlauf des Puu-Oo-Ausbruchs an. Gleichzeitig verkürzte sich die Dauer der einzelnen Episoden – mit dem Effekt, daß die Menge der geförderten Lava pro Episode (13 Millionen Kubikmeter) ungefähr gleich blieb. (Nach G. E. Ulrich, U.S. Geological Survey.)

Farbtafeln 1–13: Die Entwicklung der Puu-Oo-Eruption des Kilauea von 1983 bis 1988

1 In der episodischen Phase der Eruption treten immer wieder Lavafontänen und Ströme geschmolzenen Gesteins aus. (Photo: J. D. Griggs, U.S. Geological Survey; 31. Januar 1984.)

2 Zu Beginn des Ausbruchs sprüht ein bis zu 30 Meter hoher „Feuervorhang“ aus einer langen Spalte. (Photo: J. D. Griggs, U.S. Geological Survey.)

3 In einem frühen Stadium des Ausbruchs wälzt sich von der Förderspalte im Hintergrund ein breiter Lavastrom durch den umliegenden Wald. (Photo: J. D. Griggs, U.S. Geological Survey.)

4 Aus einem der ersten Förderschlote spritzt eine zehn bis 15 Meter hohe, bogenförmige Lavafontäne empor. (Photo: J. D. Griggs, U.S. Geological Survey.)

5 Ein Geologe mißt die Temperatur eines Aa-Lavastroms. (Photo: G. E. Ulrich, U.S. Geological Survey.)

6 Vor der 400 Meter hohen Lavafontäne der 31. Episode erscheint der Zivilschutzhubschrauber winzig. (Photo: J. D. Griggs, U.S. Geological Survey.)

7 Nach einer sehr heftigen Eruptionsphase läßt sich von dem 20 Kilometer entfernten Hawaiian Volcano Observatory aus diese Rauchwolke beobachten. (Photo: J. D. Griggs, U.S. Geological Survey.)

8 Solche dünnen, in Lavafontänen gesponnene Fäden aus vulkanischem Glas nennt man „Peles Haar“. Einzelne Stränge erreichen oftmals Längen von 20 Zentimetern. (Photo: D. W. Peterson, U.S. Geological Survey.)

9 Ein zehn bis 20 Meter breiter Strom glühender Lava fließt vom Puu Oo hinab und bildet den Zentralkanal eines schwarzen Aa-Lavastroms. Die Bäume auf der linken Seite sind etwa 15 Meter hoch. (Photo: J. D. Griggs, U.S. Geological Survey.)

10 Die Front eines zwei bis drei Meter dicken Aa-Lavastroms bewegt sich langsam, aber unaufhaltsam vorwärts. (Photo: J. D. Griggs, U.S. Geological Survey.)

11 Geschmolzenes Gestein brodelt in einem Lavasee von 100 Meter Durchmesser, fließt einen tiefen Kanal entlang (linke Bildmitte) und speist überkrustete Lavaröhren. Die Pahoehoe-Ströme, wie sie für diese kontinuierliche Phase der Eruption charakteristisch sind, fließen langsam, aber unerbittlich den Südosthang des Kilauea hinab zum Meer (im Hintergrund). (Photo: J. D. Griggs, U.S. Geological Survey.)

12 Ein Pahoehoe-Strom kriecht über eine Rasenfläche, bevor er auf seinem Weg zum Meer ein weiteres Haus zerstört. (Photo: J. D. Griggs, U.S. Geological Survey.)

13 Wenn Lava ins Meer fließt, taucht das glühende Gestein die entstehende Dampfwolke in ein hellrotes Licht. (Photo: J. Takahashi, U.S. Geological Survey.)

hindurchschießt, so daß sie schließlich den Großteil des Lavastroms aufnehmen.

Die Lavatemperaturen in der Nähe der Förderschlote stiegen im Verlauf der Eruption von etwa 1120 Grad (Episode 1) auf 1140 Grad (Episode 18), und der Magnesiumgehalt des Basalts erhöhte sich von ungefähr sechs auf 7,5 Prozent. Diese Veränderungen werden so interpretiert, daß sich ein Teil des Magmas der frühen Episoden schon vor der Eruption in der Spaltenzone befand und, leicht abgekühlt, das magnesiumreiche Mineral Olivin und andere Silicate ausschied. In späteren Stadien des Ausbruchs stammte die Lava dann aus dem heißeren Magma der flachen Magmakammer.

Da sich der Förderschlot der Episoden 4 bis 47 immer an der gleichen Stelle des Spaltensystems befand, bauten die Eruptionen darüber einen großen Aschen- und Schlackenkegel auf (Abbildung 6.9). Er hatte nach der vierten Episode eine Höhe von 20 Metern, nach der 20. eine von 130 Metern erreicht; 1986 war er bei einem Basisdurchmesser von einem Kilometer 255 Meter hoch. Dieser eindrucksvolle Kegel wurde zu einem Wahrzeichen, das noch aus 30 Kilometern zu erkennen war und von den Hawaiianern den Namen Puu Oo – „Hügel des Oo-Vogels" – bekam. Der gesamte Ausbruch seit seinem Beginn im Jahre 1983 wird entsprechend als Puu-Oo-Eruption bezeichnet.

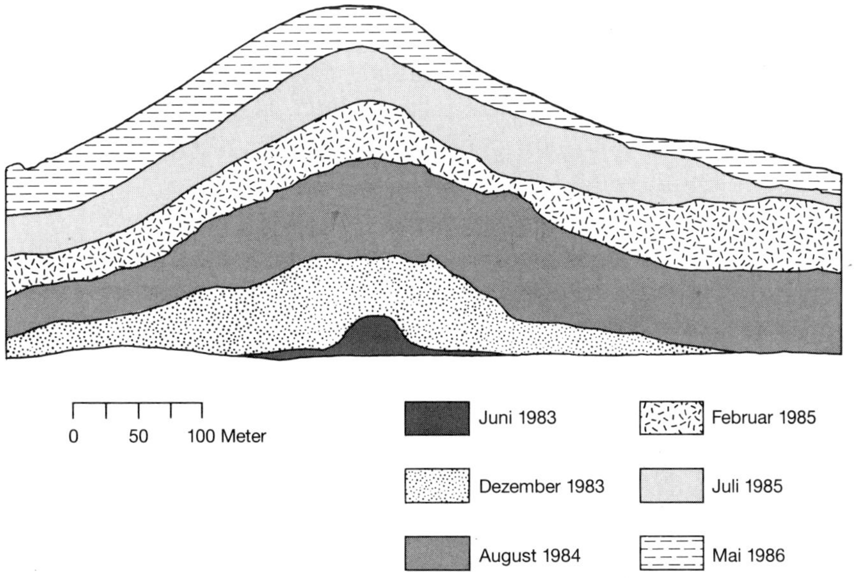

6.9 Wachstum des Puu-Oo-Aschen- und Schlackenkegels. Die Episoden 4 bis 47 (1983–1986) gingen von diesem Schlot aus und bauten den Kegel bis zu einer Höhe von 255 Metern und einem Sockeldurchmesser von einem Kilometer auf. Die Profile sind riftaufwärts orientiert und nicht überhöht. Seit 1986 hat sich das Wachstum nicht mehr fortgesetzt, und Rutschungen verändern seither die Form des Kegels. (Nach Christina Heliker, U.S. Geological Survey.)

Die aus den hohen Fontänen zurückfallende Lava bildete sogenannte Aa-(Blocklava-)Ströme, die in Nordost-, Ost- und Südostrichtung fünf bis acht Kilometer vom Förderschlot wegflossen. Ströme dieses Typs sind im allgemeinen 250 bis 500 Meter breit und drei bis fünf Meter dick und werden von einem zentralen, zehn bis 20 Meter breiten Strom glühender Lava gespeist. Dieser zentrale Strom bewegt sich recht schnell – mit zehn bis 20 Kilometern in der Stunde –, wird aber, wenn er die dunklen, rauhen Gesteinsbrocken an der Lavafront erreicht, stark abgebremst. So betrug die mittlere Geschwindigkeit der Aa-Laven der Puu-Oo-Eruption nur einige hundert Meter pro Stunde. Während Menschen also genug Zeit zur Flucht hatten, wurden mehrere Häuser zerstört und verbrannten, als sich die unaufhaltsamen Lavaströme über Teile eines sieben Kilometer vom Schlot entfernten Anbaugebiets wälzten.

Die Ursache für das episodische, geysirähnliche Verhalten der frühen Puu-Oo-Eruptionen ist nicht geklärt. Zwei Faktoren schienen eine Rolle zu spielen. Der erste ist eine Art Ventilmechanismus in dem Zufuhrkanal zwischen Magmareservoir und Förderschlot, der auf Druckveränderungen reagierte. Während sich der Gipfel aufblähte und der Magmadruck zunahm, strömte neue Gesteinsschmelze durch den Kanal; als sich der Gipfel absenkte und der Druck fiel, versiegte der Magmafluß vollständig. Der zweite Faktor war der Gasgehalt der Schmelze. Lava erschien bereits mehrere Tage vor dem Ausbruch im Schlot, und ein langsames Ausfließen ging den Fontänen voraus. Offensichtlich mußte zunächst ein gasarmer, dichter Pfropfen aus Lava ausfließen, bevor die plötzliche Expansion der Gase die Fontänen antreiben konnte. Sobald mit der Fontäne der oberste Teil der Magmasäule entfernt war, verringerte sich der Druck auf die verbliebene Schmelze, die nun ihrerseits zu brodeln begann. Der Ausbruch setzte sich mit hoher Förderrate fort, bis das verfügbare Magma und das Gas verbraucht waren.

Die im Magma gelösten Gase bestehen im wesentlichen aus Wasser, Kohlen- und Schwefeldioxid. Am Kilauea machen sie lediglich ein Gewichtsprozent der Schmelze aus. Doch bei hohen Temperaturen und niedrigen Drucken dehnen sie sich explosionsartig aus, und das Gasvolumen kann ein Mehrfaches des Lavavolumens erreichen.

Die hohen Lavafontänen produzierten große Mengen an Bims und „Peles Haar". Bims ist ein schnell abgekühltes vulkanisches Gestein, in dem die Gase in kleinen Blasen eingeschlossen sind; in gewissem Sinne handelt es sich um erstarrten Lavaschaum. Das Verhältnis von Gasblasen zu (glasigem) vulkanischem Gestein ist derart hoch, daß große Bimsbrocken so leicht wie Styropor sind und auf Wasser schwimmen. Von Schmelztröpfchen, die in der Fontäne umherwirbeln, spinnen sich feine Fäden aus vulkanischem Glas ab, die man auf Hawaii (nach der Göttin von Erde und Feuer) Peles Haar nennt. Sowohl Bims als auch Peles Haar werden oftmals mehrere Kilometer weit weggeweht. Schwerere Brocken erstarrter Lava bezeichnet man als Schlacken; zusammen mit noch flüssigen Fetzen sammeln sie sich am Fuß der Fontäne und bauen den Aschen- und Schlackenkegel um den Förderschlot auf. Der Puu-Oo-Kegel wuchs am südwestlichen Rand am höchsten, da der vorherrschende Passatwind den größten Teil des Aschenregens (des „Fallout") dorthin verfrachtete.

Die 17. Eruption des Puu Oo lieferte die Antwort auf eine alte wissenschaftliche Frage. Seit Jahren hatten Vulkanologen darüber spekuliert, welche unterirdischen Verbindungswege zwischen dem Kilauea und dem Mauna Loa existieren und ob die Aktivität des einen den anderen beeinflussen kann. Der Mauna Loa brach am 25. März 1984 aus, und am 30. März floß aus einem 2900 Meter hoch gelegenen Schlot ein breiter Lavastrom auf die Stadt Hilo zu (Farbtafeln 18 und 19). Den nächsten Puu-Oo-Ausbruch erwartete man für Ende März, und man hoffte dann klären zu können, ob sich die beiden Eruptionen gegenseitig beeinflussen. Die 17. Episode setzte planmäßig mit 100 Meter hohen Fontänen ein, die 23 Stunden lang anhielten und zehn Millionen Kubikmeter Lava förderten. Es war ein seltener und schöner Anblick, beide Vulkane gleichzeitig ausbrechen zu sehen.

Obwohl der Puu-Oo-Förderschlot mehr als 2000 Meter tiefer lag als der des Mauna Loa, übten die Eruptionen keinerlei offensichtichen Einfluß aufeinander aus. Wenngleich beide Vulkane ihr Magma vermutlich aus derselben tiefen Quelle erhalten, ist nun geklärt, daß zwischen ihren flachsitzenden Magmakammern keine hydraulischen Verbindungen bestehen.

Dreieinhalb Jahre nach Beginn der Puu-Oo-Eruption brachte die 48. Episode im Juli 1986 eine entscheidende Veränderung. Zu beiden Seiten des Puu-Oo-Kegels öffneten sich Spalten entlang der East Rift Zone; drei Kilometer die Riftzone hinab bildete sich ein neuer Schlot, auf den sich die vulkanische Aktivität von nun an beschränkte. Lavaströme mit glatter Oberfläche, sogenannte Pahoehoe- oder Stricklaven, flossen langsam und kontinuierlich aus dieser neuen Öffnung, bauten einen breiten, niedrigen Wall erstarrter Lava um den Schlot auf und sammelten sich in einem siedenden Lavasee von 100 Meter Durchmesser. Manchmal floß etwas Schmelze über den Rand, doch überwiegend speiste sie über einen Tunnel Pahoehoe-Ströme, die sich durch langsames Weiterfließen in Lavaröhren unter der erstarrten Oberfläche fortbewegten.

Im Gegensatz zu den vorangegangenen Episoden wurde nun kontinuierlich Lava ausgestoßen, und über zwei Jahre hinweg lag die Förderrate bei fast einer halben Million Kubikmeter pro Tag. Obwohl die Pahoehoe-Lavaströme langsamer waren als die Aa-Laven der früheren Ausbrüche, drangen sie unaufhaltsam die Südostflanke der Riftzone hinunter bis zum Meer vor. Sie erreichten die Küste im November 1986 und zerstörten dabei Farmgebäude und Teile einer Autobahn. Im Dezember fielen ihnen noch weitere Häuser zum Opfer. Die Lava fließt seither schubweise ins Meer und vergrößert die Inseloberfläche.

Das geschmolzene Gestein bewegt sich in Fließröhren unter der Oberfläche der Lavaströme über eine Entfernung von elf Kilometern vom Lavasee bis zum Meer. Manchmal werden die Röhren durch größere Fetzen Lavakruste blockiert. In solchen Fällen steigt der Spiegel des Lavasees bis zum Überlaufen, oder neue Ströme brechen oberhalb der blockierten Stelle durch. Oft säubert sich der Kanal auch selbst, und der Zufluß zum Meer wird wiederhergestellt. Zuweilen ereignen sich kleine Dampf- und Lavaexplosionen, wenn die rotglühende Masse das Meer erreicht, doch normalerweise ist eine Dampfsäule das einzige, was von dem hier erstaunlich friedlichen Aufeinandertreffen von Feuer und Wasser zeugt (Abbildung 7.1).

Wenn die Schmelze schlagartig im Meerwasser abgeschreckt wird, zerspratzt ein Teil von ihr zu Fragmenten von Sandkorngröße. Dieser neue Sand wird durch küstenparallele Strömungen verdriftet und hat an Stellen, wo früher die Brandung an die nackten Klippen schlug, bereits ausgedehnte, schwarze Sandstrände gebildet. Die jungen Strände erstrecken sich über mehrere Kilometer entlang der Küste, weit über den Bereich hinaus, wo der Lavastrom ins Meer fließt.

Die wellige Oberfläche der Pahoehoe-Laven, die den Großteil des neugebildeten Landes ausmachen, scheint auf den ersten Blick leicht begehbar zu sein, doch der Eindruck täuscht. Man läuft nicht nur Gefahr, durch die Oberfläche in einen Lavatunnel einzubrechen, sondern zusätzlich rutschen auch große Teile des neuen Festlandes ins Meer. Dies geschieht ohne Vorwarnung und stellt eine Gefahr für all jene dar, die aus nächster Nähe beobachten wollen, wie geschmolzenes Gestein in den Ozean fließt.

Warum verlief die Eruption langsamer und gleichmäßiger, nachdem sich im unteren Teil der Spaltenzone der neue Schlot geöffnet hatte? Eine mögliche Erklärung wäre, daß der größte Teil der vulkanischen Gase aus dem Puu-Oo-Schlot entweicht und der Rest in der Schmelze des Lavasees nicht ausreicht, um hohe Fontänen zu erzeugen. Die Gase scheinen auch für ein anderes Phänomen verantwortlich zu sein: Ein Dunstschleier aus vulkanischem Rauch, der lokal „Vog“ (*volcanic smog*) genannt wird, überzieht Teile der Insel, seit die Lava Ende 1986 das Meer erreicht hat. Dieser Vog entsteht nicht nur aus den Gasen des Puu Oo und des Lavasees, sondern umfaßt offensichtlich auch aus Salzsäuretröpfchen bestehende Aerosole, die aus der Dampfwolke über dem Treffpunkt von Lava und Meer entweichen. Die Passatwinde treiben den Vog normalerweise in Richtung Meer, doch durch Wirbel wird er auf die Westseite der Insel zurückgeworfen – sehr zum Verdruß der Anwohner, die an warme, klare Brisen und unverschleierte Sonnenuntergänge gewöhnt sind.

Obwohl der Puu-Oo-Ausbruch die größte Spalteneruption darstellt, seit es Aufzeichnungen gibt, ist sie nicht ohne Vorläufer. Gipfelausbrüche des Kilauea waren von 1823 bis 1924 an der Tagesordnung, und eine prähistorische Eruption scheint noch weitaus größer gewesen zu sein als die derzeitige.

Jeder neue Ausbruch führt zu wichtigen Erkenntnissen über die Abläufe von vulkanischen Prozessen. Alte Fragen werden beantwortet, neue tauchen auf. Wie bilden sich Lavatunnels, wie verstopfen sie, und wie öffnen sie sich wieder? Weshalb rutscht ein Teil des neugebildeten Landes in Schollen, die größer sind als ein Fußballfeld, ins Meer? Wie entsteht der Vog aus Salzsäure in den Dampfwolken, wenn die Lava ins Meer fließt? Es gibt noch viel zu lernen für die Wissenschaftler, die gegenwärtig am Hawaiian Volcano Observatory arbeiten. Und das wird so bleiben.

7. Hot Spots

7.1 Ein hawaiianischer Lavasee. (Photo: D. H. Richter, U.S. Geological Survey.)

Steine vergehen. Die Gesänge bleiben.

Polynesisches Sprichwort

Auf den engen Zusammenhang zwischen Plattengrenzen und Vulkanismus ist bereits in früheren Kapiteln mehrfach hingewiesen worden. Weshalb aber liegt die Insel Hawaii mit zwei der gegenwärtig aktivsten Vulkane der Erde mitten auf der Pazifischen Platte (Abbildung 7.2)? Lediglich fünf Prozent aller tätigen

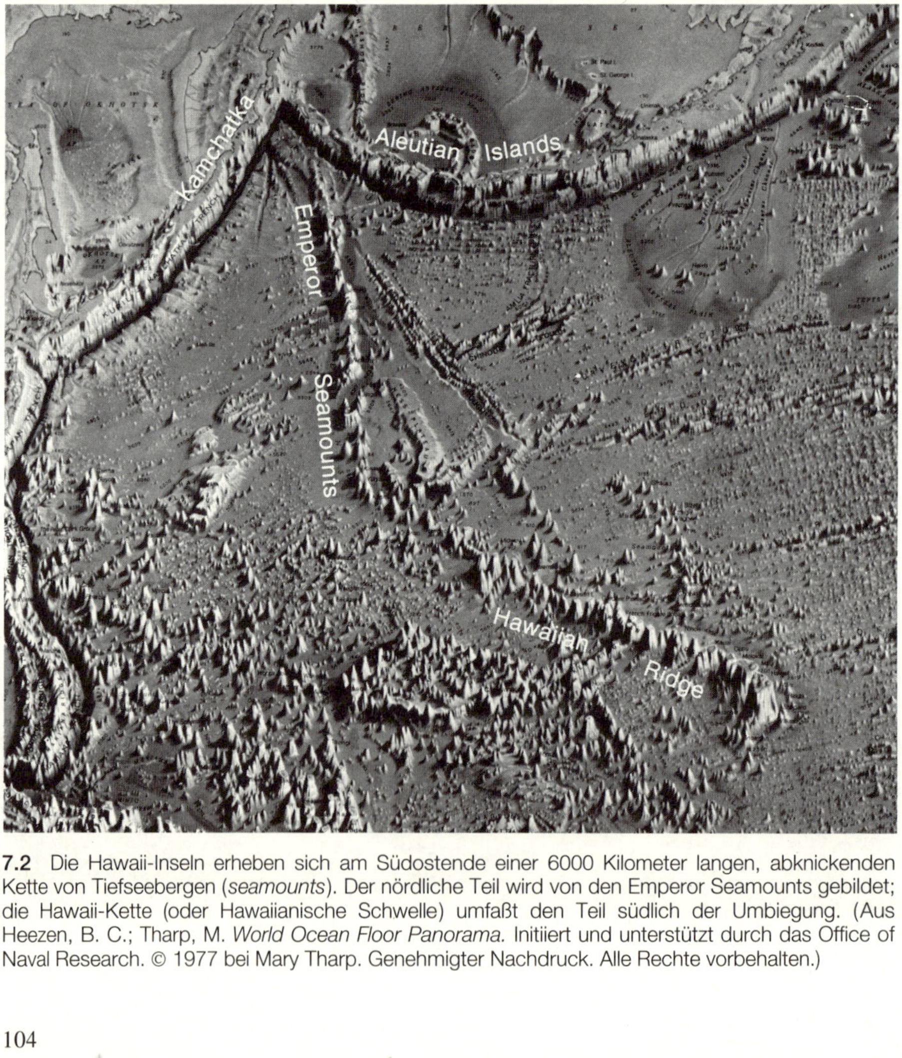

7.2 Die Hawaii-Inseln erheben sich am Südostende einer 6000 Kilometer langen, abknickenden Kette von Tiefseebergen (*seamounts*). Der nördliche Teil wird von den Emperor Seamounts gebildet; die Hawaii-Kette (oder Hawaiianische Schwelle) umfaßt den Teil südlich der Umbiegung. (Aus Heezen, B. C.; Tharp, M. *World Ocean Floor Panorama.* Initiiert und unterstützt durch das Office of Naval Research. © 1977 bei Mary Tharp. Genehmigter Nachdruck. Alle Rechte vorbehalten.)

Vulkane befinden sich nicht an Plattenrändern; doch auch für ihre Existenz muß es eine Erklärung geben.

Die hawaiianischen Vulkane, die in Form einer Kette angeordnet sind, und die Vulkane an Plattengrenzen unterscheiden sich in mehrfacher Hinsicht. Zunächst einmal sieht ein Querschnitt durch die hawaiianische Inselkette grundlegend anders aus als ein Profil durch einen aktiven mittelozeanischen Rücken oder durch eine Subduktionszone (Abbildung 7.3).

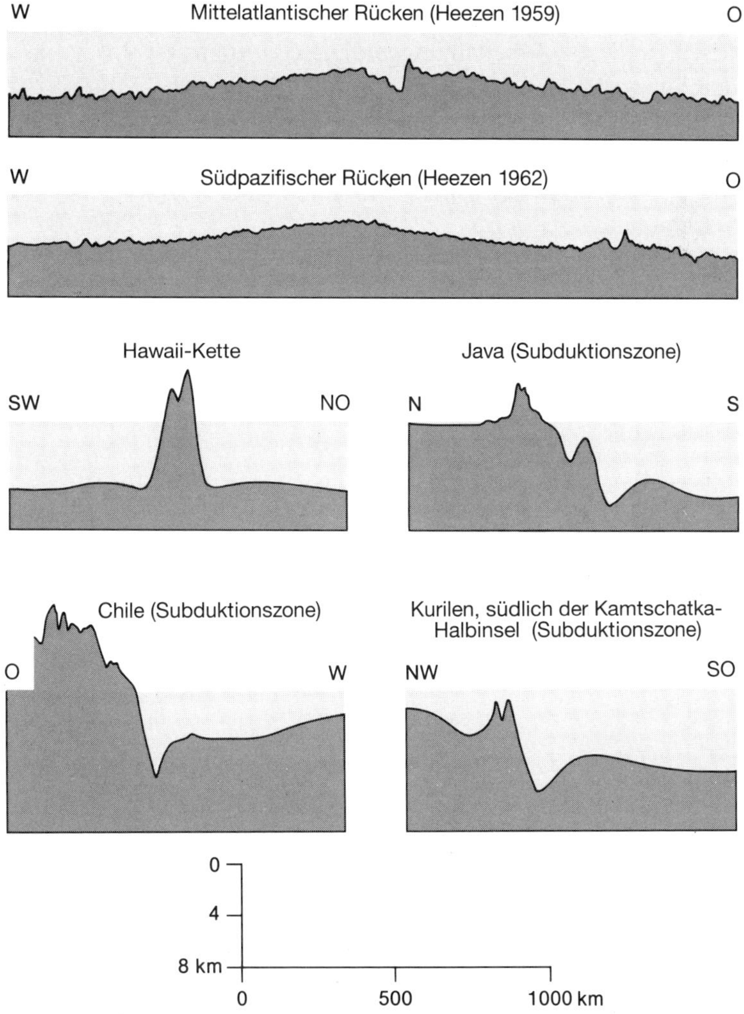

7.3 Gegenüberstellung topographischer Querprofile von mittelozeanischen Rücken, Subduktionszonen und der Hawaii-Inselkette (40fach überhöht). Inselbögen und durch Stauchung entstandene Gebirge sind asymmetrisch aufgebaut, während mittelozeanische Rücken und Hawaii bezüglich einer Mittelachse symmetrisch sind. Die große Breite der mittelozeanischen Rücken ist durch die Meeresbodenspreizung bedingt.

Ein weiteres wesentliches Unterscheidungsmerkmal ist die Altersverteilung der Hawaii-Inseln im Vergleich mit Vulkanen, die auf Plattengrenzen sitzen. Geologen haben schon vor mehr als 100 Jahren bemerkt, daß die Inseln der Hawaii-Kette ein von Südosten nach Nordwesten zunehmendes Alter aufweisen. Seit 1800 ereignen sich Eruptionen nur noch am Südostende des Archipels, nämlich auf Hawaii; die Inseln im Nordwesten sind stärker abgetragen und daher flacher. Die gesamte Kette erstreckt sich bis zur 2500 Kilometer nordwestlich von Hawaii gelegenen Insel Midway, wo nur noch ein Korallenatoll über einem versunkenen Vulkankegel die weitgehend submarine Schwelle markiert. Radiometrische Altersbestimmungen an Vulkaniten der Hawaii-Inseln passen zu diesem Erscheinungsbild. Die Gesteine der Insel Hawaii sind danach durchweg jünger als eine Million Jahre, während für die meisten Vulkangesteine auf Oahu – der Insel, auf der Honolulu und Pearl Harbor liegen – ein Alter von zwei bis drei Millionen Jahren gemessen wurde; und die alten Lavaströme auf Kauai, nordwestlich von Oahu, sind ungefähr fünf Millionen Jahre alt (Abbildung 7.4).

Die Altersverteilung in den hawaiianischen Gesteinen zeigt deutliche Abweichungen von Vulkaniten an Plattenrändern. An Subduktionszonen und auf mittelozeanischen Rücken bilden jeweils die jungen Vulkane einen Saum entlang der Plattengrenze, und an den ozeanischen Rücken nimmt das Alter der vulkanischen Gesteine mit der Entfernung vom Rücken zu. Ganz anders dage-

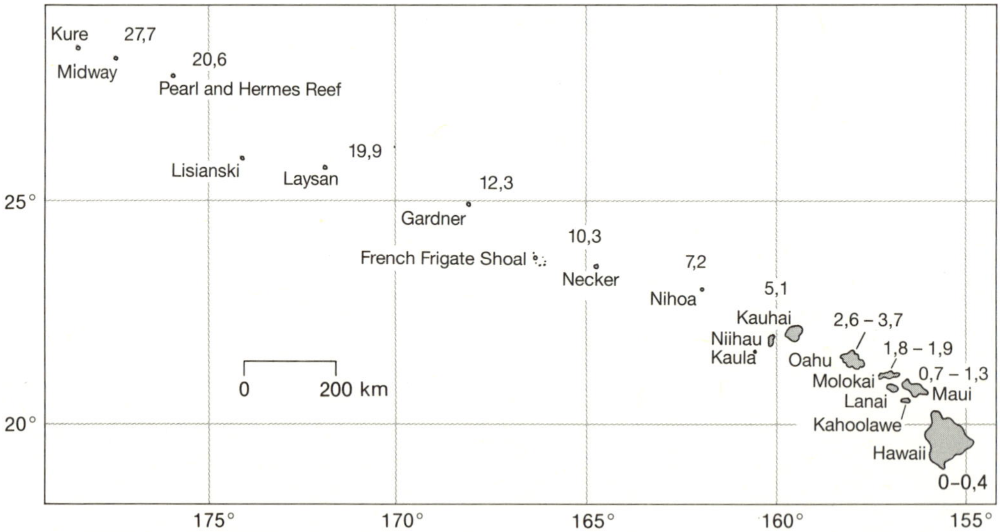

7.4 Alter der Hawaii-Inseln in Millionen Jahren. Die Inseln werden nach Nordosten zunehmend älter. Die aus den Daten ermittelte Geschwindigkeit ihrer Bewegung vom Hot Spot (der ortsfesten Magmaquelle) weg beträgt neun bis zehn Zentimeter pro Jahr. (Daten aus Clague, D. A.; Dalrymple, G. B. U.S. Geological Survey Professional Paper 1350 (1987) S. 16.)

gen verhalten sich die Hawaii-Inseln: Die Vulkane werden nicht seitwärts, sondern entlang der Schwelle älter.

Erdbeben als die ständigen Begleiter von vulkanischer Aktivität weisen auf Hawaii ebenfalls ein ungewöhnliches Verteilungsmuster auf. Während sie an Subduktionszonen und ozeanischen Rücken über deren gesamte Länge auftreten, ereignen sie sich in der Hawaii-Kette gewöhnlich nur am Südostende, in der Tiefe von „Big Island“ (Hawaii).

Die Daten von über 30 000 Mikrobeben rund um den Kilauea sowie die gemessenen Veränderungen der Bodenwölbung, die dem An- und Abschwellen einer flachsitzenden Magmakammer folgt, lassen das in Abbildung 7.5 dargestellte Modell eines Hawaii-Vulkans plausibel erscheinen. Die Erdbebenherde zeichnen die Leitungsbahnen nach, über die sich das aufgeschmolzene Gestein seinen Weg nach oben erzwingt. Als treibende Kraft erweist sich der Auftrieb des spezifisch leichteren Magmas, das von dichterem kristallinen Gestein umgeben ist. Während die Schmelze aufsteigt, reißen aufgrund sich ändernder Druck- und Temperaturverhältnisse Spalten im umgebenden Gestein auf und verursachen dabei Erdbeben.

Die eigentliche Magmaquelle scheint im Ursprungsgebiet der Tiefbeben, in einer plastischen Zone 50 bis 60 Kilometer unter der Pazifischen Platte, zu

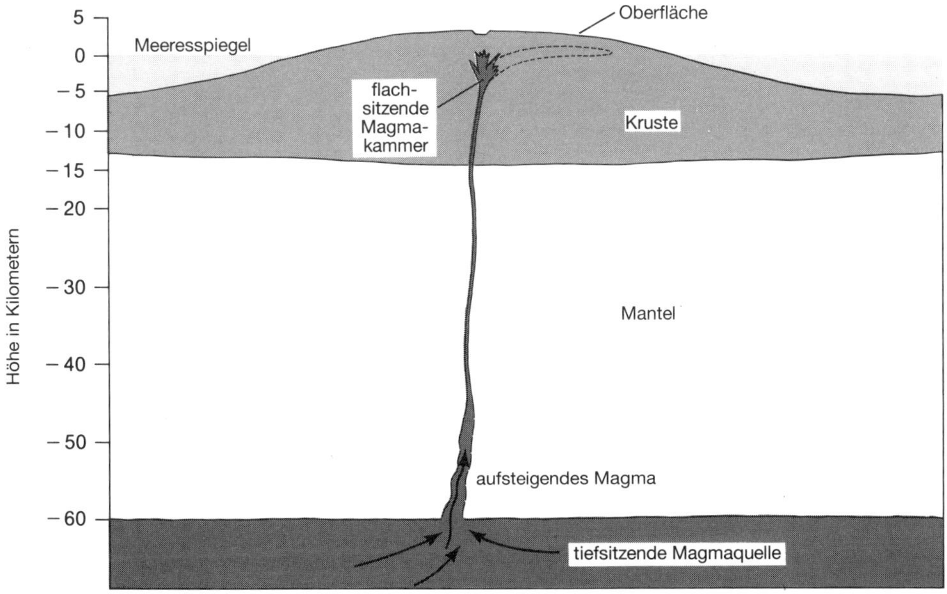

7.5 Schematischer Schnitt durch einen aktiven hawaiianischen Vulkan (zweifach überhöht). Die gestrichelte Linie, die rechts von der flachsitzenden Magmakammer abzweigt, umreißt den mutmaßlichen Bereich von Fördergängen zu einer Riftzone. Die tiefe Magmaquelle in 50 bis 60 Kilometer Tiefe und das Reservoir drei bis sechs Kilometer unter der Oberfläche sind die wichtigsten Bestandteile des aktiven Systems. (Nach Jerry Eaton, U.S. Geological Survey.)

liegen. Alle Erdbeben aus den letzten Jahren in zehn bis 60 Kilometer Tiefe unter dem Kilauea umreißen einen Bereich, der wie ein umgedrehter Trichter von fünf bis 50 Kilometer Durchmesser und 50 Kilometer Längserstreckung geformt ist. Durch diesen Kanal kann die aus der Tiefe kommende Schmelze in eine flachgelegene Magmakammer drei bis sechs Kilometer unter dem Gipfel vordringen. Das Magmareservoir ist von einer Zone verstärkter Mikrobebenaktivität umgeben, aber selbst nicht davon betroffen. Man vermutet, daß die meisten Beben durch das Zerreißen und Verrutschen von sprödem Gestein verursacht werden, das plötzlich nachgibt und bricht. Da plastisches oder flüssiges Gestein in einer Magmakammer auf Verformung ohne Bruch reagieren kann, entstehen in diesem Bereich keine Erdbeben (Abbildung 7.6).

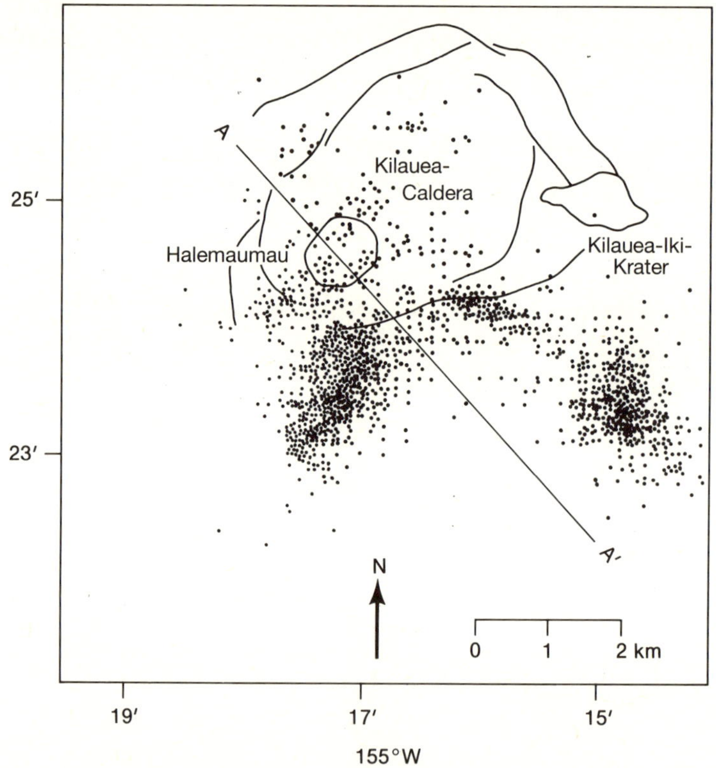

A

7.6 A. Verteilung der flachen Mikrobeben unter dem Kilauea auf Hawaii. Diese Erdbeben werden durch Bruchvorgänge im Gestein verursacht. Zonen ohne seismische Aktivität entsprechen daher Bereichen geringer Beanspruchung oder geringer Festigkeit. Da um tätige Vulkane gewöhnlich starke Spannungen auftreten, ist eine innere erdbebenfreie Zone, um die herum gehäuft Beben auftreten, ein Indiz für einen mit Magma gefüllten, plastischen Bereich. Die dichten Wolken von Mikrobeben auf der Karte zeigen die beginnende Bildung der Riftzonen an. B. Schnitt durch die Kilauea-Caldera bis zu einer Tiefe von zwölf Kilometern. (Daten von Robert Koyanagi, U.S. Geological Survey.)

Die Aufwölbung des Kilauea-Gipfels bestätigt das Magmakammermodell. Einem Luftballon vergleichbar, aus dessen Oberflächenkrümmung man den Radius errechnen kann, läßt sich aus der Art der Aufwölbung des Kilauea ein Bereich hohen Drucks in etwa vier Kilometer Tiefe rekonstruieren. Bei dieser Analogie entspricht die tiefe Magmaquelle der Luftpumpe, der umgekehrte Trichter dem Verbindungsschlauch und die obere Kammer dem Ballon selbst.

Die langsame Aufwölbung (englisch *inflation*) des Kilauea vor einer Eruption beziehungsweise die rasche Einsenkung (*deflation*) während eines Flankenausbruchs lassen auf einen langsamen, nahezu kontinuierlichen Schmelzfluß vom unteren in das obere Magmareservoir mit anschließenden schnellen,

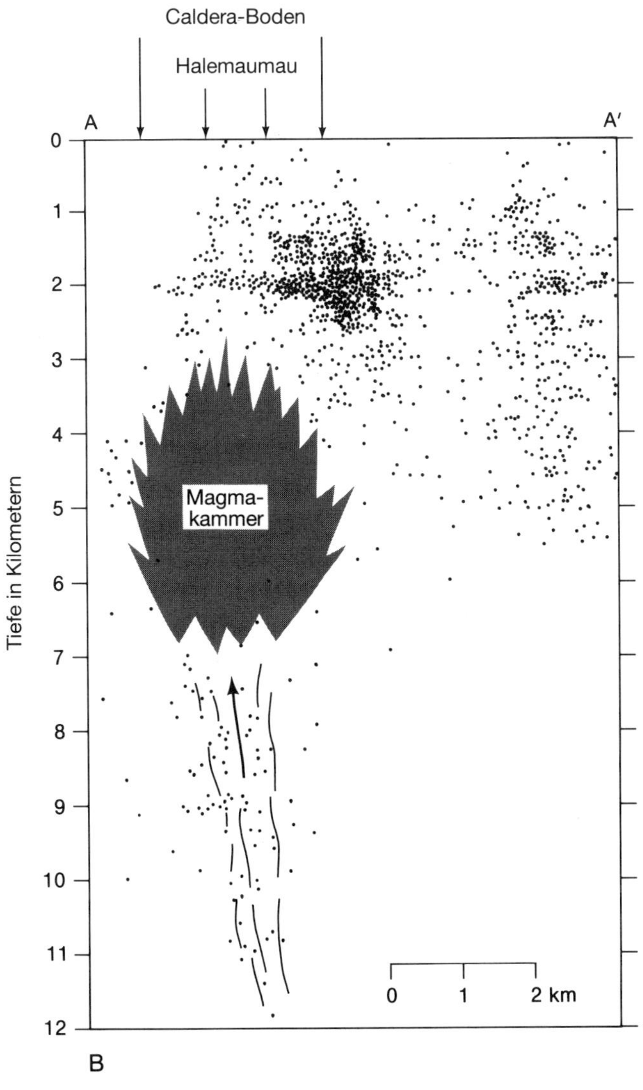

schubweisen Eruptionen schließen. Da die Magmaförderung von unten nach oben in der Regel nicht mit der Eruptionsrate Schritt halten kann, wird der Ausbruch immer wieder so lange unterbrochen, bis sich die flache Magmakammer aufgefüllt hat. Lediglich der Puu-Oo-Ausbruch bildet eine Ausnahme. Seit dort 1986 der ständige Lavaausstoß einsetzte, muß aus der Tiefe kontinuierlich Magma nachgeflossen sein – eine Annahme, die durch die nur schwach ausgeprägte Aufwölbung beziehungsweise Absenkung des Kilauea während dieser Zeit bestätigt wird.

Doch wie hängt das alles mit der Entstehung und Langlebigkeit der hawaiianischen Vulkane zusammen? Irgendwie muß die Insel Hawaii in ihrer Lage einzigartig und das Angebot an Schmelze unter ihr besonders reichhaltig sein. Hierzu schlug der kanadische Geophysiker Tuzo Wilson eine ebenso elegante wie einfache Lösung vor, die mit den Bewegungen der Pazifischen Platte sehr gut in Einklang zu bringen ist. Er entwarf das Konzept einer heißen Aufschmelzungszone unter der Platte – eines *mantle plume*. Ein solcher „heißer Fleck" oder Hot Spot ist über Jahrmillionen ortsfest, während die Platte über ihn hinweggleitet. Über dem Hot Spot entsteht ein Vulkan, der sich mit der driftenden Platte wegbewegt und dann durch einen neuen über derselben Stelle ersetzt wird, ähnlich wie Rauchzeichen bei leichtem Wind (Abbildung 7.7). Heutzutage akzeptieren die meisten Geologen die Hot-Spot-Idee, dennoch wird das Modell kontroverser diskutiert als beispielsweise die Plattentektonik.

Das Hauptproblem besteht in der Erklärung der Eigenschaften eines solchen Hot Spot. Welcher Mechanismus ist für die konstante Neubildung von Magma an einem relativ ortsfesten Punkt innerhalb der Erde verantwortlich? Die plau-

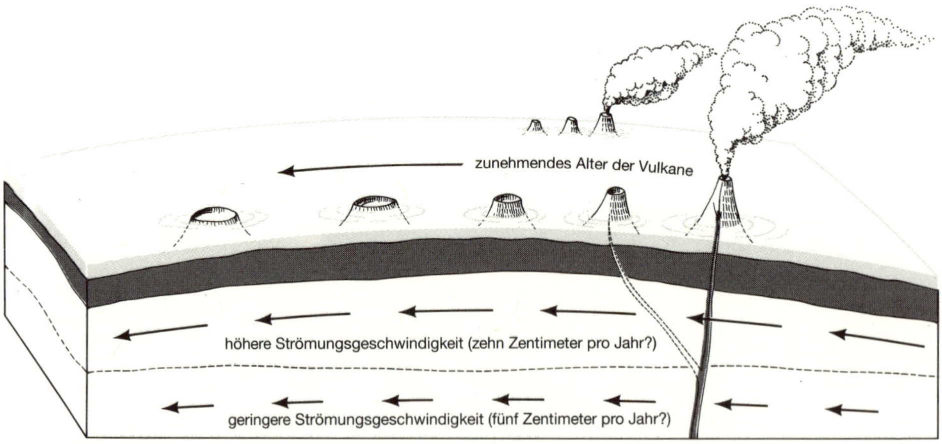

7.7 Tuzo Wilsons ursprüngliches Schema zu seiner Hypothese über den Ursprung der Hawaii-Inseln. Die Pazifische Platte bewegt sich langsam über eine relativ ortsfeste Magmaquelle, wobei von Zeit zu Zeit ein neuer Vulkan gebildet wird, während die älteren weiterwandern. (Aus Wilson, J. T. *Continental Drift*. © 1963 bei Scientific American. Alle Rechte vorbehalten.)

sibelste Theorie scheint gegenwärtig zu sein, daß die Wärmequelle für den Hot Spot im unteren Erdmantel unterhalb der plastischen Zone zu suchen ist. Daraus läßt sich ableiten, daß das Magma der Hot-Spot-Vulkane aus noch größeren Tiefen stammt als das der Vulkangürtel entlang der Plattengrenzen (Abbildung 7.8).

Wenn die Hot-Spot-Theorie zutrifft, sollte das steigende Alter der Vulkane mit zunehmender Entfernung vom Hot Spot die Geschwindigkeit der Plattenbewegung widerspiegeln. Aus dem magnetischen Streifenmuster auf dem Ozeanboden läßt sich errechnen, daß die Pazifische Platte mit einer Rate von etwa zehn Zentimetern pro Jahr nach Nordwesten driftet. Wenn sich die Insel Kauai also während der letzten fünf bis sechs Millionen Jahre, nachdem ihre Vulkane

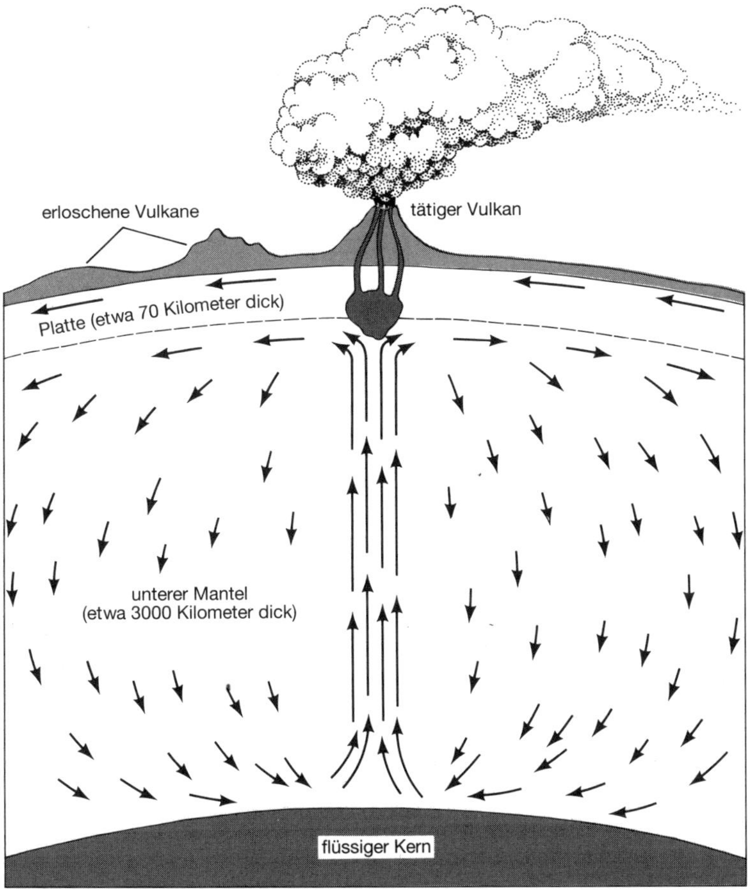

7.8 Aufsteigende Ströme im unteren Erdmantel, die durch langsame Konvektion erzeugt werden, sind eine Erklärung für die stabile Lage der Hot Spots. Dargestellt ist hier Jason Morgans ursprüngliches Konzept. (Nach Dalrymple, G. B.; Silver, E. A.; Jackson, E. D. *Origin of the Hawaiian Islands*. In: *American Scientist* 61, März 1973. S. 306.)

erloschen waren, nordwestwärts bewegt hat, sollte sie sich heute in 500 bis 600 Kilometer Entfernung von dem Punkt befinden, wo sie entstanden ist (also von der Position der heutigen Hauptinsel). Die tatsächliche Distanz beträgt 560 Kilometer – je nach Überzeugung entweder ein eindrucksvoller Beweis für Wilsons Hypothese oder ein erstaunlicher Zufall.

Jenseits der Insel Midway setzt sich die Hawaii-Kette in einer Reihe von Tiefseebergen (*seamounts*) noch 1000 Kilometer weit fort. Danach trifft sie auf eine ähnliche Kette, die Emperor Seamounts, die sich in Nordnordwestrichtung über 2500 Kilometer hinweg bis nach Kamtschatka erstrecken. Die Emperor Seamounts gelten gemeinhin als Vorläufer der Hawaii-Kette und sollen aus einer Zeit stammen, als die Pazifische Platte eine nördlichere Richtung als heute eingeschlagen hatte. Wie man aus der Lage des Knickpunktes rekonstruieren kann, fand das Umschwenken vor etwa 43 Millionen Jahren statt.

Auf der Basis des Hot-Spot-Modells läßt sich voraussagen, daß sich die nächsten Inseln im Südosten von Hawaii bilden werden. Der Tiefseeberg Loihi, 28 Kilometer südöstlich von Hawaii, könnte eine solche zukünftige Insel sein. Loihi liegt 970 Meter unter dem Meeresspiegel und weist zwei tiefe Krater auf seinem Gipfel auf. Neuere Tauchfahrten mit dem Forschungs-U-Boot *Alvin* haben ergeben, daß die Pillow-Laven auf Loihi offenbar sehr jung sind. Außerdem hat man dort warme Quellen mit gelöstem Kohlendioxid entdeckt und analysiert.

In den Jahren 1971 und 1972 sowie 1975 wurden unter Loihi gehäuft Erdbeben registriert, die man wohl mit untermeerischen Ausbrüchen korrelieren kann, auch wenn diese Beziehung noch nicht eindeutig ist. Ob aktiv oder ruhig – vermutlich werden noch Tausende von Jahren vergehen, bevor sich Loihi zur jüngsten Hawaii-Insel entwickelt haben wird. Die große Stärke der Theorie der Plattentektonik liegt in der Bestätigung ihrer Voraussagen durch Befunde an so vielen Stellen der Erde. Die Platten tragen aufschlußreiche Spuren in Form von vulkanischen Narben und magnetischen Feldern, und diese Spuren ergeben ein zwar komplexes, aber geschlossenes globales Muster.

Mindestens zwei weitere Ketten von Tiefseebergen auf dem Grunde des Südpazifik liefern Hinweise auf andere Hot Spots unter der Pazifischen Platte. Man vermutet außerdem, daß der Yellowstone-Nationalpark auf der Nordamerikanischen Platte über einem kontinentalen Hot Spot liegt, der frühe Spuren in der Snake-River-Ebene hinterlassen hat. Die Galapagos-Inseln, in Äquatornähe Südamerika westlich vorgelagert, bestehen aus sehr aktiven Vulkanen, die ihren Ursprung möglicherweise ebenfalls in einem Hot Spot haben (Abbildung 7.9).

Die Hot-Spot-Theorie bietet sogar eine Erklärung für die sogenannte Island-Anomalie; so bezeichnet man das Phänomen, daß Island als einziger Teil des Mittelatlantischen Rückens über den Meeresspiegel aufragt. Falls sich hier

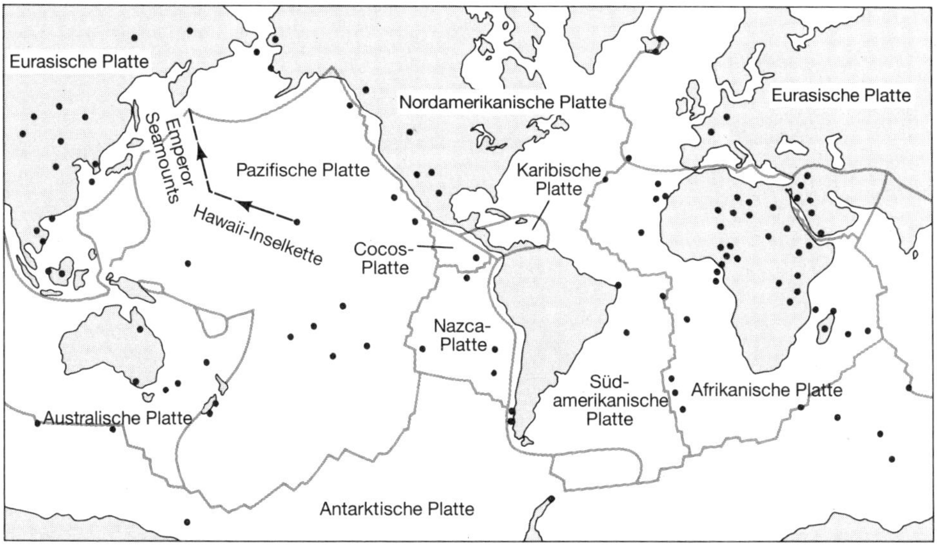

7.9 Die gegenwärtigen Hot Spots in ihrer Beziehung zu den großen Platten der Erdkruste. Ihre Spuren, wie sie hier anhand der Hawaii-Emperor-Kette nachgezeichnet sind, enthüllen frühere Plattenbewegungen. Einige Geologen gehen von einer kleineren Anzahl von Hot Spots aus. (Nach Burke, K. C.; Wilson, J. T. *Hot Spots on the Earth's Surface.* © 1976 bei Scientific American. Alle Rechte vorbehalten.)

tatsächlich ein Hot Spot befindet, auf dem rittlings der Mittelatlantische Rükken sitzt, dann werden Islands Vulkane von zwei Quellen gespeist – dem Hot Spot und der Meeresbodenspreizung. Das ist eine bestechende Erklärung für den zusätzlichen Vulkanismus, der Island über das Meeresniveau hinaus anwachsen ließ.

Zwei Inseln gleichen Ursprungs könnten nicht unterschiedlicher sein als Hawaii und Island. Island ist ein zerklüftetes, fast baumloses Land mit rauhem Klima, bewohnt von unbeugsamen Wikingern, die ihre Kultur und Unabhängigkeit beharrlich bewahrt haben. Hawaii dagegen erscheint als ein tropischer Garten, sanft und verführerisch, besiedelt von Fremden, die das polynesische Erbe fast schon verdrängt haben. Doch ihre einzigartige Schönheit, ihre Kraft und ihr Geheimnis verdanken beide Inseln ihrer Entstehung im vulkanischen Feuer.

8. Lava, Asche und Bomben

8.1 Pahoehoe-Lava auf Hawaii. (Photo: U.S. Geological Survey.)

> Brennender Sand ergießt sich in wirbelnden Strömen. Verschwörerisch in ihrer Macht, reißen dahinjagende Dämpfe Gesteinsbrocken, schwarze Asche und gleißendes Feuer mit sich.
>
> Lucilius der Jüngere (50 nach Christus)

Vulkane sind die dunklen Pforten zum Inneren der Erde. Da allein sie und ihre Produkte Einblick in die tieferen Stockwerke unseres Planeten gewähren, hat diejenige Sparte der Vulkanologie, die sich mit der Zusammensetzung der vulkanischen Gesteine beschäftigt, besondere Bedeutung erlangt. Mit Hilfe von vulkanischem Schutt in verschiedenen Ablagerungsfolgen lassen sich Hinweise auf die Art und Abfolge prähistorischer Ausbrüche finden und damit Beobachtungen und Interpretationen rezenter Eruptionen vervollständigen.

Tabelle 8.1: Klassifizierung vulkanischer Förderprodukte

Aggregatzustand	Bezeichnung	Aussehen (Abmessungen)
gasförmig	Wasserdampf, Gas	
flüssig	*Lava*	
	Aa	schlackenartige, unregelmäßige, scharfkantige Oberfläche (Blocklava)
	Pahoehoe	glatte, oft wulstig bis seilartig verformte Oberfläche (Stricklava)
fest	*Aschenregensedimente*	
	Asche	< 2 Millimeter
	Lapilli	2–64 Millimeter
	Bomben	> 64 Millimeter (plastisch verformbare Lavafetzen)
	Blöcke	> 64 Millimeter (feste Gesteinsfragmente)
	pyroklastische Ströme	durch erhitzte Gase verflüssigte (fluidisierte) Ströme
	Schlammströme	durch Regen, Schmelzwasser oder ausgeworfene Lavaseen verflüssigte Ströme
	Lawinen	mächtige, hügelige Ablagerungen aus Gesteinstrümmern

Die meisten Menschen glauben, daß vulkanische Gesteine fast durchweg aus Lavaströmen entstanden sind, doch tatsächlich überwiegen bei den beobachteten Ausbrüchen Aschen und größere verfestigte Bestandteile wie Schlakken und Blöcke. Von den Geologen werden die festen Bestandteile jeglicher Korngröße unter dem Oberbegriff *Pyroklastika* (nach dem griechischen *pyr* für „Feuer" und *klasis* für „zerbrechen") zusammengefaßt. Sie lassen sich drei unterschiedlichen Quellen zuordnen: dem erkaltenden Magma, das durch die expandierenden Gase im Augenblick des Ausbruchs zerfetzt wird, Teilen alter Kraterwände, die bei explosiven Eruptionen mitgerissen werden, und Klumpen flüssiger Lava, die in die Luft geschleudert werden und während des Fluges erstarren.

Vulkanisches Lockermaterial wird nach seiner Korngröße in Klassen eingeteilt (Tabelle 8.1). Als Asche bezeichnet man alle Bestandteile unter zwei Millimeter Durchmesser. Lapilli können so groß wie Golfbälle und Blöcke schließlich so groß wie ein Haus sein. Bomben sind Fetzen flüssiger Lava in Blockgröße (Abbildung 8.2), die aus dem explodierenden Förderschlot schießen und beim Flug jene gleißenden Bögen hinterlassen, die auf Zeitrafferaufnahmen von Vulkanausbrüchen zu sehen sind.

8.2 Große vulkanische Bombe aus einem Ausbruch des Mauna Kea auf Hawaii. Das 50 Kilogramm schwere Exemplar weist die verwundene Oberflächenstruktur auf, welche die heißen, plastischen Lavafetzen während ihres Fluges annehmen. Als Maßstab dient der Bleistift in der unteren Bildhälfte.

Pyroklastika werden bei der Eruption auf zweierlei Art transportiert: als *Aschenregen* oder als *pyroklastischer Strom.* Bei explosiven Ausbrüchen werden Fragmente oft in große Höhen geschleudert, regnen später herab und bilden charakteristische Ablagerungen, die sich wie eine Decke über die Landoberfläche legen. Dabei kommt es zu einer Sortierung der einzelnen Bestandteile: Die größeren Trümmer gehen in der Nähe des Schlotes nieder, während die Asche weit verdriftet wird und erst viel später auf die Erde herabfällt. Diese Aschen bilden Sedimentabfolgen, die sich anhand ihrer Schichtung und Sortierung identifizieren lassen (Abbildung 8.3).

8.3 Lagen vulkanischer Asche in einem Straßeneinschnitt am Vulkan Oschima in Japan. Die Aschenregensedimente sind durch eine deutliche Schichtung gekennzeichnet, die sich der ursprünglichen Landschaft anschmiegt. Zwei Generationen von Aschenablagerungen lassen sich hier unterscheiden; getrennt werden sie durch eine erosiv entstandene Grenzfläche. Die Schichten sind nicht gefaltet, vielmehr zeichnet ihr Einfallen die alte Landoberfläche nach.

Manchmal ist die Eruptionswolke eines explosiven Ausbruchs derart mit Pyroklastika befrachtet, daß sie aufgrund ihrer hohen Dichte nicht aufsteigen kann. Das Gemisch aus Gas und Partikeln bildet vielmehr eine Glutlawine oder Nuée ardente, die wohl heimtückischste aller von Vulkanen ausgehenden Bedrohungen. Diese Glutwalzen rasen mit Geschwindigkeiten von 100 Kilometern in der Stunde vorwärts und verbrennen oder ebnen alles ein, was sich ihnen in den Weg stellt, so wie es am Mont Pelée geschehen ist (siehe Kapitel 5). Kleinere Glutlawinen fließen oft in Tälern die Vulkanflanken hinunter, doch größere Massen, mit hoher Geschwindigkeit ausgestoßen oder durch steiles Gefälle beschleunigt, fegen auf ihrem Weg über kleine Erhöhungen und ausgedehnte Ebenen hinweg. Glühender Schutt türmt sich in den Tiefebenen auf, wenn die Lawine zum Stillstand kommt. Diese pyroklastischen Schichten unterscheiden sich deutlich von den Aschenregensedimenten: Sie weisen eine nur schwach ausgeprägte Schichtung und fast keine Sortierung auf. Während Straßeneinschnitte in Aschenregenablagerungen die scharf gebänderte Wechsellagerung von gröberen und feinkörnigen, oft unterschiedich gefärbten Schichten zeigen, lassen Anschnitte in pyroklastischen Strömen massige Schichten erkennen, die rötlichem oder schmutzig-gelbem Zement ähneln.

Die unterschiedlichen explosiv erzeugten Gesteine rund um einen Vulkan verraten viel über die Art der früheren Ausbrüche und tragen daher dazu bei, den Charakter möglicher künftiger Eruptionen vorherzusagen. In Pompeji zum Beispiel, der römischen Stadt, die der Vesuv im Jahre 79 nach Christus unter seiner Asche begrub, erzeugte die einsetzende Eruption mehrere scharf voneinander abgesetzte Aschenregenschichten; die oberen Lagen sind jedoch bereits undeutlich geschichtet und erinnern in ihrem Aussehen an pyroklastische Ströme. Eine solche Abfolge würde die relativ geringe Zahl von Opfern des Ausbruchs erklären, da die meisten Bewohner von Pompeji noch während der ersten Aschenregen entkommen konnten. Nur die Nachzügler wurden unter den herabschießenden Glutlawinen begraben (Abbildung 8.4).

In den Flußtälern in der Nähe explosiver Vulkane finden sich oft Terrassen und Bänke aus schlecht sortiertem Kies in einer Matrix aus Schluff, die sich aus Schlammstromablagerungen entwickelt haben. Manchmal entstehen solche Schlammströme, wenn schwere Regenfälle lockere Asche aus früheren Eruptionen oder Ton von den tiefgründig verwitterten Gesteinen rund um Fumarolen (vulkanische Gasaustritte) und heiße Quellen abschwemmen. Häufiger jedoch ereignen sie sich während eines Ausbruchs, bei dem der Inhalt eines Kratersees ausgeworfen wird oder bei dem auf einem hohen Vulkangipfel Schnee und Eis jäh abschmelzen. Gewaltige Wassermassen stürzen dann die Hänge des Vulkans hinab, nehmen dabei Asche und Erde auf und verdikken sich rasch zu Schlammströmen. Die turbulente Masse reißt ihrerseits größere Gesteinsbrocken mit und donnert wie ein Sturzbach aus nassem Zement die Täler hinunter.

8.4 Gipsabguß eines toten Hundes, der in Pompeji unter den Vulkanaschen des Vesuv begraben wurde. Während der Ausgrabungen fand man Hohlräume, die Skelettreste enthielten. Durch sorgfältiges Ausgießen der Hohlräume mit Gips entstanden Formen wie die hier gezeigte. Etwa 2000 menschliche Opfer der Eruption konnten so in Pompeji geborgen werden. (Photo: Alinari/Editorial Photocolor Archives.)

Die katastrophalen Folgen des Ausbruchs des Nevado del Ruiz im Jahre 1985 waren einzig das Resultat von Schlammströmen (Abbildungen 5.11 und 5.12). Schon 1845 hatte eine Eruption oder ein Beben am Nevado del Ruiz Schlammfluten ausgelöst, die etwa 1000 Menschen das Leben kosteten; die neue Stadt Armero wurde anschließend auf den alten Schlammschichten erbaut. Beim Ausbruch im November 1985 erzeugten heiße pyroklastische Ströme gewaltige Schmelzwasserfluten, die sich mit Asche vermischten und vom Gipfel stürzten. Der Großteil des Wassers schoß die Zuflüsse des Lagunillas hinunter und riß dabei Erde, Steine und Bäume mit sich. An manchen Stellen fegten die Schlammströme bis 80 Meter über dem normalen Wasserstand an den Canyonwänden entlang. Mit 40 bis 60 Kilometern pro Stunde wälzten sie sich das Tal des Lagunillas hinab. Armero lag genau an der Einmündung des engen Canyons in das breite offene Tal des Flusses Magdelena. An dieser Stelle waren die Schlammströme noch 30 Meter hoch, breiteten sich dann aber schnell aus und überzogen das Land mit einer drei bis fünf Meter hohen Flutwelle. Die Stadt Armero wurde einfach fortgerissen. Die getrocknete Schlammschicht ist heute etwa einen Meter hoch und überdeckt ein 40 Quadratkilometer großes Gebiet. Bis zu zehn Meter hohe Gesteinsblöcke liegen noch heute dort verstreut, wo einst die Stadt stand.

Geologen hatten die Bewohner von Armero über die Gefahr von Schlammströmen bei einem Ausbruch des Ruiz unterrichtet, und immerhin vergingen zwischen der Gipfeleruption und dem Zeitpunkt, als die Fluten die Stadt erreichten, zwei Stunden. Aber die Bewohner hatten mit dem Begriff „Schlammstrom“ nichts anfangen können; der Gipfel des Ruiz war von der Stadt aus nicht zu sehen, und im Canyon oberhalb von Armero gab es kein Flutwarnsystem. Die Tragödie hätte vielleicht vermieden werden können, aber leider nahm sie ungehindert ihren Lauf.

Neben Schlammströmen stellen auch große Lawinen an den steilen Hängen eines Vulkans eine erhebliche Gefahr dar. Ihr Schutt bleibt als mächtige, hügelige Ablagerung von Gesteinstrümmern in den Tälern und Ebenen um den Vulkan liegen (Abbildung 4.6). Lawinen werden durch starke Regenfälle oder Erdstöße, auch ohne begleitenden Vulkanausbruch, ausgelöst. Die Übersteilung eines bereits zur Instabilität neigenden Hanges durch das Einpressen von Magma, wie 1980 am Mount St. Helens geschehen, könnte häufiger die Ursache für solche Lawinen sein als bislang angenommen.

Jene hufeisenförmigen Krater, die entstehen, wenn Explosion und Lawine einen Teil des Vulkankegels wegsprengen, sind jetzt an mehreren aktiven Vulkanen identifiziert worden. Mit dem Wissen aus dem Lawinenabgang und der Eruption des Mount St. Helens haben Geologen des U.S. Geological Survey das Rätsel um ein ausgedehntes Gebiet von Hügeln und Dämmen aus vulkanischen Gesteinstrümmern nordwestlich des Mount Shasta in Kalifornien gelöst. Sie sind nun überzeugt, daß sich vor ungefähr 300 000 bis 360 000 Jahren eine gigantische Schuttlawine vom Gipfel des Mount Shasta gelöst und über 43 Kilometer das Tal des Flusses Shasta entlanggewälzt hat. Die Ablagerungen haben ein Volumen von insgesamt 26 Kubikkilometern und bedecken 450 Quadratkilometer. Es handelt sich um den größten bekannten Bergsturz, der sich während der vergangenen Million Jahre auf der Erde ereignet hat.

Lawinen und Schlammströme entstehen häufiger an Stratovulkanen als an Schildvulkanen. Ausbrüche an Stratovulkanen setzen oft mit der Förderung von Pyroklastika ein und enden mit Lavaströmen. Das kann entweder am höheren Gasgehalt im oberen Teil der Magmakammer liegen, oder daran, daß das zunächst geförderte Magma kühler und daher zähflüssiger ist. Die genaue Ursache ist bislang ungeklärt, da es keine direkten Messungen des Gasgehalts und der Magmatemperaturen kurz vor einem Ausbruch gibt.

Riftvulkane und Vulkane vom Hawaii-Typ fördern überwiegend fließende Lava. Wenn man die nicht beobachtbaren Lavaströme in großen Wassertiefen dazuzählt, ist Lava das häufigste Produkt aller Vulkane auf der Erde. Flachwassereruptionen wie auf Surtsey können Inseln aus Asche entstehen lassen, doch geht der Großteil der geförderten Menge in die submarin austretenden Lavaströme ein.

Einzelne Lavaströme sind zungenförmig. Ein typischer Lavastrom auf Hawaii ist etwa zehn Kilometer lang, 200 Meter breit und drei Meter dick; die Ausmaße unterliegen allerdings so starken Schwankungen, daß Standardangaben nicht sinnvoll sind. Bei jedem Ausbruch überdeckt eine solche Lavazunge nur einen Bruchteil der Insel. Sie bildet einen niedrigen Wall, an dem spätere Lavaströme entlangfließen. Man mag an Tropfkerzen auf einer Chiantiflasche denken, die als Kerzenständer dient; es braucht Hunderte kleiner Wachsströme, um die Flasche rundum zu bedecken. Die Erhebung der Insel Hawaii ist das Ergebnis von buchstäblich Hunderttausenden von Lavaströmen.

Die Beobachtung eines Lavastroms zählt zu den faszinierenden Erlebnissen bei einem Vulkanausbruch. Oft gibt es einen zentralen, fünf bis zehn Meter breiten Kanal mit orangerot glühender Schmelze, der je nach Gefälle mit fünf bis 50 Kilometern in der Stunde vordringt. Von dort breitet sich die Lava nach allen Seiten aus und bildet schwarze, langsam fließende Lappen (Loben) zerklüfteter, erkaltender Lavafetzen, welche die noch schmelzflüssigen tieferen Teile des Lavastroms überdecken. Diese Lavablöcke brechen an der steilen Stirn des Stroms ab und erlauben einen Blick in das glühende Innere, bevor sie von dem voranschreitenden Strom überrollt werden. Die ausgreifenden Rand- und Stirnbereiche des Lavastroms erinnern dabei an die Ketten riesiger, im Zeitlupentempo arbeitender Planierraupen. Die gesamte Ausdehnung des dunklen, vorwärts drängenden Stroms ist dabei wesentlich größer als die des Zentralkanals mit seiner kochenden, schnellfließenden Lava (Abbildung 8.5).

Auf Hawaii nennt man die oben beschriebene Art von Lava *Aa-Lava*. Sie ist durch schlackenartige, unregelmäßige, scharfkantige Brocken an ihrer Oberfläche gekennzeichnet. Abenteuerlustige Menschen mit dicken Schuhsohlen haben sich schon auf solche Lava gewagt, während diese sich noch bewegte, doch selbst nach dem Abkühlen stellen Aa-Laven noch eine Herausforderung für Wanderer dar.

Eine zweite Art von Lava heißt auf Hawaii *Pahoehoe-Lava*. Ihre Ströme sind wesentlich dünner und besitzen eine glatte, teilweise auch runzlige Oberfläche (Abbildung 8.1). Alte hawaiianische Pfade folgen bevorzugt den älteren Pahoehoe-Laven und zwar aus gutem Grund. Barfuß läßt es sich auf ihrer glatten, festeren Oberfläche einfach angenehmer laufen (Abbildung 8.6).

Gelegentlich verkrusten Lavaströme an der Oberfläche und bilden Tunnel aus, durch die Schmelze mit hoher Geschwindigkeit hindurchschießt. Sobald der Ausbruch nachläßt, fließt keine Lava mehr nach, und es bleiben langgestreckte Hohlräume in den erstarrten Lavaströmen zurück. Diese Röhren haben Durchmesser von einem bis zehn Metern; manche lassen sich unter der Oberfläche über Hunderte von Metern verfolgen.

Die kahlen, glatten Oberflächen der Pahoehoe-Ströme sowie die rauhen Schlacken der Aa-Laven sind so charakteristisch, daß auch die Isländer zwei Begriffe dafür geprägt haben – *helluhraun* und *apalhraun* –, um die Vorkom-

8.5 Ströme von Basaltlaven, besonders Aa-Laven, haben oft einen zentralen Kanal, in dem sich die Schmelze mit mehreren Kilometern pro Stunde bewegt. Diese Kanäle sind rotglühend (im Bild hellgrau) – im Unterschied zu den teilweise abgekühlten, schwarzen Randpartien, die langsamer, nämlich mit Geschwindigkeiten von einigen Metern pro Stunde, vordringen. (Photo: Pierre Vincent; aufgenommen während der Eruption des Piton de la Fournaise auf Réunion im Jahre 1977.)

men auf ihrer Insel zu beschreiben. Der größte in geschichtlicher Zeit ausgeflossene Lavastrom war ein Aa-(Apalhraun-)Strom, der von Juni bis November 1783 aus einer 25 Kilometer langen Spalte auf Island quoll. Dieser sogenannte Laki-Strom bedeckte mehr als 500 Quadratkilometer Land und

8.6 Aa-Lava (links) und Pahoehoe-Lava, beide während eines Ausbruchs des Kilauea im Jahre 1973 gefördert. Die dunkle, rauhe Aa-Lava ist etwa drei bis vier Meter dick; sie überdeckte die glattere, glänzende Pahoehoe-Lava, als der Strom zum Stillstand kam.

schüttete dabei zwei tiefeingeschnittene Flußtäler völlig zu. Die während der über mehrere Monate andauernden Eruption geförderte Lavamenge belief sich auf zwölf Kubikkilometer – ein Volumen, mit dem sich das Yosemite Valley in Kalifornien 300 Meter hoch auffüllen ließe (Abbildung 8.7).

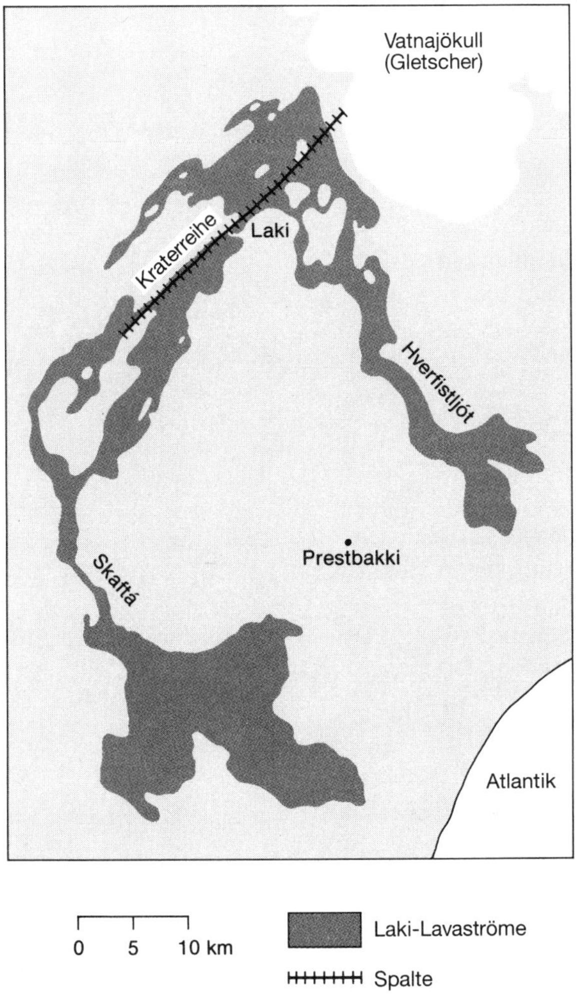

8.7 Der Laki-Lavastrom im südlichen Teil von Zentralisland. Der Ausbruch von 1783 aus einer 25 Kilometer langen Spalte förderte mit 565 Quadratkilometern (zwölf Kubikkilometern) basaltischer Lava die größte jemals beobachtete Lavamenge. (Daten für diese Karte von Sigurdur Thorarinsson.)

Das Gefüge von Asche und Lava wird im wesentlichen durch die Anzahl und Größe der eingeschlossenen Gasblasen bestimmt. Bimsstein bildet dabei das eine Extrem, da er fast nur aus Blasen besteht. Er ist als gleichsam eingefrorener glasiger Schaum so leicht, daß er auf Wasser schwimmt. Dichte feste Gesteine ohne Hohlräume sind das andere Extrem und weniger weit verbreitet als Bims. Die meisten vulkanischen Gesteine liegen zwischen diesen Ausprägungen (Abbildung 8.8).

Magma ist eine silicatische Schmelze mit wechselnder Zusammensetzung. Die häufigsten Elemente in der Schmelze sind Sauerstoff, Aluminium, Eisen,

8.8 Basaltlava enthält oft große Mengen an Gasblasen. Diese entstehen, wenn Wasser und andere im Magma gelöste Gase durch die niedrigen Drücke an der Oberfläche in die freie Gasphase übergehen. Die kleinen Kristalle sind Olivine, eines der ersten Minerale, die sich in der erkaltenden Schmelze ausscheiden. (Photo: J. D. Griggs, U.S. Geological Survey; Abbildung in natürlicher Größe.)

Tabelle 8.2: Hauptgruppen magmatischer Gesteine

SiO_2-Gehalt in Prozent	Vulkanit (an die Erdoberfläche gefördert)	Plutonit (unter der Erdoberfläche erstarrt)
45–54	Basalt	Gabbro
54–62	Andesit	Diorit
62–70	Dazit	Granodiorit
70–78	Rhyolith	Granit

Calcium, Magnesium, Natrium, Titan und Kalium. Siliciumdioxid, die Verbindung von zwei Sauerstoffatomen mit einem Siliciumatom (SiO_2), ist der Hauptbestandteil, Al_2O_3 der nächsthäufige. Der SiO_2-Gehalt schwankt zwischen 45 und 78 Prozent. Magmatypen und die daraus entstehenden Gesteine (Vulkanite und Plutonite) werden anhand ihres SiO_2-Gehalts klassifiziert (Tabelle 8.2).

Es gibt Hunderte verschiedener Gesteine, und Geologen vergeben gern neue Namen. Letztlich fallen aber fast alle Vulkanite in die folgenden vier Kategorien: Basalt, Andesit, Dazit und Rhyolith, mit durchschnittlichen SiO_2-Gehalten von 50, 57, 66 und 74 Prozent. Gesteine mit höheren SiO_2-Anteilen enthalten gleichzeitig mehr Natrium und Kalium und weniger Eisen, Calcium und Magnesium. Die drei letztgenannten Elemente, besonders das Eisen, bilden dunkle Minerale; daher ist Basalt dunkelgrau, oft fast schwarz, Andesit mittelgrau und Dazit sowie Rhyolith hellgrau bis bräunlich. Eine Ausnahme bildet die glasige Form des Rhyolith, der Obsidian, der früher zu Speerspitzen verarbeitet wurde. Obsidian ist fast schwarz. Obwohl Rhyolith weniger Eisen enthält, ist diese geringe Menge im Obsidian in Form winziger, undurchsichtiger Eisenoxidkristalle so fein verteilt, daß das Glas glänzend schwarz erscheint.

Der Chemismus vulkanischer Gesteine ist nur ein Teil der Geschichte ihrer komplexen Zusammensetzung. Während Magma abkühlt, kristallisieren nach und nach Minerale aus der Schmelze aus. Dieser Vorgang braucht Zeit. Erstarrt die Schmelze jedoch innerhalb weniger Sekunden oder Minuten, haben die Komponenten keine Zeit, Minerale zu bilden, und es entsteht ein dunkles, undurchsichtiges Glas. Dauert die Abkühlung dagegen Tage oder gar Jahre, können sich Kristallkeime ausbilden und Minerale zu wachsen beginnen.

Im erkaltenden Basalt des Kilauea-Iki-Lavasees auf Hawaii läßt sich die Bildung vulkanischen Gesteins gut beobachten. Die Lava war im Jahre 1959 mit einer Temperatur von 1200 Grad Celsius gefördert worden, so daß sie bis auf einige Prozent an Olivinkristallen schmelzflüssig war. Wasserdampf und andere im Magma gelöste Gase entwichen größtenteils in den ausgestoßenen Feuerfontänen, während sich die Lava in einen älteren, rundlichen Einsturzkrater ergoß. Die Oberfläche des Sees kühlte recht schnell ab und erstarrte als glasige, blasenreiche Kruste. In tieferen Bereichen ging die Abkühlung unter der gut isolierenden oberen Kruste langsamer voran, und verschiedene Minerale konnten nacheinander auskristallisieren. Da Olivin zuerst – nämlich bei Temperaturen von 1250 bis 1190 Grad – entsteht, waren (wie bereits erwähnt) schon vor dem Ausbruch Kristalle in der Schmelze vorhanden. Als nächstes bildeten sich bei 1190 bis 1180 Grad Pyroxene und bei 1170 bis 1160 Grad Plagioklase (Calcium-/Natriumfeldspäte). Als die Temperatur auf 1065 Grad gefallen war, bestand der Basalt zur Hälfte aus Schmelze und zur Hälfte aus Plagioklas-, Pyroxen- und Olivinkristallen und war bereits so fest, daß Stahlsonden in flachen Bohrungen nicht mehr in das Gestein eindringen konnten. Magnetit kristallisierte bei 1030 Grad zu den schwarzen Mineralkörnern, die den Basalt dunkel erscheinen lassen. Bei 980 Grad war der Basalt, abgesehen von fünf bis zehn Prozent Glas, vollständig auskristallisiert. Er war bereits fest, aber noch rotglühend.

Während des Abkühlvorgangs und der Kristallisation weicht die chemische Zusammensetzung der einzelnen Minerale erheblich von der des Magmas ab. Diese sogenannte Differentiation führt, während die Kristallisation fortschreitet, zu einer ständigen Verschiebung des Chemismus der Schmelze (Abbildung 8.9). Am deutlichsten läßt sich dieser Effekt an der Zusammensetzung des

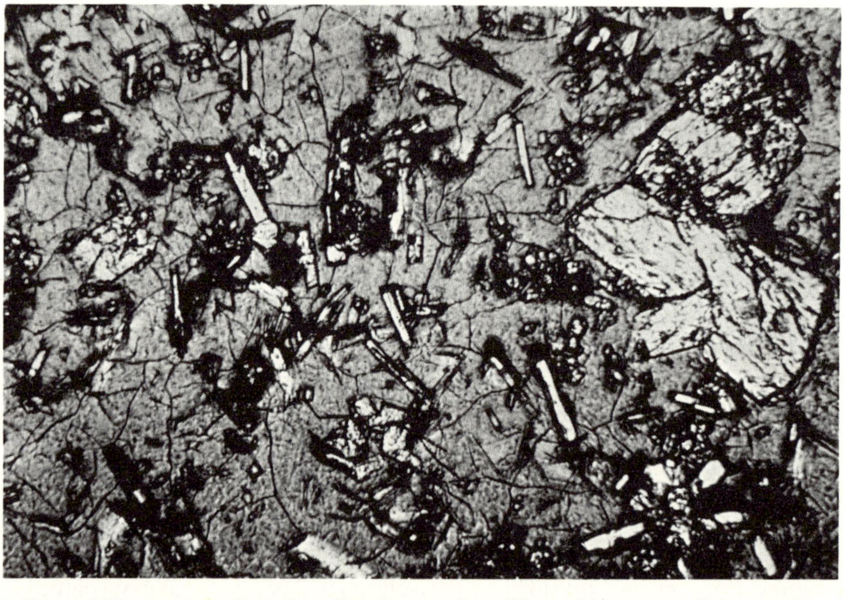

8.9 Dünnschliff eines hawaiianischen Basalts aus dem Kilauea-Iki-Lavasee. Bohrungen in dem langsam abkühlenden Lavasee liefern Proben von abgeschrecktem Basalt: Die Kühlflüssigkeit des Bohrkopfes läßt die Schmelze jäh erstarren und unterbricht den Kristallisationsprozeß. Der große Kristall rechts ist ein Olivin, die kleineren, länglichen Kristalle sind Feldspäte. Durch das plötzliche Abschrecken der Schmelze entsteht Glas – die einheitliche graue Grundmasse in der Abbildung –, das die Silicatminerale umgibt. (Photo: U.S. Geological Survey.)

zuletzt erstarrenden Glases in den Mineralzwickeln demonstrieren, wenn die Lava eine Temperatur von 980 Grad erreicht hat. Das Glas hat dann einen SiO_2-Gehalt von 60 Prozent, verglichen mit 48 Prozent der ursprünglichen Schmelze.

Das Erstarren andesitischer und rhyolithischer Lava verläuft ähnlich komplex, nur spielen hier Quarz und andere Silicatminerale eine wichtige Rolle. Anders als Eis, das aus Wasser hervorgeht, besteht ein erstarrtes Silicatmagma aus einer Mischung von verschiedenen Mineralen. Während Wasser bei null Grad zu einem einzigen Mineral (eben Eis) erstarrt, „gefriert" Magma über eine Temperaturspanne von 1200 bis 700 Grad zu einem zwei-, drei- oder mehrmineralischen Gestein.

Die bei einzelnen geschichtlich belegten Vulkanausbrüchen geförderten Mengen an Lava und Pyroklastika liegen zwischen wenigen Kubikmetern und 50 Kubikkilometern. Im Mittel produzieren Subduktionszonenvulkane im Jahr etwa einen Kubikkilometer an Material, größtenteils Pyroklastika. Die Lavamenge aus Riftvulkanen kann nur indirekt abgeschätzt werden, da sich die Ausbrüche zumeist im Tiefwasser abspielen. Doch sind Spreizungsraten und Plattengrößen hinreichend genau bekannt und erlauben eine Berechnung des jährlich neu gebildeten Ozeanbodens; um die Spalten zwischen den Platten zu schließen, sind 2,5 Quadratkilometer pro Jahr erforderlich. Bei einer geschätzten durchschnittlichen Dicke dieser Basaltströme von einem halben bis einem Kilometer errechnet sich das Volumen der an ozeanischen Rücken geförderten Lava auf ein bis zwei Kubikkilometer jährlich.

Hawaiianische Vulkane stoßen im Jahr etwa 0,1 Kubikkilometer basaltischer Lava aus, doch läßt sich die Förderleistung aller Hot-Spot-Vulkane wegen der langen Ruhepausen zwischen den Eruptionen wie zum Beispiel bei den Yellowstone-Vulkanen schlecht abschätzen. Ein vernünftiger Wert für die Förderung vulkanischen Materials könnte bei jährlich 0,5 Kubikkilometer liegen. Alle gegenwärtig aktiven Vulkane auf der Erde produzieren also etwa drei Kubikkilometer neues Gestein pro Jahr. Viele Jahre können ohne größere Ausbrüche vergehen, bis eine Eruption wie die des Krakatau den Rückstand wieder aufholt. Zusätzlich zu den geförderten Vulkaniten können flachsitzende Magmaeinpressungen unter Vulkanen beträchtliche Ausmaße erreichen. Das so produzierte Gesteinsvolumen (Plutonite) ist vermutlich mindestens ebenso groß wie das der Vulkanite.

Ausgedehnte pyroklastische Ablagerungen, die Hunderte von Metern mächtig sind und Tausende von Quadratkilometern bedecken, finden sich in Japan, Neuseeland, Mittelamerika, den westlichen Vereinigten Staaten und vielen weiteren Vulkanregionen dieser Erde. Einige jener Ablagerungen scheinen bei einzelnen Ausbrüchen gefördert worden zu sein, welche die des Krakatau und des Katmai verblassen lassen. Die ausgestoßenen Volumina liegen in der Größenordnung von 100 bis 1000 Kubikkilometern – beim Katmai-Ausbruch waren es 30 Kubikkilometer. In diesem Zusammenhang sind einige wichtige Fragen zu stellen: War der prähistorische Vulkanismus vor beispielsweise einer Million Jahre heftiger als der jetzige? Oder ist der derzeitige Beobachtungszeitraum – etwa 200 Jahre – zu kurz, um als repräsentativ zu gelten? Wir sind davon überzeugt, daß letzteres der Wahrheit näher kommt. Die Ausbrüche des Krakatau und des Katmai sind vielleicht nur Kostproben dessen, was die Natur an vulkanischen Kataklysmen zu bewirken in der Lage ist.

9. Kegel und Krater

9.1 Pavlof und Pavlof's Sister, Stratovulkane auf den zu Alaska gehörenden Aleuten. (Photo: Katia Krafft.)

> Nur für einen Zauberer ist die Welt immer im Fluß, unendlich formbar und ewig neu. Nur er kennt das Geheimnis des Wandels, nur er weiß wirklich, daß alle Dinge willens sind, eine andere Form anzunehmen, und aus dieser allgegenwärtigen Spannung bezieht er seine Macht.
>
> Peter Beagle (1976)

Gebirge sehen sehr unterschiedlich aus. Einige, wie etwa der Himalaya, bilden sich dort, wo die kontinentale Kruste unter starken Kompressionskräften zusammengeschoben wird. Andere, wie die Gebirgsketten zwischen den Rocky Mountains und der Sierra Nevada, entstehen durch das Abrutschen von randlichen Blöcken, wenn sich die Kruste unter Spannung dehnt. Wieder andere, zum Beispiel die Appalachen, haben ihren Ursprung in einer lokalen Aufwölbung und einer anschließenden erosiven Reliefbildung, durch die sich in hartem und weichem Gestein – das in einer früheren Kompressionsphase gefaltet wurde – Rücken und Täler ausgebildet haben.

Vulkane verkörpern einen eigenen Gebirgstypus. Sie bauen sich durch das Ausfließen neuen Gesteins in der Landschaft auf. Ihre Form kann sich schnell verändern, manchmal sogar innerhalb eines Menschenlebens. In der Tolbatschik-Region auf der Halbinsel Kamtschatka wuchs 1975 ein Schlackenkegel in nur vier Monaten auf 600 Meter an.

Geologen wissen um die Vergänglichkeit von Bergen – um ihre allmähliche erosive Abtragung und die langsame Auffüllung der dazwischenliegenden Becken mit dem anfallenden Schutt. Heutzutage gilt es als selbstverständlich, daß tiefe Flußtäler durch die erodierende Kraft ihrer Wasserläufe entstanden sind. In einer vulkanischen Umgebung jedoch herrschen andere Gesetze. Die Berge wachsen, es entstehen neue Gesteine, und Täler bilden sich oft zwischen den Lavaströmen heraus. Mit anderen Worten: Manche Täler werden nicht durch Erosion geschaffen, sondern dadurch, daß an diese Stelle erst gar kein Gesteinsmaterial hinkommt. Auch erfahrene Geologen dürfen die Andersartigkeit jener seltsamen Landschaft nicht vergessen, in der die gängigen Regeln oft auf den Kopf gestellt sind.

Vulkane haben einige der schönsten und ungewöhnlichsten Landschaften der Erde erschaffen. Ihre Kraft und ihr Feuer gebieten Respekt und erinnern an die ungeheure Lebendigkeit unserer Erde. *Kazan*, das japanische Wort für Vulkan, bedeutet „Feuerberg"; unser Wort *Vulkan* leitet sich vom Namen Vulcano, einer Insel vor Italien, ab, deren vulkanischer Gipfel als Schmiede des Vulcanus, des altrömischen Gottes des Feuers, galt.

Die Formen vulkanischer Berge reichen von den perfekten Kegeln des Fudschijama in Japan und des Mayon auf den Philippinen bis zu den flachen Lavaebenen auf Island, die kaum die Bezeichnung Berg verdienen. Ihre Krater

9.2 Gipfel des Cotopaxi-Vulkans in Ecuador. Die ineinanderliegenden Krater sind das Ergebnis von explosiven Eruptionen unterschiedlicher Intensität. Schnee und Eis beherrschen den 5900 Meter hohen Berg trotz seiner vulkanischen Aktivität und seiner geographischen Lage weniger als ein Grad südlich des Äquators. (Photo: G. E. Lewis, U.S. Geological Survey.)

variieren zwischen riesigen, runden Becken – den Calderen – mit mehreren Kilometer Durchmesser und winzigen, nur einige Meter weiten Öffnungen (Abbildung 9.2). An der Entstehung dieser Formenvielfalt sind mehrere Faktoren beteiligt.

Von großer Bedeutung ist die Form des Schlotes, aus dem die Schmelze an die Oberfläche dringt. Normalerweise handelt es sich um eine langgestreckte, nahezu senkrechte Spalte im Boden, die einige hundert bis Tausende von Metern lang und tief, aber nur wenige Meter breit ist. In dieser Spalte steigt Magma auf und ergießt sich entlang des rißförmigen Förderschlotes. Die Laki-

Eruption auf Island und der Beginn der Puu-Oo-Eruption auf Hawaii sind Beispiele für Ausbrüche entlang solcher Spalten.

Eine bevorzugte Stelle an der Spalte wird häufig zur Hauptquelle der vulkanischen Aktivität, wenn die Eruption fortschreitet, und bildet einen zentralen Kanal aus, aus dem ein vulkanischer Berg zu wachsen beginnt. Wenn der Vulkan durch Erosion bis auf seine Wurzeln abgetragen wird, zeigt sich das erstarrte Magma in den freigelegten Förderspalten in Form langer, niedriger Rücken mit hoher Verwitterungsresistenz. Solche Formen nennt man vulkanische Gänge. Ähnlich widerstandsfähig sind auch die erodierten Überreste des steilstehenden, röhrenähnlichen Förderkanals, der einst den zentralen Förderschlot speiste (Abbildung 9.3).

9.3 Der Ship Rock in New Mexico ist der Stumpf einer Förderröhre mit strahlenförmig verlaufenden Gängen. Die Erosion hat den Vulkankegel abgetragen und nur die widerstandsfähigen skelettähnlichen Reste zurückgelassen. Ship Rock ist 450 Meter hoch, und die Gänge bilden hohe Wälle, die sich durch die Wüste ziehen. (Photo: John S. Shelton. Aus: *Geology Illustrated*. W. H. Freeman. S. 15. © 1966.)

Die Viskosität des Magmas beim Ausbruch hat ebenfalls großen Einfluß auf die Form eines Vulkans. Hochviskose Laven lassen steilwandige Pfropfen, sogenannte Dome, über dem Schlot entstehen. Erstarrte Lavafetzen, die sich um den Krater oder, bedingt durch die vorherrschende Windrichtung, an einer Kraterseite anhäufen, bilden einen Schlackenkegel (Abbildung 5.1). Kegel dieser Art haben glatte Hänge mit einer Neigung um 30 Grad; das ist der natürliche Böschungswinkel, auf dem Aschen und Schlacken nachrutschen, bis eine stabile Hangneigung erreicht ist. Dünnflüssige Laven indessen fließen über große Entfernungen und lassen Lavaplateaus oder flache Kegel, sogenannte Schildvulkane, entstehen. Da die Zusammensetzung einer Lava generell in Beziehung zu ihrer Viskosität steht – Basalt ist flüssiger, Rhyolith ist viskoser –, gibt die Form eines Vulkans oft Hinweise auf die Zusammensetzung seines Magmas.

Bei vielen explosiven Vulkanen wird zu Beginn eines Ausbruchs zunächst vulkanische Asche ausgeworfen, dann folgen Lavaströme. Diese Abfolge von Asche und Lava baut die steilen, konkaven Hänge eines klassischen Vulkankegels auf. Die wissenschaftliche Bezeichnung für diesen Typus ist Stratovulkan oder auch komplexer (gemischter) Vulkan, so genannt wegen der Wechsellagerung von Lava und Asche (Abbildungen 9.4 bis 9.6).

Die Bedingungen an der Austrittsöffnung des Förderschlotes wirken sich gleichfalls auf die Form des entstehenden Vulkans aus. Submarine Vulkane sind die besten Beispiele dafür. Wie in Kapitel 3 bereits ausgeführt, sind diese Vulkane nicht explosiv, da der hohe Wasserdruck die Bildung und Expansion von Dampf verhindert. Zudem erstarrt die Lava im Wasser rascher als an der Luft, und die Lavapakete bilden im allgemeinen steilere Hänge aus als bei gleicher Zusammensetzung an Land. Eruptionen unter flacher Wasserbedekkung sind normalerweise explosiv, auch wenn es sich um Basaltmagma handelt, das an Land in recht friedlichen Fontänen und Strömen ausgestoßen würde.

Vulkanausbrüche unter dicken Schichten von Gletschereis haben viel Ähnlichkeit mit submarinen Eruptionen: Dem Ausfließen von Pillow-Laven folgen Flachwassereruptionen von vulkanischem Schutt und eine Überdeckung durch flach geneigte Ströme von Lava, welche die Gletscheroberfläche erreicht. Die Tafelbergvulkane auf Island sind dieser Kategorie zuzurechnen (Abbildung 9.7). Die Eisschilde sind heute größtenteils abgeschmolzen; dennoch geben die steilen Flanken der Tafelberge Aufschluß über die ehemalige Eismächtigkeit.

Auch andere Faktoren – etwa das Volumen des geförderten Materials und die Zeitspanne zwischen den Eruptionen – beeinflussen die Form eines Vulkans. Kleine Mengen pyroklastischer Ströme füllen Täler auf, große Volumina bilden Plateaus, indem sie die ursprüngliche Landschaft unter sich begraben. Die Stadt Los Alamos im US-Bundesstaat New Mexico liegt auf einem solchen Plateau, das vor ungefähr einer Million Jahre entstanden ist. Plateaus aus

9.4 Der Vulkan Mayon auf den Philippinen während eines Ausbruchs. Die aufsteigende Aschensäule und die fallende Glutwolke (Nuée ardente) verdecken Teile der perfekten Symmetrie dieses Stratovulkankegels. (Photo: Dainty Studio, Daraga, Albay, Philippinen, 30. April 1968.)

9.5 Anfangsstadium einer Explosionswolke am Lassen Peak in Kalifornien. Dieser Stratovulkan mit einem Lavadom am Gipfel brach von 1914 bis 1917 aus. (Photo: B. F. Loomis, 14. Juni 1914; Nachdruck mit Genehmigung des National Park Service.)

pyroklastischem Material gibt es in vielen vulkanischen Regionen der Erde. Glücklicherweise haben sie sich nicht in historischer Zeit gebildet. Ihre gewaltige Ausdehnung und ihre hohe Ausbreitungsgeschwindigkeit hätten verheerende Auswirkungen gehabt.

Auch die Krater der Vulkane weisen eine große Formenvielfalt auf. Trichterförmige Krater entstehen durch die explosive Erweiterung des Förderschlotes zu Beginn der Eruption, der am Ende des Ausbruchs der Kollaps zurückfallenden, losen Schutts folgt. Wenn Gas aus dem Magma entweicht, ermöglicht die Volumenreduzierung zuweilen das Zurückfließen der Lava in den Schlot

9.6 Der Santiago-Krater des Masaya in Nicaragua läßt den inneren Aufbau eines Stratovulkans erkennen. Die hellen Lagen sind erstarrte Lavaströme, die dunklen bestehen aus Aschenregenablagerungen. Die mächtige dunkle Schicht ganz oben ist Teil eines Aschenkegels, dessen Gipfel sich außerhalb des linken Bildrandes befindet.

und die Bildung eines tiefen zylindrischen Kraters. Auch das Entweichen von Lava aus einem Schlot an einer Vulkanflanke kann zur Vertiefung des Gipfelkraters führen. Der Krater auf dem Fudschijama hat einen Durchmesser von etwa 700 Metern und ist, bei nahezu senkrechten Wänden, 100 Meter tief.

9.7 Herdubreid, ein Tafelberg auf Island. Pillow-Lava an den steilen Hängen, die von flachen Lavaströmen am Gipfel überdeckt ist, deutet darauf hin, daß diese Tafelberge bei Eruptionen unter Eisschilden entstanden sind. Die Höhe der „Tafel" markiert die Eismächtigkeit. (Photo: Gudmundur Sigvaldason.)

Manchmal finden sich in Kratern Dome aus viskoser Lava; der Lassen Peak in Kalifornien ist ein Beispiel. Ketten kleinerer Krater längs einer Förderspalte können unter ihren eigenen Lavaströmen begraben werden. Das Fehlen von Kegeln und Kratern auf ausgedehnten Lavaplateaus, etwa dem Columbia-River-Plateau in Washington und Oregon, erschwert die Lokalisierung der eigentlichen Förderschlote.

Wenn ein Vulkan eine sehr große Magmamenge fördert, ist der unterirdisch entstandene Hohlraum nicht mehr stabil, und ein Teil des Vulkans senkt sich ab oder bricht ein. Der Einsturz schafft ein großes, kreisförmiges Becken mit steilen Wänden von manchmal mehreren hundert Meter Höhe; viele solcher Becken sind Überreste ehemaliger Vulkangipfel. Solche Einsturzcalderen entstehen innerhalb weniger Stunden oder Tage, wie am Krakatau, und werden normalerweise von heftigen Eruptionen begleitet. Die Valle-Grande-Caldera direkt westlich von Los Alamos hat einen Durchmesser von 20 Kilometern und ist etwa einen Kilometer tief. Sie bildete sich anscheinend durch einen plötzlichen Einbruch nach der gewaltigen Eruption, die Aschenströme mit einem Volumen von 300 Kubikkilometern förderte und so die Lavaplateaus um die Caldera aufbaute (Abbildung 9.8). Der Crater Lake in Oregon ist ebenfalls eine Einsturzcaldera. Sie entstand während eines größeren Ausbruchs vor etwa 7000 Jahren – eine Datierung, die man mit Hilfe der ^{14}C-

9.8 Los Alamos in New Mexico, Geburtsort der Atomenergie, liegt am Hang eines riesigen prähistorischen Vulkans. Die Stadt breitet sich auf einem von Canyons zerschnittenen Plateau aus mächtigen Aschenlagen aus, die vor etwa einer Million Jahre ausgeworfen wurden. Die Eruption eines derart großen Aschenvolumens verursachte den Einsturz des Vulkangipfels und führte zur Bildung des Valle Grande, der 20 Kilometer großen Caldera im Hintergrund, die heute als Weideland genutzt wird. (Photo: William Regan, Los Alamos Scientific Laboratory.)

Methode an zu Holzkohle verbrannten Baumstämmen, die unter den pyroklastischen Strömen lagen, vorgenommen hat.

Calderen bilden sich auch auf hawaiianischen Vulkanen. Am Gipfelpunkt des Mauna-Loa-Schildvulkans liegt der Rand einer großen, elliptischen Caldera mit einer Ausdehnung von drei mal fünf Kilometern und bis zu 200 Meter hohen, senkrechten Wänden (Abbildung 9.9). Die Caldera entstand vor 600 bis 700 Jahren, und das Fehlen von vulkanischem Schutt um den Kraterrand weist darauf hin, daß sie nach der Entleerung der oberen Magmakammer kollabiert ist. Mächtige Flankeneruptionen werden für die Magmaentleerung und den Einbruch der Caldera verantwortlich gemacht.

Es ist schwierig, Krater und Calderen auseinanderzuhalten, und tatsächlich wird die Kilauea-Caldera auch oft Kilauea-Krater genannt, sogar auf offiziellen Karten. Eine praktische, wenngleich willkürliche Unterscheidung richtet

9.9 Kreisrunde Krater und eine drei mal fünf Kilometer große Caldera haben sich in den schneebedeckten Gipfel des Mauna Loa auf Hawaii eingeschnitten. Diese Einsturzstrukturen mit bis zu 200 Meter hohen Klippen liegen auf der Spitze eines riesigen, flachen, 4000 Meter hohen Schildvulkans. Eruptionen aus historischer Zeit haben die Krater und die Caldera mit zahllosen Lavaströmen gefüllt. Die Blickrichtung geht nach Norden. (Photo: U.S. Army Airforce, 1939; Nachdruck mit Genehmigung der National Archives.)

sich nach der Ausdehnung. Danach sind Krater kleiner, Calderen größer als einen Kilometer im Durchmesser. Außerdem werden Calderen überwiegend durch Einsturz gebildet (Farbtafel 23), während Krater sowohl durch Einbruch als auch durch Explosion entstehen können.

Vulkanberge entwickeln und verändern sich im Laufe der Zeit; die reifen und alten Formen sind meist recht kompliziert aufgebaut. Ein Schlackenkegel repräsentiert oft das frühe Stadium eines Stratovulkans. Der Einbruch einer Caldera kann dann den Gipfel eines solchen Stratovulkans verschlucken, und im Anschluß daran können aus Schloten am Rande der Caldera neue Lavadome wachsen. Ein Ausweg aus diesem Klassifikationsdilemma besteht darin, solche Vulkane „komplexe Vulkane" zu nennen. Dennoch ist es dank sorgfältiger geologischer Kartierung oft möglich, die einzelnen Teile zu unterscheiden und die Reihenfolge ihres Entstehens zu rekonstruieren. Die Geschichte von Ausbruchseigenheiten und ihrer Abfolge kann sich bei dem Versuch, die künftige Gefährdung durch einen bestimmten Vulkan vorherzusagen, als nützlich erweisen (Abbildung 9.10).

Vulkane können aktiv, ruhend (schlafend) oder erloschen sein. Ihre Lebensdauer schwankt beträchtlich. Der ausgedehnte vulkanische Komplex des Valle Grande ist seit 15 Millionen Jahren immer wieder ausgebrochen. Die meisten Einzelvulkane auf Island erleben nur einen Ausbruch; im Falle von Surtsey erstreckte er sich über dreieinhalb Jahre. Die mittlere Lebensdauer eines wiederholt ausbrechenden Vulkans beträgt ungefähr eine Million Jahre. Am Ende triumphiert aber doch die Erosion, und die Stümpfe der besiegten Vulkane gesellen sich zu den anderen passiven Bergen dieser Erde.

Der Zeitpunkt des Erlöschens läßt sich anhand der fortschreitenden Erosion abschätzen, doch sollte man solche Schätzungen mit Bedacht vornehmen. Je nach Klima schreitet die Erosion mit unterschiedlicher Geschwindigkeit voran: schnell in humidem Klima, langsamer in kalten, trockenen Regionen. Auf Hawaii gibt es ausgeprägte Klimaunterschiede über kurze Distanzen. Die unteren, dem Passatwind zugewandten Hänge sind heiß und feucht und erhalten mehr als 5000 Millimeter Niederschlag pro Jahr. Auf dem Gipfel des Mauna Loa ist es kalt und verhältnismäßig trocken, und auf der Windschattenseite von Hawaii herrscht Wüstenklima. Lavaströme mit einem Alter von nur 50 Jahren haben sich in den heißen und feuchten Arealen schon zu Boden und Dschungel

9.10 Luftbild der Vulkane Tongariro, Ngauruhoe und Ruapehu in Neuseeland. Der Krater des Tongariro (im Vordergrund) hat einen Durchmesser von 1,3 Kilometern und repräsentiert ein Übergangsstadium zwischen einem großen Krater und einer kleinen Caldera. Er ist mit prähistorischen Ergüssen aufgefüllt, in die sich ein kleiner Einbruchskrater eingesenkt hat. Der Kegel des Ngauruhoe zeigt das typische Erscheinungsbild eines tätigen Stratovulkans mit Gipfelkrater. Der Ruapehu (im Hintergrund) ist ebenfalls ein aktiver Stratovulkan, doch enthält sein Krater einen Lavasee, dessen Ausbrüche die Vulkanflanken vorzeitig erodiert haben. (Photo: S. N. Beatus, New Zealand Geological Survey.)

entwickelt, während 1000 Jahre alte Ströme auf dem Mauna Loa noch ganz frisch aussehen. In den Hochwüsten von Mexiko bleiben Schlackenkegel über Tausende von Jahren nahezu unberührt von der Erosion.

Klimate ändern sich, und der Zahn der Zeit nagt an jedem Vulkan. In das Los-Alamos-Plateau haben sich seit seiner Bildung vor einer Million Jahre auf der Hälfte der Fläche tiefe Canyons eingeschnitten. Inseln wie Hawaii werden in fünf bis zehn Millionen Jahren völlig von der See eingeebnet sein und dann unter einem aufwachsenden Korallenatoll langsam versinken.

Seit etwa 2000 Jahren wird in Europa über vulkanische Tätigkeit berichtet, seit 1000 Jahren in Island und erst seit etwas mehr als 100 Jahren in den nordwestlichen Vereinigten Staaten. Stellt man dies der durchschnittlichen Lebensdauer eines Vulkans von einer Million Jahren und einem vergleichbaren Zeitraum für die Erosion der Vulkanstümpfe und Krater gegenüber, erscheint es vermessen, einen Vulkan für erloschen zu erklären, nur weil er in historischer Zeit nicht mehr ausgebrochen ist. Jeder Vulkan, der sich von den Zerstörungen der Zeit nur wenig betroffen zeigt, wie zum Beispiel der Mount Rainier, der Mount Hood oder der Mount Shasta, liegt lediglich im Dornröschenschlaf (Abbildung 9.11).

9.11 Mount Rainier, ein mächtiger Stratovulkan der Cascade Range im US-Bundesstaat Washington. Mehrere Talgletscher, die aus ergiebigen Schneefällen gespeist werden, beginnen den aktiven, 4392 Meter hohen Vulkan abzutragen. (Photo: Norman Bishop, National Park Service.)

10. Wurzeln der Vulkane

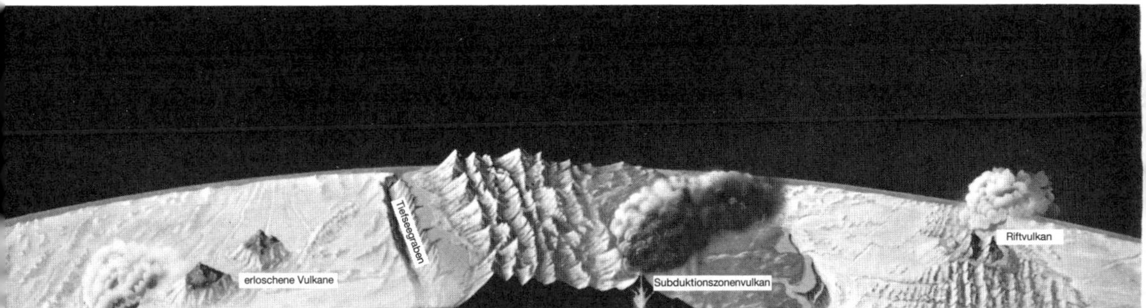

10.1 Schemazeichnung der drei Vulkantypen, die an plattentektonische Prozesse gebunden sind. Rechts: Riftvulkane, die sich an auseinanderdriftenden (divergenten) Plattengrenzen bilden, wie die submarinen Vulkane am Mittelatlantischen Rücken und die isländischen Vulkane. Mitte: Vulkane, die an Subduktionszonen entstehen; Beispiele liefern Japan und die Anden. Links: Hot-Spot-Vulkane wie die der Hawaii-Inselkette und der Hawaiianischen Schwelle. (Aus *Powers of Nature*. © 1978 bei National Geographic Society. Alle Rechte vorbehalten.)

Menschen reden, die Natur handelt.

Voltaire (1694–1778)

Als John Wesley Powell begann, den U.S. Geological Survey aufzubauen, provozierte ihn der Senator von Nebraska mit den Worten: »Sie können auch nicht tiefer in die Erde schauen als andere.« Noch heute können Geologen den Wahrheitsgehalt dieser Aussage nicht abstreiten, doch verfügen sie mittlerweile über große Mengen indirekter Daten über das Erdinnere, die ihnen bei ihren Modellvorstellungen weiterhelfen.

Man kann zum Beispiel untersuchen, wie seismische Wellen von großen Erdbeben die Erde durchlaufen. Solche – von jedem Seismographen der Erde registrierte – Wellen verändern sich, wenn sie sich von der Quelle wegbewegen; es hat sich jedoch gezeigt, daß die seismographischen Aufzeichnungen unabhängig von der Lage des Epizentrums in der jeweils gleichen Entfernung erstaunlich ähnlich sind. Daraus schließt man allgemein auf eine Kugelsymmetrie des Erdinneren (Abbildung 10.2). Sollte das Innere der Erde aus verschiedenen Materialien bestehen, müßten diese ähnlich wie Zwiebelschalen in konzentrischen Schichten angeordnet sein.

Es gibt auch Anhaltspunkte für das Gewicht des Erdinneren. Aus der Stärke der Schwerkraft an der Erdoberfläche können wir die durchschnittliche Dichte des gesamten Planeten errechnen: Sie beträgt 5,5 Gramm pro Kubikzentimeter und ist damit doppelt so groß wie die Dichte der Oberflächengesteine. Teile des Erdinneren müssen folglich aus sehr dichtem Material bestehen.

Vernünftige Theorien über die Wurzeln der Vulkane sollten mit unserem Wissen über physikalische und chemische Vorgänge in der ganzen Erde wie auch mit unseren oberirdischen Beobachtungen übereinstimmen. Eines ist sicher: Der geologische Aufbau an der Oberfläche deutet bereits an, wie komplex und heterogen unsere Erde konstruiert sein muß. Aus den vorhandenen physikalischen und chemischen Daten über das Erdinnere lassen sich zwar Durchschnittswerte, aber leider kaum Detailangaben ermitteln, so daß die meisten Modelle zum Erdaufbau von unstrukturierten Schalen aus Gestein beziehungsweise Metallschmelzen homogener Zusammensetzung ausgehen. Annäherungsweise sind diese Modelle sicher richtig, doch genauere Informationen fehlen. Diese Lücken zu füllen, ist eine der faszinierendsten Aufgaben der geowissenschaftlichen Forschung unserer Tage.

Jene Details sind in ihrer Bedeutung nicht zu unterschätzen. So bestehen Diamant und Graphit chemisch aus demselben Stoff, doch wegen ihrer unter-

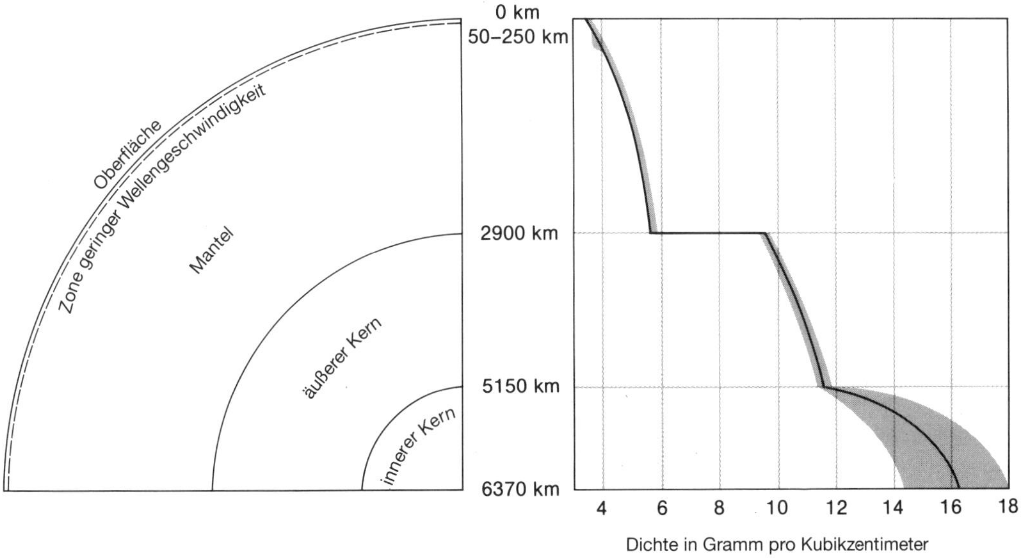

10.2 Geschätzte Dichte des Erdinneren. Die schwarze Linie in der rechten Abbildung gibt die wahrscheinlichsten Dichtewerte für jede Tiefe wieder; der graue Bereich deckt den Unsicherheitsbereich ab. (Daten aus Bullen, K. E. *The Interior of the Earth.* © 1955 bei Scientific American. Alle Rechte vorbehalten.)

schiedlichen Kristallform sind schon Kriege entbrannt. Synthetische Diamanten lassen sich in komplizierten Hochdruck-Hochtemperaturöfen aus Graphit herstellen, wobei Drücke von 100 000 Atmosphären bei über 1000 Grad Celsius erzeugt werden müssen. Natürliche Diamanten kommen in vulkanischen Durchschlagsröhren, sogenannten Pipes, vor, die ihren Ursprung in 200 Kilometer Tiefe haben; daher liefern solche Diamanten, ihre Einschlüsse und das gleichzeitig geförderte Nebengestein direkte Informationen über die chemische Zusammensetzung und die Druck- und Temperaturverhältnisse in Tiefen, die weit unter den heute erreichbaren Bohrtiefen liegen (Abbildung 10.3).

Die Heraushebung und Erosion alter Vulkane legen deren flache Wurzeln frei, die einst bis zu zehn Kilometer unter der Erdoberfläche lagen. Untersuchungen an diesen Gesteinen belegen, daß die Vulkanschlote an der Oberfläche oft durch Gänge und Röhren aus abgeschreckter Schmelze mit größeren Magmareservoiren in zwei bis zehn Kilometer Tiefe verbunden waren (Abbildung 10.4). Die Magmakammern stellen komplex aufgebaute Körper aus durchschlagenden Gängen und Schichten, manchmal auch zylindrische Körper dar, die man Stöcke oder Plutone nennt. Ihre Zusammensetzung, die Struktur ihrer Kristalle und das Nebengestein liefern wichtige Indizien dafür, auf welche Art sich die Magmakammern ihren Platz schufen und wie und wann sie zu kristallinen Gesteinen erstarrten. Im allgemeinen gleichen die flachen Magma-

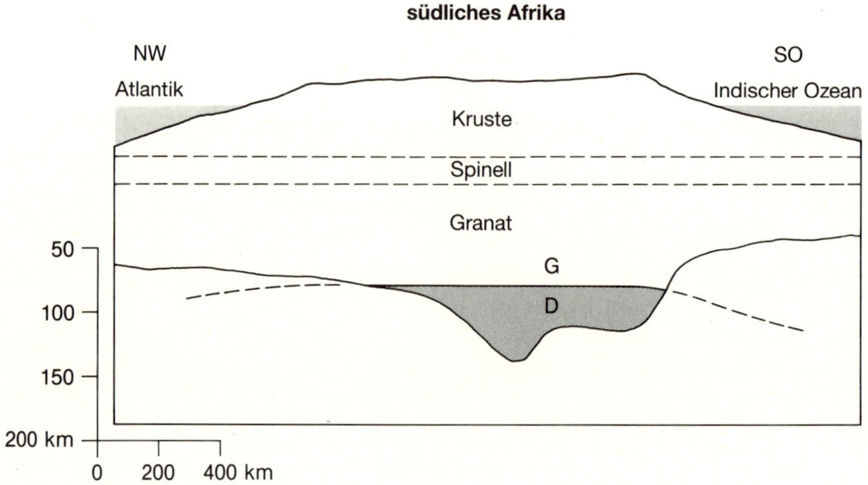

10.3 Schematisches Querprofil durch das südliche Afrika, rekonstruiert nach Einschlüssen aus diamantenführenden Pipes (vulkanischen Durchschlagsröhren) und Förderröhren, die keine Diamanten enthalten. Spinell und Granat sind charakteristische Minerale aus den jeweiligen Tiefenbereichen. An der mit G/D bezeichneten Grenze vollzieht sich der Übergang von Graphit zu Diamant. (Verändert nach Boyd, F. R. *Carnegie Institution Year Book* (1986) S. 98.)

reservoire in ihrer Zusammensetzung den an die Erdoberfläche gelangten Vulkangesteinen. Da sie aber langsamer abkühlen konnten, sind sie gröberkörnig. Zum Beispiel bildet Granit das Wurzelgestein unterhalb von Vulkanen, die einst rhyolithische Lava oder große Mengen an rhyolithischen pyroklastischen Strömen förderten (siehe Tabelle 8.2).

Dennoch sind die flachsitzenden Magmakammern nicht die eigentlichen Wurzeln der Vulkane. Sie liegen nämlich nicht tief genug, damit die Wärme im Erdinneren das Gestein aufschmelzen kann. Heraushebung und Erosion vermögen die tiefen Vulkanwurzeln nicht freizulegen; sie sind einer direkten Beobachtung immer noch entzogen, so daß unsere Kenntnisse über sie dürftig sind. Über die Wärmequelle, die das Gestein zum Schmelzen bringt, wird nach wie vor heftig diskutiert.

Favorisiert werden Prozesse, die sich schon seit der Entstehung der Erde an der Wärmeerzeugung beteiligen: der radioaktive Zerfall von Elementen wie Uran, Thorium und Kalium, die Gravitationsenergie, die freigesetzt wurde, als die schweren Elemente zum Erdmittelpunkt wanderten, und schließlich die Gezeitenreibung, von der die Erdrotation gebremst wird.

Beim Wachstum (Akkretion) der Planeten während der Bildung des Sonnensystems entstanden durch die Kollision und den gravitativen Kollaps gewaltige Wärmemengen. Ob es dadurch wirklich zum Aufschmelzen der Planeten kam, hängt weitgehend von der Geschwindigkeit der Akkretion ab, da mit beschleunigter Materialakkumulation die Temperatur steigt. Diese Entstehungshitze

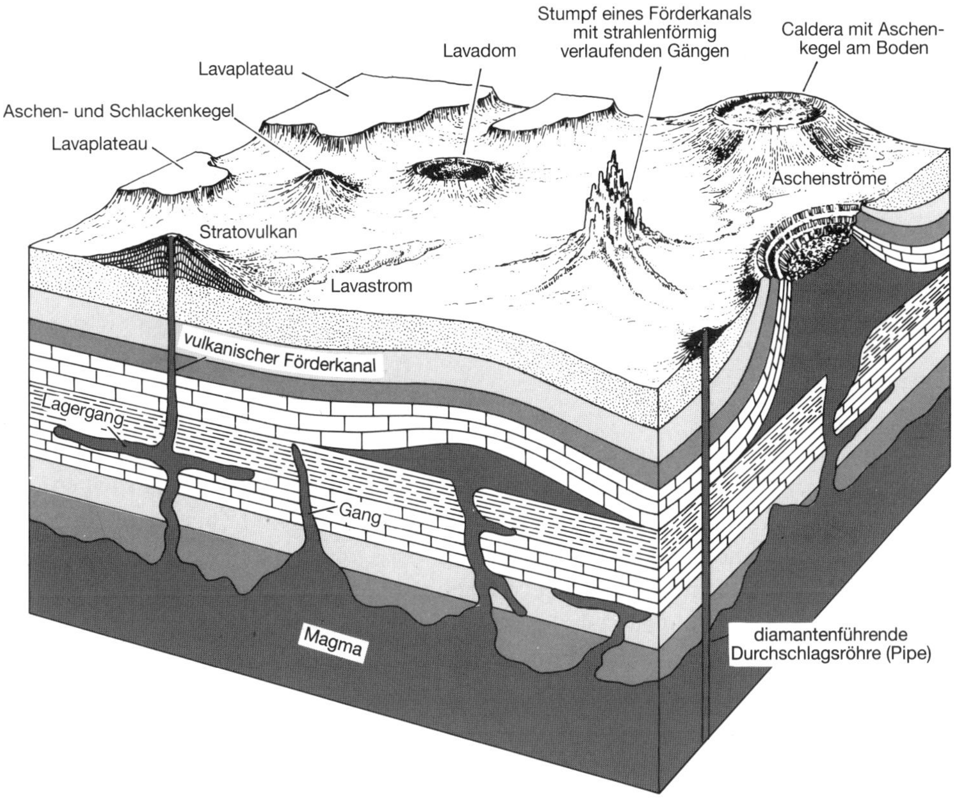

10.4 Schematisches Blockbild von Oberflächenformen und unterirdischer Ausbildung verschiedener vulkanischer Strukturen. (Nach Schmidt, R. G.; Shaw, H. R. *Atlas of Volcanic Phenomena*. U.S. Geological Survey 1972.)

reicht allerdings nicht aus, die errechnete Wärmeabgabe der Erde während ihrer 4,5 Milliarden Jahre langen Lebensspanne zu erklären.

Ohnehin hätte der radioaktive Zerfall instabiler Atome die Erwärmung der Erde auf jeden Fall in Gang gesetzt, selbst wenn sie kalt entstanden wäre – zuerst schnell aufgrund des Zerfalls zahlreicher radioaktiver Elemente mit kurzen Halbwertszeiten, danach langsamer aufgrund des Zerfalls langlebiger Isotope wie Uran-238, Thorium-232 und Kalium-40. Der heute noch stattfindende Zerfall dieser drei Elemente erzeugt ausreichend Energie, um die von der Erde abgegebene Wärme zu kompensieren (Tabelle 10.1).

Nachdem sich die Urerde zunächst durch radioaktiven Zerfall aufgeheizt hatte, beschleunigten Aufschmelzprozesse und die gravitative Abtrennung von Eisen im Erdkern die Erwärmung erheblich und führten vielleicht zum Aufschmelzen der gesamten Erde. Doch war dieser gravitative Vorgang wohl einmalig, und die dadurch erzeugte Wärme ist längst verflogen, es sei denn, sie wäre durch andere Prozesse bewahrt worden.

Tabelle 10.1: Wärmeproduktion aus dem radioaktiven Zerfall der Elemente Uran, Thorium und Kalium in weitverbreiteten magmatischen Gesteinen

Gestein	Konzentration des radioaktiven Elements im Gestein (in Teilen zu einer Million, ppm)			erzeugte Wärmemenge in Joule pro Kilogramm und Jahr
	Uran	Thorium	Kalium	
Granit	4	13	4	0,03
Basalt	0,5	2	1,5	0,005
Peridotit	0,02	0,06	0,02	0,0001

Die durch Gezeitenreibung freigesetzte Energie führt zu einer Verlangsamung der Erdrotation. (Studien an Jahresringen von 400 Millionen Jahre alten Korallen haben ergeben, daß ein Jahr einstmals mehr als 400 Tage hatte.) Ein Großteil dieser Energie geht in die Gezeiten der Ozeane ein, doch sind einige Geologen der Ansicht, daß eine gezeitenabhängige Verformung von Schwächezonen im Erdinneren eine weitere ständige Wärmequelle darstellt.

Wie bei vielen geologischen Problemen bestehen auch für die Wärmequellen im Inneren der Erde etliche Erklärungsmöglichkeiten. Wahrscheinlich ist mehr als eine der verschiedenen theoretischen Energiequellen beteiligt, und alle sind praktisch unerschöpflich, jedenfalls für menschliche Zeitvorstellungen.

Auch wenn also die genaue Wärmequelle der Erde noch nicht bekannt ist – über die Temperaturverläufe in Oberflächennähe wissen wir eine ganze Menge. In den Schächten von tiefen Bergwerken und in Bohrlöchern steigt die Temperatur mit der Tiefe an. Das Anstiegsverhältnis, der sogenannte geothermische Gradient, liegt bei durchschnittlich 30 Grad Celsius pro Kilometer. Aus der schlechten Wärmeleitfähigkeit von Gesteinen läßt sich der Verlust von Wärme aus dem Erdinneren berechnen. Er beträgt etwa 1/5000 dessen, was wir von der Sonne empfangen. Dennoch handelt es sich hier um eine ungeheuer große Wärmemenge, die sogar die spektakulären Wärmeverluste durch alle Vulkane der Erde bei weitem übersteigt.

Bei einem Temperaturgradienten von 30 Grad Celsius pro Kilometer wäre die Schmelztemperatur von Gesteinen, die bei 800 bis 1200 Grad liegt, bereits in 30 bis 40 Kilometer Tiefe erreicht. Es gibt aber Hinweise darauf, daß der geothermische Gradient nicht linear verläuft, sondern in größeren Tiefen abnimmt. Das Phänomen hängt mit der Verteilung radioaktiver Substanzen wie Uran, Thorium und Kalium in der Erde zusammen. Diese Elemente neigen dazu, sich in granitischen Gesteinen und damit in der Erdkruste anzureichern. Die Wärmeproduktion aus ihrem Zerfall und der dadurch erzeugte Temperaturanstieg sollten daher mit der Tiefe abnehmen. Nach zuverlässigen

Schätzungen wird die Schmelztemperatur von 800 bis 1200 Grad in etwa 60 bis 100 Kilometer Tiefe erreicht; dies entspricht der Lage der Zone geringer Wellengeschwindigkeit (siehe Kapitel 1) – eine unabhängige Bestätigung der Temperaturberechnungen. Die Vulkanwurzeln müssen also 60 bis 100 Kilometer tief reichen, um an Magma zu gelangen (Abbildung 10.5).

Seismische Daten lassen allerdings darauf schließen, daß die Zone geringer Wellengeschwindigkeit keineswegs vollständig aufgeschmolzen ist. Vielmehr sind vermutlich nur einige Prozent schmelzflüssig und bei hohen Temperaturen in einer schwammähnlichen, zähplastischen Gesteinsmasse verteilt. Wie erfolgen dann die Abtrennung und der Aufstieg des Magmas?

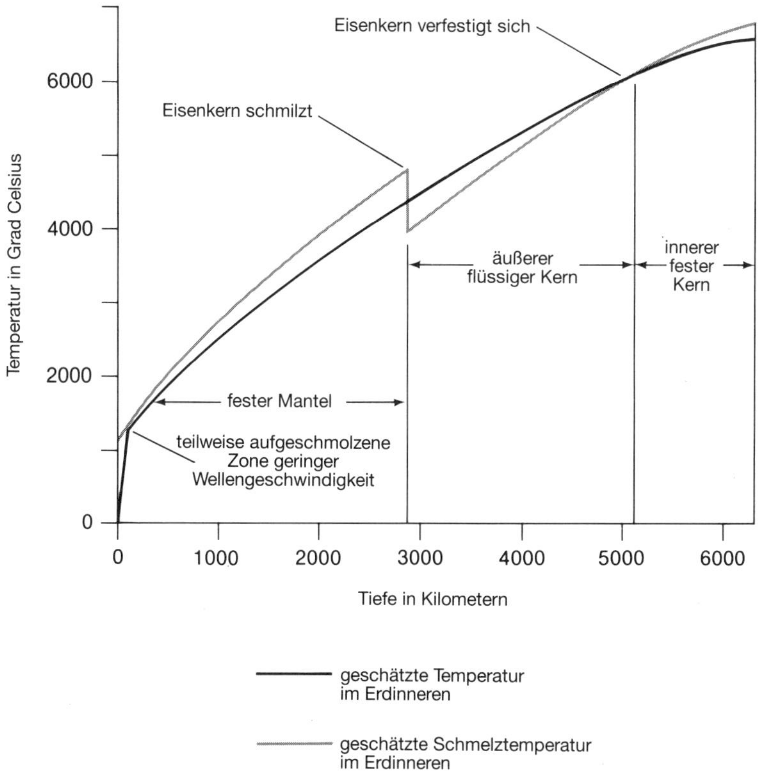

10.5 Vermuteter Temperaturverlauf (schwarze Linie) und vermutete Schmelztemperaturlinie (graue Linie) im Erdinneren. Es gibt vier Anhaltspunkte für die Konstruktion der Kurven: 1. Der geothermische Gradient (der Anstieg der Temperatur mit der Tiefe) nahe der Erdoberfläche beträgt etwa 30 Grad Celsius pro Kilometer. 2. In einer Tiefe von rund 100 Kilometern müssen die tatsächlich vorhandene Temperatur und die Schmelztemperatur übereinstimmen, um die Plastizität und das partielle Aufschmelzen der Zone geringer Wellengeschwindigkeit zu erklären. 3. Damit der untere Mantel fest und der äußere Kern geschmolzen ist, müssen sich Temperaturkurve und Schmelztemperaturkurve kreuzen. 4. Damit der tiefere äußere Kern geschmolzen und der obere innere Kern fest ist, müssen sich die beiden Kurven erneut schneiden. (Daten von J. Verhoogen, D. L. Anderson, G. Kennedy, G. Higgins, R. Jeanloz und T. Ahrens.)

Da die Dichte von Magma geringer ist als die seines Ausgangsgesteins, steigt es dem Auftrieb folgend auf, während das umgebende Gestein unter dem Einfluß der Gravitation absinkt. Tief hinabreichende Risse sollten den Aufstieg und den Austritt an der Erdoberfläche, den man sich wie das Hervorsprudeln von Öl aus einer ungefaßten Quelle vorstellen kann, erleichtern und beschleunigen. Das Problem ist der Förderkanal. Reichen die Risse durch die Kruste hindurch bis in die Schmelzzone, oder drängen Magmakörper wie große Blasen nach oben und schmelzen sich ihren Weg frei, um die oberflächennahen Reservoire zu speisen (Abbildung 10.6)?

Auseinanderdriftende Platten weisen an ihren Rändern große Spalten auf, die vermutlich als Fördersysteme für Vulkane auf den mittelozeanischen Rükken fungieren. In diesen Riftzonen ist der geothermische Gradient wesentlich steiler als an anderen Punkten der Erde, und den seismischen Daten zufolge

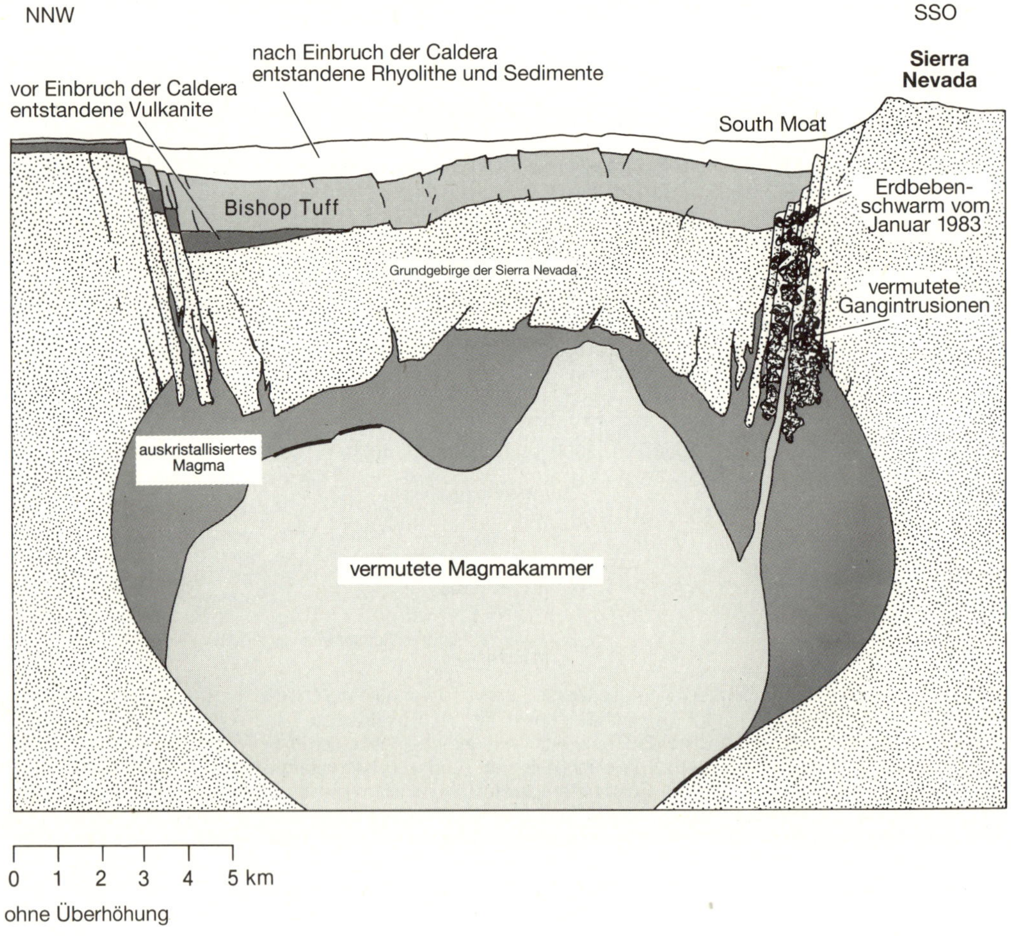

nähert sich hier die Zone geringer Wellengeschwindigkeit der Erdoberfläche bis auf zehn oder 20 Kilometer.

In Inselbögen an kollidierenden Platten sitzen die Vulkane in Gürteln parallel zur Hauptstörung, aber um etwa 150 Kilometer in Richtung der unterschobenen Platte versetzt. Es ist nicht geklärt, ob dieser Bereich einer speziellen Bruchzone entspricht, an welcher der Magmaaufstieg begünstigt ist, oder ob entlang der abtauchenden Platte zusätzlich erzeugtes Magma sich hier seinen Weg nach oben bahnt (Abbildungen 10.1 und 10.7).

Auf Hawaii deutet die Lage der Erdbebenherde unter der flachsitzenden Magmakammer des Kilauea auf die Existenz einer von zehn bis 50 Kilometer Tiefe hinabreichenden Bruchzone hin, die wie ein umgedrehter Trichter mit fünf bis 50 Kilometer Durchmesser geformt ist und sich bis zur Oberfläche der Zone geringer Wellengeschwindigkeit erstreckt (siehe Abbildung 7.5). Aus den Umrissen dieses Trichters läßt sich schließen, daß es sich nicht um einen Teil eines größeren, parallel zur Hawaii-Inselkette verlaufenden Spaltensystems handelt, sondern eher um eine lokal begrenzte Schwächezone, die eng an das aufsteigende Magma gebunden ist. Allem Anschein nach erzwingt sich das Magma hier aktiv seinen Aufstieg in das oberflächennahe Reservoir unter dem Kilauea. Aus der Aufwölbung der Gipfelregion während der letzten 30 Jahre läßt sich ableiten, daß ohne Unterlaß täglich 100 000 bis 500 000 Kubikmeter Schmelze in die Magmakammer drei bis sechs Kilometer unter dem Berg eingepreßt werden.

Niemand hat die tiefen Wurzeln der Vulkane je gesehen, doch verbesserte geophysikalische Techniken ermöglichen aufsehenerregende indirekte Einblicke. Im Yellowstone-Nationalpark deuten kleine Laufzeitverlängerungen von entfernt ausgelösten Erdbebenwellen an, daß sich darunter ein großer Körper aus Magma oder sehr heißem Gestein befindet. Aus der Analyse der nur wenige Sekunden betragenden Verzögerungen an mehreren Seismographen können Geophysiker die ungefähre Größe und Form dieser riesigen thermischen Anomalie berechnen (Abbildung 10.8).

Eine weitere, aus der Erdölexploration abgeleitete seismische Methode, bei der man die Reflexion von Schallwellen mißt, die an der Erdoberfläche erzeugt werden, erweitert den „Röntgenblick" der Geophysiker auf Tiefen von 50 Kilometern. So gewonnene seismische Profile enthüllen den komplexen Auf-

10.6 Schematisches Profil durch die Long-Valley-Caldera in der Nähe der Mammoth Lakes in Kalifornien. Die Caldera entstand, als vor etwa 700 000 Jahren 600 Kubikkilometer pyroklastischer Ströme gefördert wurden, die heute den sogenannten Bishop Tuff bilden. Die jüngsten Eruptionen vor 500 bis 600 Jahren führten zur Ausbildung einer sich von Nord nach Süd erstreckenden Reihe rhyolithischer Dome innerhalb der Caldera und nördlich davon. Erdbebenschwärme und eine Anhebung der Caldera um 40 Zentimeter in den Jahren 1980 bis 1983 deuteten auf die mögliche Einpressung von neuem Magma unter dieser Region hin. (Nach Hill, D. P.; Bailey, R. A.; Ryall, A. S. *Journal of Geophysical Research* 90 (1985) S. 11111–11120 und Titelblatt.)

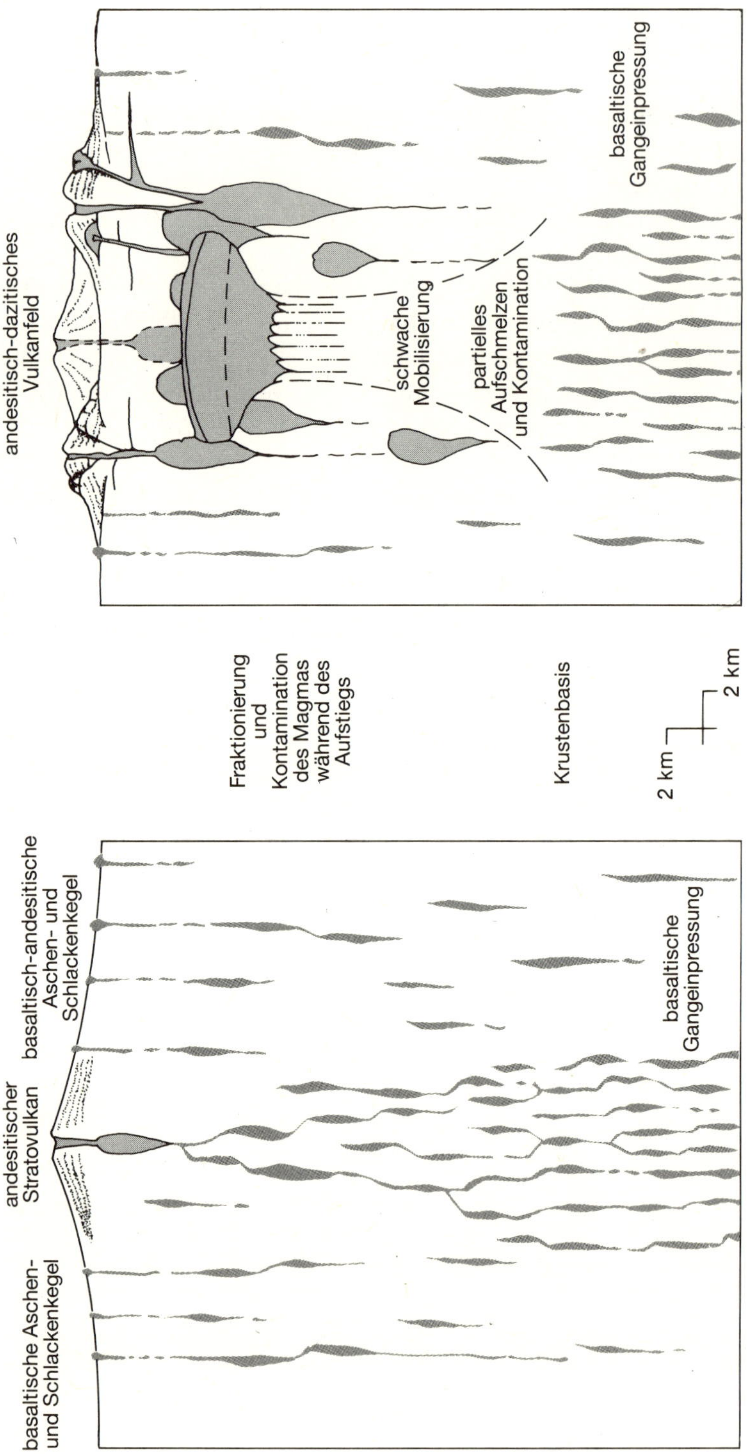
andesitisch-dazitisches Vulkanfeld
schwache Mobilisierung
partielles Aufschmelzen und Kontamination
basaltische Gangeinpressung
Fraktionierung und Kontamination des Magmas während des Aufstiegs
Krustenbasis
2 km
2 km
basaltische Aschen- und Schlackenkegel
andesitischer Stratovulkan
basaltisch-andesitische Aschen- und Schlackenkegel
basaltische Gangeinpressung

◀ **10.7** Schematisches Querprofil durch einen andesitischen Stratovulkan und einen andesitischen bis dazitischen komplexen Vulkan. Basalt ist das primäre Magma, das aus der Tiefe aufsteigt, aber durch das sogenannte Absaigern frühentstehender Kristalle (Fraktionierung) und durch Kontamination mit Krustengesteinen wird es SiO_2-reicher. Andesitische bis dazitische Magmakammern sind gestrichelt dargestellt. (Aus Hildreth, W. *Journal of Geophysical Research* 86 (1981) S. 10179.)

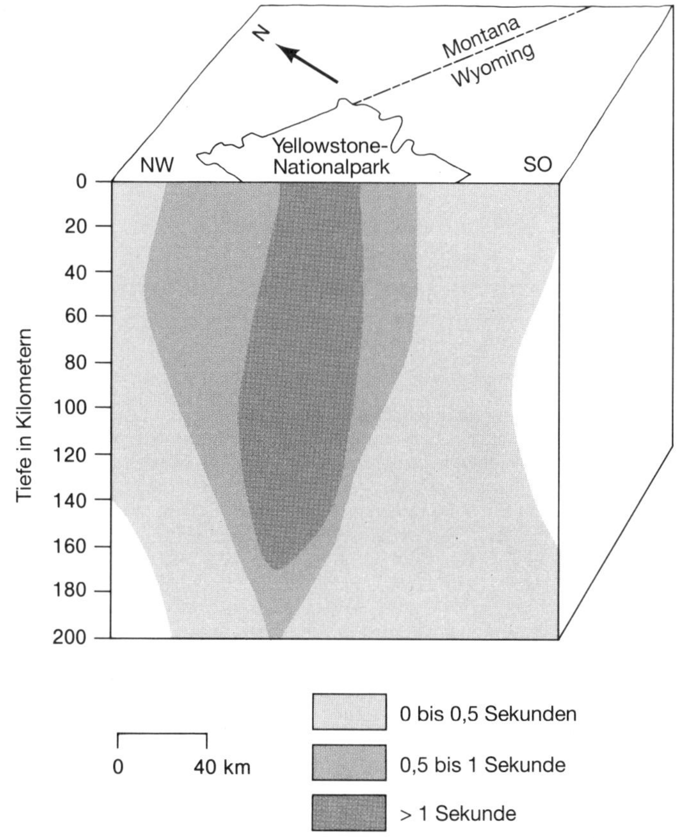

10.8 Profil durch den Untergrund des Yellowstone-Nationalparks mit der seismischen Geschwindigkeitsanomalie in der Tiefe. Durch weit entfernte Erdbeben ausgelöste Vibrationen werden bei ihrem Durchgang durch die grau gekennzeichnete Region zum Teil um mehr als eine Sekunde abgebremst. Die langgestreckte Zone enthält vermutlich ein gewaltiges Volumen an immer noch flüssigem Gestein. (Daten von H. M. Iyer, U.S. Geological Survey.)

bau der in dieser Tiefe anstehenden Gesteine. Unter dem Rio-Grande-Gebiet im US-Bundesstaat New Mexico besteht die am stärksten reflektierende Schicht in 20 Kilometer Tiefe vermutlich aus aufgeschmolzenem Gestein (Abbildung 10.9).

Geologen und Vulkanologen, die heutzutage einen ersten geophysikalischen Blick auf Magma werfen können, leben in aufregenden Zeiten.

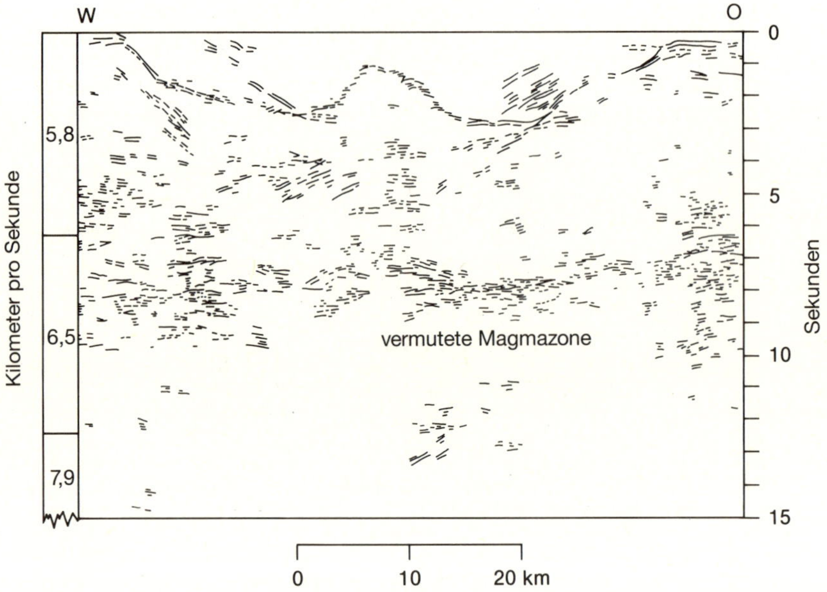

10.9 Tiefreichendes Reflexionsprofil unter dem Rio Grande Valley bei Socorro in New Mexico. Die kurzen Striche zeigen die ermittelte Entfernung bis zu Schichten an, welche die oberflächlich erzeugten Vibrationen stark reflektieren. Auf der linken Skala ist die Geschwindigkeit der seismischen Wellen in Kilometern pro Sekunde, auf der rechten Skala die Zeitverzögerung zwischen dem ausgesandten Signal und dem Echo abgetragen. Die Basis der Sedimentgesteine in diesem Becken ergibt sich deutlich aus den Reflexionslinien mit Zeitverzögerungen von ein bis drei Sekunden (Tiefen von drei bis sechs Kilometern). Die Reflexionszone mit Verzögerungszeiten von etwa sieben Sekunden (Tiefe 20 Kilometer) wird als Oberfläche einer Schicht geschmolzenen Gesteins interpretiert. (Nach Schilt, S. et al. *Reviews of Geophysics and Space Physics* 17 (1979) S. 359. © 1979 bei American Geophysical Union. Alle Rechte vorbehalten.)

11. Der Ursprung von Luft und Wasser

11.1 Meer, Wasserdampf und umherfliegende Gesteinsbrocken: Ein hawaiianischer Lavastrom ergießt sich ins Meer. (Photo: G. A. Macdonald, U.S. Geological Survey.)

> Der Geruch von Schwefel ist streng, aber für einen Sünder nicht unangenehm.
>
> Mark Twain (1866)

Der stechende Geruch von Schwefeldioxid in der Nähe tätiger Vulkane ist zwar schädlich, besonders für Menschen mit Atemproblemen, aber normalerweise nicht tödlich. Ein anderes Gas jedoch, das oft aus vulkanischen Schloten entweicht, erweist sich als weitaus tückischer. Kohlendioxid, ein farb- und geruchloses Gas, das schwerer als Luft ist, kann sich in solchen Konzentrationen anreichern, daß Menschen und Tiere ohne Vorwarnung ersticken. Ein tragischer Fall dieser Art ereignete sich am 21. August 1986 am Lake Nyos im westafrikanischen Kamerun.

Der Lake Nyos füllt den ein bis zwei Kilometer großen, 200 Meter tiefen Krater eines ruhenden Vulkans, der in historischer Zeit nicht mehr ausgebrochen ist. Ohne vorherige Anzeichen entwich aus dem See eine überwiegend aus Kohlendioxid bestehende Gaswolke und strömte in ein tiefergelegenes Tal. Ein Überlebender, der oberhalb des Sees wohnte, hörte ein Poltern und sah, wie sich vor der untergehenden Sonne die Gaswolke als rauchender Strom auf das Tal zu bewegte. Er spürte einen Windstoß vom See her und wurde von dem fürchterlichen Gestank schwindelig. Die dichte Gaswolke mit einem geschätzten Volumen von einem Kubikkilometer strömte zehn Kilometer vom Krater hinunter und tötete 1700 Menschen und 3000 Stück Vieh. Häuser und Felder blieben zwar verschont, doch überall lagen leblose Körper.

Die Wissenschaftler, die das Unglück untersuchten, geben als Ursache für die Katastrophe einhellig Kohlendioxid aus magmatischer oder vulkanischer Quelle an, doch über den Verlauf des Geschehens sind sie sich nicht einig. Die Mehrheit von ihnen vertritt die Ansicht, daß magmatische Gase seit Jahrhunderten von unten in den See eingedrungen waren und sich durch den Druck des darüberliegenden Wassers am Seeboden gelöst und akkumuliert hatten. Dieses seltene Phänomen kann nur in einem tropischen See auftreten, weil die warme und daher weniger dichte Wasserschicht an der Oberfläche ein Umwälzen des Seewassers verhindert, bei dem solche Gase dann entweichen könnten. In gemäßigten Breiten verschwindet die Dichteschichtung im Winter infolge der Abkühlung des Oberflächenwassers, und Wind sowie Strömungen bringen das Tiefenwasser nach oben, wo sich eventuell angereichertes Gas gefahrlos verflüchtigen kann.

Wenn in einem tropischen See das Tiefenwasser mit Kohlendioxid gesättigt ist, besteht die Gefahr eines plötzlichen Aufschäumens – wie bei einer zu hastig geöffneten Champagnerflasche. Obwohl die meisten Wissenschaftler in diesem Punkt einer Meinung sind, können sie sich nicht einigen, was das plötzliche Entweichen des Gases ausgelöst hat. Einige sehen die mögliche Ursache in heftigen, kalten Regenschauern über dem See oder in einer Rutschung an den steilen Ufern. Einmal begonnen, hätte das Aufschäumen des Wassers den See in Bewegung versetzt und die weitere Entgasung ermöglicht. Andere Forscher nehmen eine kleine Vulkaneruption am Grunde des Sees als Auslöser des Gasausbruchs an, und manche schließlich sind der Auffassung, daß das gesamte Kohlendioxid von einem größeren, plötzlichen vulkanischen Ereignis stammte. Zwar hat man rund um den See kein junges vulkanisches Material gefunden, doch könnten die entsprechenden Belege auf dem Boden des wieder friedlichen Lake Nyos verborgen liegen.

Global betrachtet, haben vulkanische Gase in geologischen Zeiträumen auf jeden Fall dazu beigetragen, die Erde zu einem ganz besonderen Planeten in unserem Sonnensystem zu machen, der sich durch einen Überschuß an Oberflächenwasser auszeichnet. Von den vier inneren Planeten – Merkur, Venus, Erde, Mars – besitzt nur die Erde Ozeane. Die Venus hat eine dichte Atmosphäre aus Kohlendioxid und Schwefelsäure, die deren feste Oberfläche unter einer ständigen Wolkendecke verbirgt; die Temperatur der Venusoberfläche ist jedoch mit 500 Grad Celsius für die Kondensation eines Ozeans zu hoch.

Woher stammen das Wasser und die Gase auf der Erde, und warum sind die inneren Planeten in dieser Hinsicht so verschieden voneinander? Viele Faktoren scheinen hier eine Rolle zu spielen: die Entfernung von der Sonne, die Zusammensetzung der Gas- und Staubwolke, aus der der Planet kondensierte, seine Masse, die Temperaturänderung im Planeteninneren sowie die Wasser- und Gasmengen, die in Gestein und Metall gebunden sind.

Die Entfernung von der Sonne hat erheblichen Einfluß auf die Oberflächentemperatur eines Planeten, und seine Masse bestimmt sein Schwerefeld. Leichte Gase entweichen in den Weltraum, wenn die Oberfläche warm und die Gravitation gering ist. Auf der Mondoberfläche herrscht aus diesem Grunde ein Vakuum: Der Mond besitzt nicht genügend Masse, um bei seiner Entfernung von der Sonne eine Atmosphäre zu halten.

Die Frage, wieviel von der Erdatmosphäre schon ursprünglich vorhanden war – das heißt, gleichzeitig mit dem Planeten entstanden ist –, bildet den Kern einer kontroversen und lebhaften Debatte, die auch die Rolle der Vulkane berücksichtigt. Falls die Erde ganz allmählich durch Akkretion aus einer Staubwolke entstanden sein sollte, wäre es für die Bildung einer primären Atmosphäre kalt genug geblieben. Im Gegensatz dazu wäre jede frühe Atmosphäre verkocht, wenn die Akkretion rasch und heiß verlaufen wäre oder die Oberflächentemperaturen aufgrund radioaktiver Aufheizung oder externer Prozesse wie übermäßiger Hitze der frühen Sonne gegenüber heute erhöht gewesen wären.

Das „Neon-Argument“ stützt die Vorstellung vom Verlust oder Fehlen einer primären Atmosphäre. Neon ist ein Edelgas und wird nicht in Silicatminerale oder Metalle eingebaut. Außerdem kommt es im Weltall relativ häufig vor, und seine physikalischen Eigenschaften verhindern ein Entweichen aus der jetzigen Erdatmosphäre. Jede ursprüngliche, aus kosmischem Staub entstandene Erdatmosphäre hätte einen gewissen Neonanteil aufweisen müssen. Die heutige Atmosphäre jedoch enthält nur winzige Mengen dieses Edelgases, weitaus weniger, als man in einer Uratmosphäre hätte erwarten dürfen. Daraus schließt man, daß Neon zusammen mit anderen Gasen und dem Wasser von der heißen Oberfläche einer primitiven Erde verschwand. Eine spätere Atmosphäre und Ozeane, die sich aus vulkanischen Gasen entwickelt hätten, sollten kein Neon enthalten, denn lediglich Gase wie Wasser, Kohlendioxid und andere, die sich chemisch in Feststoffen binden können, würden durch Schmelz- und Eruptionsprozesse an der Erdoberfläche freigesetzt.

Aus diesen Gründen sind viele Geologen der Meinung, daß ein Teil der Meere und der Atmosphäre aus dem Erdinneren stammen und hauptsächlich zu einer Zeit entstanden sind, als durch die Bildung des dichten Erdkerns gravitative Energie freigesetzt wurde und Schmelzprozesse in Gang kamen. Gleichwohl könnten Zusammenstöße mit den im frühen Sonnensystem zahlreichen Kometen der Erde viel Wasser und Kohlendioxid zugeführt haben.

Bevor sich die Theorie der Plattentektonik durchsetzte, war man davon ausgegangen, daß vulkanische Gase die Hauptquelle für die Ozeane und die Atmosphäre der Erde darstellten und daß es sich hier um einen langen Entwicklungsprozeß handelte. Diese Vorstellung hat sich mittlerweile gewandelt, und Vulkanen wird nun eher die Rolle zugeschrieben, die Meere und die Atmosphäre wiederaufzubereiten, statt sie entstehen zu lassen. Die Grundargumentation sieht wie folgt aus: An Subduktionszonen werden Wasser, Kohlendioxid (in Carbonatsedimenten) und andere flüchtige Komponenten mit der ozeanischen Kruste in den Mantel hinuntergezogen. Bei Ausbrüchen von Vulkanen an solchen Zonen treten sie nach einigen Millionen Jahren, bei Ausbrüchen von Riftvulkanen nach mehreren hundert Millionen Jahren wieder zutage. Vielleicht wälzen auch Hot-Spot-Vulkane einen Teil der flüchtigen Komponenten um, die an den Subduktionszonen in die Zone geringer Wellengeschwindigkeit gelangen, doch weist das Verhältnis von Heliumisotopen in ihren vulkanischen Gasen eher auf eine tiefergelegene, primitivere Quelle hin.

Mit diesem Modell im Hinterkopf kann man nun die vorhandenen Daten über Gase, die an aktiven Vulkanen entweichen, betrachten. Flüssiger Basalt, der an die Erdoberfläche dringt, enthält etwa 0,5 Gewichtsprozent gelöste Gase. Sie sind in ähnlicher Weise gelöst wie Kohlensäure im Bier. Wenn das Magma die Oberfläche erreicht, bilden sich Gasblasen und Schaum, genau wie bei Bier, wenn es eingeschenkt wird. Es ist nicht leicht, die Zusammensetzung vulkanischer Gase zu bestimmen, da diese beim Ausbruch entweichen. Zwar sind an explosiven Eruptionen riesige Gasmengen beteiligt, doch es ist eigentlich unmöglich, nahe genug an sie heranzukommen, um Proben zu nehmen, bevor sie sich mit einer unbestimmbaren Menge Luft vermischen und reagieren (Abbildung 11.2). Indirekte Beprobungsmethoden haben sich als erfolgreicher erwiesen. Gase aus Tiefseeausbrüchen sind in der glasigen Rinde der Pillow-Lava gleichsam eingefroren. Solche Gase hat man mehrfachen Analysen unterzogen, die nun die Basis für die derzeit besten Abschätzungen der Zusammensetzung vulkanischer Gase bilden.

11.2 Aus diesem Riß in einem Aschen- und Schlackenkegel, der während eines Ausbruchs des Kilauea auf Hawaii entstanden ist, entweichen vulkanische Gase und führen zu einer mineralischen Verkrustung des umgebenden Gesteins. Wayne Ault vom Hawaiian Volcano Observatory mißt die Temperatur in der Spalte und nimmt eine Gasprobe für chemische Analysen. (Photo: U.S. Geological Survey.)

Manchmal enthalten die Kristalle, die sich in einer erkaltenden Magmakammer abscheiden, winzige Schmelztröpfchen. Werden diese Kristalle hinausgeschleudert, erstarrt das Tröpfchen zu einem glasigen Einschluß, in dem die vulkanischen Gase gefangen sind. Untersuchungen an solchen Einschlüssen, die Fred Anderson von der University of Chicago durchgeführt hat, ergaben, daß Vulkane an Subduktionszonen einen wesentlich höheren Gasgehalt aufweisen als submarine Riftvulkane.

Richard Stoiber vom Dartmouth College hat noch andere Methoden zur Analyse vulkanischer Gase entwickelt. Mit sogenannten Absorptionsspektrometern mißt er den Schwefeldioxidgehalt in vulkanischen Rauchwolken gegen das Tageslicht; außerdem nimmt er Proben von herabregnenden vulkanischen Aschenpartikeln und untersucht die daran adsorbierten Gase. Wie seine Studien zeigen, erzeugt jeder tätige Vulkan soviel Schwefelgasluftverschmutzung wie ein größeres Kohlekraftwerk.

Unlängst durchgeführte Untersuchungen an submarinen heißen Quellen längs der mittelozeanischen Rücken haben ergeben, daß auch sie als wichtige Quellen für vulkanische Gase, im wesentlichen Kohlendioxid, in Frage kommen.

Die Summe all dieser Analysen erlaubt eine hinreichend genaue Schätzung von Menge und Zusammensetzung vulkanischer Gase, die gegenwärtig dem Wasser- und Lufthaushalt der Erde hinzugefügt werden. Gemessen an der Anzahl der Atome ist Wasserstoff der wichtigste Bestandteil, gefolgt von Sauerstoff, Kohlenstoff, Schwefel, Chlor und Stickstoff. Wenn diese Elemente unter Oberflächenbedingungen reagieren, bilden sich Wasser, Kohlen- und Schwefeldioxid, Salzsäure und Stickstoff. Deren Anteile in vulkanischen Gasen stimmen mit den Mengenverhältnissen von Wasser, Kohlenstoff, Chlor und Stickstoff in der Luft, im Wasser und in den Oberflächengesteinen der Erde gut überein. Nur die Schwefelwerte fallen deutlich heraus.

Die Zusammensetzung der Gase steht also in Einklang mit einer vulkanischen Wiederaufbereitung – einem Recycling – von Luft und Wasser; wie aber verhält es sich mit der Gesamtmenge der einzelnen Gase?

In Abbildung 11.3 sind die Mengen an Gasen und Elementen in Ozeanen, Sedimenten und Atmosphäre der vulkanischen Produktion gegenübergestellt. Was das Recycling betrifft, läßt dieser Vergleich den Schluß zu, daß etwa 25 Prozent des Wassers, des Chlors und des Stickstoffs der Erdatmosphäre sowie 75 Prozent des Kohlenstoffs durch Subduktion und Vulkanausbrüche aufgearbeitet worden sind.

Die in Abbildung 11.3 eingegangenen Daten werden ständig verfeinert. Die Gesamtmengen von Wasser, Chlor, Kohlenstoff und Stickstoff sind inzwischen ausreichend genau bestimmt worden; allerdings ist der Schwefel in den oberen Lagen der Ozeankruste noch nicht berücksichtigt. Die Werte für den Austritt vulkanischer Gase stellen erste Näherungen dar, und man weiß nicht,

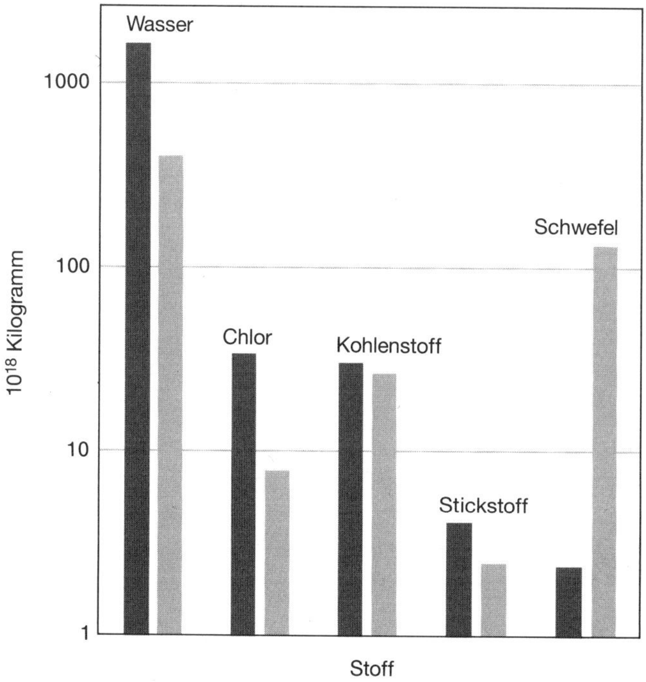

11.3 Die Menge an flüchtigen Molekülen und Elementen in den Meeren und der Atmosphäre ist hier der vulkanischen Produktion gegenübergestellt (logarithmischer Maßstab). Für jede Substanz repräsentiert der linke, dunkle Balken das Gesamtgewicht in Luft, Wasser und Sedimentgesteinen, der rechte, helle Balken die derzeit von Vulkanen abgegebene Menge, multipliziert mit dem Alter der Erde. Offensichtlich entfernt irgendein Prozeß wie zum Beispiel die Subduktion Schwefel von der Erdoberfläche.

ob die heutige Rate der vulkanischen Aktivität für alle geologischen Zeiten repräsentativ ist. Dennoch kann ein Vergleich auf der Basis geschätzter Werte für qualitative Überlegungen wertvoll sein, selbst wenn spätere Daten die quantitativen Schlußfolgerungen unter Umständen widerlegen. Mit anderen Worten: Die vorhandenen Werte bestätigen das Modell einer Aufbereitung, obwohl die Gesamtmenge der umgewälzten Gase noch mit einem Fragezeichen versehen werden muß.

Schwefel scheint ein spezielles Problem zu sein. Bei der gegenwärtigen vulkanischen Förderrate sollte es auf der Erdoberfläche 50mal mehr Schwefel geben als tatsächlich vorhanden. Was hat uns vor einer Schwefelsäurehülle bewahrt, wie sie die Venus prägt? Die Antwort heißt möglicherweise Eisensulfid – das gewöhnliche Mineral Pyrit oder Schwefelkies – und dazu der Prozeß der Plattentektonik. Statt an das Meer oder die Atmosphäre abgegeben zu werden, reagiert Schwefel mit Eisen und bildet unlösliches Eisensulfid, das in der ozeanischen Kruste verbleibt und via Subduktion in das Innere der Erde zurückgeführt wird.

Die These, daß die Erdoberfläche durch Neubildung und Subduktion von Meeresboden von Schwefel befreit wird, hat eine neue Lehrmeinung ins Leben gerufen, die vor allem von William Fyfe von der University of Western Ontario in Kanada vertreten wird. Nach Fyfes Hypothese wird mit den wasserreichen Gesteinen, die an den Subduktionszonen abtauchen, vielleicht mehr Wasser verschluckt, als in vulkanischen Gasen wieder an die Oberfläche gelangt. Diese Idee stellt die alte Vorstellung auf den Kopf, wonach die Erde während aller geologischen Zeiträume Gase an die Oberfläche abgegeben hat. Der neuen Hypothese zufolge besaß die schon primitive Erde eine dichte Atmosphäre und ein Urmeer, das die festen, wasser- und gasarmen Gesteine völlig bedeckte. Bewegungen im Erdinneren – ausgelöst durch die Plattentektonik – verursachten eine Vermischung von Oberflächenwasser und Gasen mit Mantelgestein, wobei möglicherweise der überschüssige Schwefel entfernt wurde.

Sollte das Wasser, das immer noch den größten Teil der Erdoberfläche bedeckt, nicht ursprünglich Bestandteil der Erde gewesen sein, muß es in einem frühen Stadium von außen hinzugekommen sein. Kometen, die zumeist aus Eis bestehen, sind mögliche Kandidaten für diese extraterrestrische Quelle. Schließlich kollidieren solche Himmelskörper immer noch gelegentlich mit der Erde, und während der Frühzeit unseres Sonnensystems lagen ihre Anzahl und damit auch die Anzahl der Einschläge sicherlich viel höher.

Sollten tatsächlich Kometen und nicht Vulkane die Hauptlieferanten für die frühe Erdatmosphäre gewesen sein, können Vulkanologen nicht länger darauf bestehen, daß die Grundlagen des Lebens aus dem Feuer geboren sind. Dennoch spielt auch die Aufbereitung eine wichtige Rolle –, besonders, wenn dieser allumfassende Prozeß die Luft von Schwefelsäure zu reinigen vermag. Stetiger Vulkanismus und plattentektonische Prozesse haben dazu beigetragen, das Langzeitgleichgewicht zwischen Land, Meer, Luft und Klima aufrechtzuerhalten, das für die Entwicklung des Lebens auf der Erde so wesentlich war.

12. Energiegewinnung aus vulkanischen Quellen

12.1 Das geothermische Feld von Wairakei liefert elektrische Energie für Neuseeland.

Glut, die mich einst erbeben ließ,
ist still in Asche nun zerfallen –
kalt liegt des Tages letzter Schimmer
auf dem erloschenen Vulkan.

Alfred Lord Tennyson (1809–1892)

Geothermische Energie war vor der Energiekrise von 1974 nur wenigen Experten ein Begriff. Mittlerweile gehört sie zu den bekannteren alternativen Energiequellen. Erdwärme ist eine Form von Energie, die es unter der Oberfläche unseres Planeten im Überfluß gibt, da die Temperatur mit jedem Kilometer Tiefe je nach Region um 20 bis 60 Grad Celsius steigt (Abbildung 12.2). Die Wärmemenge, die unter dem Staatsgebiet der USA in den obersten zehn Kilometern der Erdkruste enthalten ist, beträgt etwa $3{,}3 \times 10^{25}$ Joule. Wäre sie uns zugänglich, könnte sie allein unseren Energiebedarf für die nächsten 100 000 Jahre decken.

Doch potentielle Energien werden erst dann interessant, wenn man sie in sinnvollem Umfang nutzen kann. Ein Maß für die Energiemenge, die in einem bestimmten Zeitraum zur Verfügung gestellt oder verbraucht wird, ist die Leistung. Energie wird in Joule gemessen, Leistung in Joule pro Sekunde oder Watt. Die Erde enthält sehr viel latent vorhandene Energie; das Problem besteht in erster Linie darin, sie in nutzbare Energie umzuwandeln.

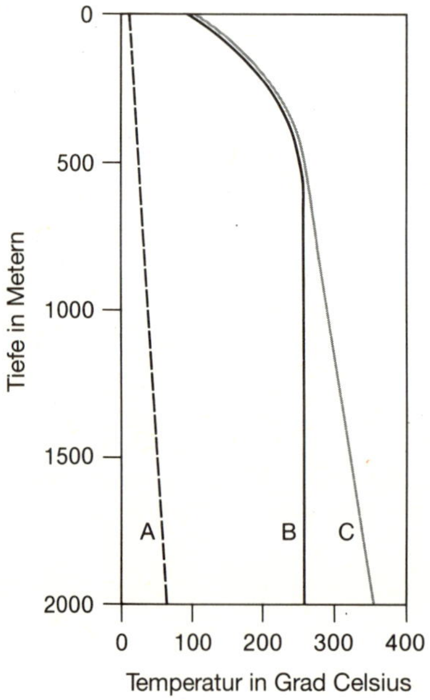

12.2 Die Temperaturen unter der Erdoberfläche in Gebieten mit heißen Quellen und Geysiren unterscheiden sich deutlich von denen in durchschnittlichen Regionen (Kurve A). Kurve B repräsentiert den Temperaturverlauf in Geysir- und Heißdampffeldern, Kurve C die von kochendem Wasser unter hydrostatischen Drucken in verschiedenen Tiefen. (Nach D. E. White, U.S. Geological Survey.)

Der Unterschied zwischen vorhandener potentieller Energie und letztlich nutzbarem Leistungspotential läßt sich an zwei Beispielen verdeutlichen: Die Sonne produziert unvorstellbare Mengen an Energie, doch der Anteil, der davon die Erde erreicht, ist mit etwa 40 Watt pro Quadratmeter Erdoberfläche vergleichsweise gering. Blitze dagegen enthalten eine relativ geringe Energiemenge, etwa das Äquivalent von zwei Fässern Rohöl. Doch da ein Blitz diese Energie in Bruchteilen einer Sekunde freisetzt, erzeugt er kurzzeitig eine enorme elektrische Leistung.

Vulkaneruptionen werden oft mit Atombombenexplosionen verglichen, aber dieser Vergleich ist irreführend. Die beim Krakatau-Ausbruch von 1883 freigesetzte Wärme und mechanische Energie entsprachen zwar näherungsweise 5000 Megatonnen TNT, doch zogen sich die Explosionen über einen ganzen Tag hin. Eine Atombombe indessen setzt ihre gesamte Energie im Bruchteil einer Sekunde frei; solche Prozesse treten unter natürlichen Bedingungen nicht auf.

Die Gesamtmenge an geothermischer Energie ist – ähnlich wie die der Sonnenenergie – gewaltig, doch wird sie nur in geringen Beträgen abgegeben – etwa 1/16 Watt pro Quadratmeter Oberfläche. Selbst wenn man sie mit einem Wirkungsgrad von 20 Prozent in Elektrizität umwandeln könnte, bedürfte es des gesamten Wärmeflusses eines fußballfeldgroßen Areals, um eine 60-Watt-Birne zum Leuchten zu bringen. Nur in vulkanischen Regionen mit ihren vielen heißen Quellen und Geysiren wie Yellowstone, Neuseeland und Island setzt die Natur geothermische Energie in größeren Mengen frei (Abbildung 12.1 sowie Farbtafeln 14 und 25).

Um Erdwärme nutzbar machen zu können, muß sie kleinräumig konzentriert sein. Geeignet sind zum Beispiel natürliche oder auch künstlich angelegte unterirdische Heißdampf- beziehungsweise Heißwasserreservoire, die durch Bohrungen erschlossen werden (Abbildung 12.3).

In nichtvulkanischen Regionen stoßen vier bis fünf Kilometer tiefe Bohrungen auf Temperaturen von etwa 100 Grad Celsius. In jungen Vulkangebieten dagegen, wo das aufsteigende Magma Wärme mit sich führt, trifft man schon in ein bis drei Kilometer Tiefe Gestein und Wasserdampf an, die 100 bis 350 Grad Celsius heiß sind. Um das volle geothermische Potential solcher Reservoire auszuschöpfen, müssen diese Bereiche aus Gestein und heißen Wässern erst einmal lokalisiert und die darin enthaltene Energie dann in einem Netz von Bohrungen gefördert werden.

Die Suche nach geothermischen Lagerstätten gleicht der Erdölexploration; allerdings sind erstere weniger an Sedimentfallen als an vulkanische Prozesse gebunden. Die meisten der derzeit existierenden geothermischen Energieanlagen stehen in aktiven oder jungen Vulkangebieten.

Von entscheidender Bedeutung ist die Art des Wärmetransports in einer solchen Region. Energie kann durch Strahlung, Wärmeleitung (Konduktion)

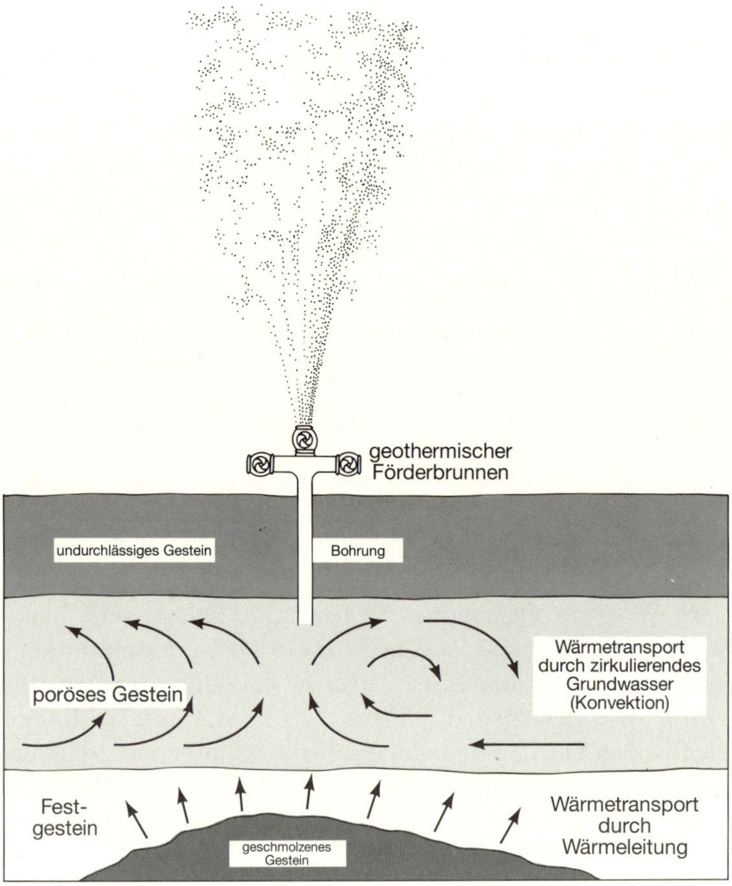

12.3 Schemazeichnung eines geothermischen Energiereservoirs.

und Konvektion übertragen werden. In transparenten Medien wie Luft oder im Weltraum übernimmt die Strahlung einen großen Teil des Wärmetransports, in Feststoffen ist sie jedoch wenig effektiv. Die Wärmeleitung geht in guten Isolatoren wie Gestein sehr langsam vor sich und spielt daher im Erdinneren nur eine untergeordnete Rolle. Auf diesem Wege erreicht lediglich eine relativ geringe Wärmemenge die Erdoberfläche (etwa 0,06 Watt pro Quadratmeter).

Einzig durch Konvektion gelangen genügend große Energiemengen in oberflächennahe Bereiche, um eine kommerzielle Ausbeutung zu ermöglichen. Als Konvektion bezeichnet man die Aufstiegsbewegung von Gesteinsschmelze oder heißen Flüssigkeiten, die eine geringere Dichte als das sie umgebende kühlere Gestein aufweisen (Abbildung 12.4).

Geothermische Felder finden sich dort, wo Magma aus 50 bis 100 Kilometer Tiefe bis nahe unter die Erdoberfläche emporgedrungen ist und dabei seine

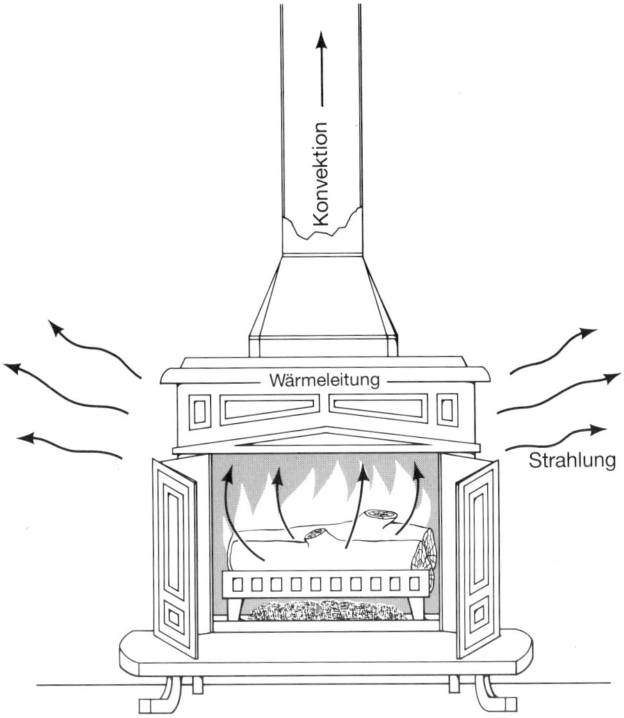

12.4 Diese Zeichnung eines Holzofens soll die drei Formen des Wärmetransports verdeutlichen: die Konvektion von erhitzter Luft und Rauch im Kamin, die Konduktion oder Wärmeleitung über die Ziegel- oder Eisenwände und die Strahlung von der Außenfläche des Ofens in den offenen Raum.

hohe Temperatur (900 bis 1200 Grad Celsius) beibehalten hat. Durch solche Magmaintrusionen kann sich das Porenwasser in den umgebenden Gesteinen erhitzen und somit einen zweiten Konvektionskreislauf in Gang setzen; dies wiederum hat zur Folge, daß aufgeheiztes Wasser in Form von heißen Quellen oder Geysiren an der Oberfläche austritt oder in geringer Tiefe seiner Erbohrung harrt.

Geothermische Lagerstätten, die an Vulkanismus gebunden sind, lassen sich in drei Kategorien einteilen: hydrothermale Reservoire, trockenes heißes Gestein und heiße Lavavorkommen. Am einfachsten zu nutzen sind die hydrothermalen Reservoire, da man das darin enthaltene erhitzte Wasser beziehungsweise den Dampf lediglich anzapfen muß (Abbildung 12.5).

Im italienischen Larderello treten natürliche heiße Quellen aus. Seit mehr als 200 Jahren gewinnt man hier Borsäure, die sich in den Thermalwässern anreichert. Bohrungen, die zur Produktionssteigerung niedergebracht wurden, trafen auf Wasserdampf, den man 1904 erstmals zur Erzeugung von elektrischem Strom nutzte. Inzwischen hat man mit etwa 300 Bohrungen von 300 bis 700

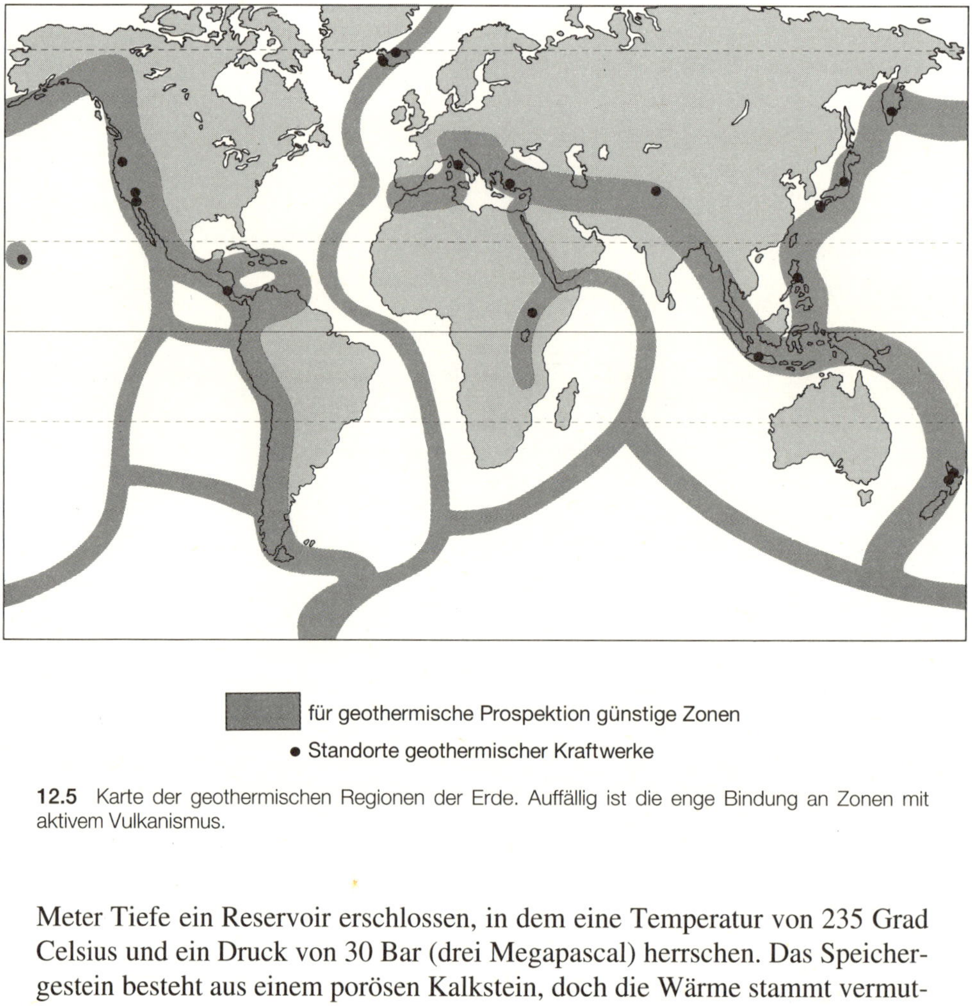

12.5 Karte der geothermischen Regionen der Erde. Auffällig ist die enge Bindung an Zonen mit aktivem Vulkanismus.

Meter Tiefe ein Reservoir erschlossen, in dem eine Temperatur von 235 Grad Celsius und ein Druck von 30 Bar (drei Megapascal) herrschen. Das Speichergestein besteht aus einem porösen Kalkstein, doch die Wärme stammt vermutlich von jungen Vulkaniten in der Gegend. In den vergangenen 40 Jahren hat das Feld etwa 400 Megawatt Strom pro Jahr erzeugt, und es läßt in seiner Leistung noch nicht nach (Abbildung 12.6).

Auf Island begann man im Jahre 1925, Heißwasser beziehungsweise Wasserdampf zu erbohren. Bis heute hat man mehr als 250 Felder in Betrieb genommen, deren Wärme im wesentlichen für Heizzwecke verwendet wird. 110 Brunnen von 300 bis 2200 Meter Tiefe fördern 100 Grad heißes Wasser aus porösem Basalt, das 70 Prozent des Heizungs- und Warmwasserbedarfs der Hauptstadt Reykjavik mit ihren fast 100 000 Einwohnern deckt. Zwar müssen vormals artesische Brunnen heute abgepumpt werden, doch die Temperaturen des Wassers sind bislang kaum gesunken. Für die Menschen im arktischen Island – das keine Erdölvorkommen besitzt – stellt die geothermische Energie die Lebensader für ihren Wohlstand dar (Abbildung 12.7).

12.6 Larderello in Italien ist der Standort des ersten in großem Maßstab genutzten geothermischen Dampffeldes der Erde. 1904 in Betrieb genommen, produziert es heute 300 bis 400 Megawatt Strom. Die riesigen Schornsteine sind Kühltürme – ähnlich denen, die in Kernkraftwerken zum Recycling des Kühlwassers dienen. (Photo: Patrick Muffler, U.S. Geological Survey.)

12.7 Geysir ist ein isländisches Wort und bedeutet „wildes Strömen". Der ursprünglich namengebende Große Geysir von Haukadalur ist allerdings nur selten zu beobachten. Diese Aufnahme zeigt seinen kleinen Nachbarn, den Strokkur-Geysir, der alle paar Minuten ausbricht.

Im Küstengebirge von Kalifornien nördlich von San Francisco liegt ein Gebiet mit jungem Vulkanismus, The Geysers, in dem man 1921 Bohrungen mit dem Ziel niederbrachte, Wasserdampf zu fördern. Seit 1959 erzeugt das dortige geothermische Feld elektrische Energie und wird ständig erweitert. Mehr als 300 Brunnen von jeweils 500 bis 600 Meter Tiefe liefern Wasserdampf mit etwa 240 Grad Celsius und 30 Bar aus einer Lagerstätte in engständig geklüftetem Sandstein. Die Produktion wurde mittlerweile auf fast 2000 Megawatt gesteigert – genug, um eine Stadt mit zwei Millionen Einwohnern mit Strom zu versorgen. The Geysers ist das größte geothermische Kraftwerk der Erde (Abbildung 12.8) und außergewöhnlich ergiebig: Die Energie läßt sich hier preiswert und vergleichsweise problemlos gewinnen. Daher gilt The Geysers den Geothermikprospektoren als leuchtendes Beispiel.

Erst vor wenigen Jahren wurde auf Hawaii eine geothermische Explorationsbohrung in die heißesten je erbohrten Grundwässer niedergebracht. Sie reicht in den Lavaströmen an der East Rift Zone des Kilauea bis in 1969 Meter Tiefe, wo Temperaturen von 350 Grad Celsius herrschen. Diese Bohrung hat von 1982 an etwa zwei bis drei Megawatt Strom geliefert (Abbildung 12.9). In

12.8 The Geysers in Kalifornien war einst ein Thermalbad und ist heute das größte geothermische Kraftwerk der Erde. Bei einer Leistung von fast 2000 Megawatt produziert es genug Elektrizität für zwei Millionen Menschen. (Photo: Pacific Gas and Electric Company.)

der Umgebung sind weitere Bohrungen abgeteuft worden, und ein 25-Megawatt-Kraftwerk befindet sich bereits in Planung.

Die Nutzung geothermischer Reservoire in trockenem heißen Gestein steckt dagegen noch in den Kinderschuhen. Die hierfür potentiell geeigneten Felder befinden sich in Regionen, wo der geothermische Gradient in undurchlässigen Gesteinen etwa 60 Grad Celsius pro Kilometer beträgt. Mit drei bis vier Kilometer tiefen Bohrungen lassen sich solche heißen trockenen Gesteine erschließen. Dabei werden zwischen benachbarten Bohrlöchern künstliche Risse erzeugt und in einer Injektionsbohrung kaltes Oberflächenwasser niedergebracht. Dieses erwärmt sich an dem heißen Gestein entlang der Risse und steigt als heißes Wasser oder Dampf in der Förderbohrung wieder auf (Abbildung 12.10).

Das Los Alamos Scientific Laboratory in New Mexico führt solch ein Experiment gegenwärtig an den Hängen der Valles-Caldera durch: Dabei wird kaltes Wasser in eine drei Kilometer tiefe Bohrung gepreßt, erhitzt sich dort auf 135 Grad und gelangt in einem zweiten Bohrloch zurück an die Oberfläche. Die sehr wichtige Frage nach der Beschaffenheit des geklüfteten Gesteins

12.9 Die erste Förderbohrung für Heißdampf auf Hawaii liegt an der östlichen Spaltenzone des Kilauea. Der Dampf treibt eine Drei-Megawatt-Turbine an. (Photo: Larry Kadooka, *Hawaii Tribune Herald*.)

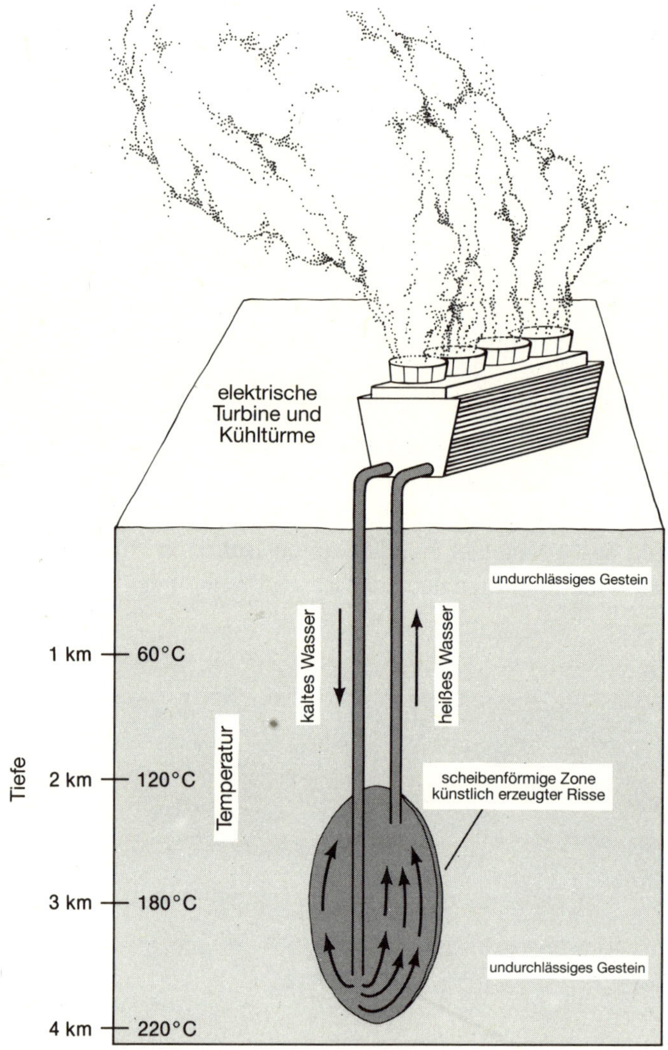

12.10 Konzept der Energiegewinnung aus trockenem heißen Gestein. In einem Gebiet, wo der geothermische Gradient in undurchlässigen Gesteinen hoch ist, werden zwei Bohrungen niedergebracht. Mittels künstlich erzeugter Klüfte schafft man eine Verbindung zwischen den beiden Bohrlöchern; die Risse entstehen, indem Flüssigkeit unter hohem Druck in die Tiefe gepreßt wird und das Gestein aufbricht. In das erste Bohrloch pumpt man kaltes Oberflächenwasser, das sich im Kontakt mit dem heißen Gestein in der Tiefe erhitzt und als Heißwasser oder Dampf wieder aufsteigt. Die Abkühlung der Gesteine in der Tiefe verursacht die Bildung weiterer Risse und ermöglicht so den zirkulierenden Wässern, abermals an neuen, heißen Gesteinsoberflächen entlangzufließen. Erste Tests in der Nähe von Los Alamos im US-Bundesstaat New Mexico mit drei Kilometer tiefen Bohrungen in 200 Grad heißem Granit sind ermutigend.

in der Tiefe ist bislang allerdings nicht beantwortet. Sollte die Abkühlung des Gesteins zu einer Volumenreduzierung und einer vermehrten Kluftbildung im noch heißen Gestein führen, wie es die Wissenschaftler erhoffen, könnten die Bohrungen eine ausreichende Energiemenge liefern, um sie auch kommerziell zu nutzen. Falls sich allerdings keine neuen Risse bilden, werden sich die ursprünglich vorhandenen rasch abkühlen, und die erzeugte Leistung wird so schnell nachlassen, daß nicht einmal die Explorationskosten gedeckt sind.

Sollte das schwierige und kostspielige Experiment, in diesen heißen Gesteinen ein künstliches geothermisches Reservoir anzulegen, glücken, erschließt sich ein gewaltiges Energiepotential. Ein Großteil der jungen Bergregionen in den westlichen Vereinigten Staaten, auf Hawaii und in Alaska sind vulkanischen Ursprungs und bergen einen verlockenden, wenn auch schwer zu hebenden Schatz an geothermischer Energie.

Sogar geschmolzenes Gestein ließe sich zur Energiegewinnung heranziehen. Magma enthält etwa 1000 Joule an Wärme pro Gramm. Die in einem Kubikkilometer gespeicherte Energie würde ausreichen, um San Francisco 200 Jahre lang mit Licht zu versorgen. Sie zu nutzen, erfordert aber neuartige Technologien; obwohl es theoretisch möglich ist, Energie direkt aus oberflächennahen Magmakammern unterhalb von Vulkanen zu beziehen, wird die Realisierung noch über Jahre auf technische Schwierigkeiten stoßen.

Erste Versuche in dieser Richtung wurden im Kilauea-Iki-Lavasee durchgeführt. Dieser große, etwa 100 Meter tiefe See entstand während eines Kilauea-Ausbruchs im Jahre 1959, als sich Lava in einen älteren Einsturzkrater ergoß. Da Lava ein schlechter Wärmeleiter ist, trafen im Jahre 1979 auf 50 Meter abgeteufte Bohrungen noch auf teilweise geschmolzenes Gestein in dem See. Konventionelle Bohrmethoden, bei denen die Bohrkrone mit reichlich Wasser gekühlt wird, haben sich dabei als erfolgreich erwiesen. Dagegen schlugen Versuche fehl, Instrumente in das geschmolzene Gestein hinunterzulassen, um die Durchführbarkeit der Energiegewinnung zu erkunden.

Die industrielle Nutzung geothermischer Energie mag zwar noch weitgehend im Versuchsstadium stecken; trotzdem sind die darin liegenden Möglichkeiten schon jetzt die Anstrengungen und Investitionen wert. Der U.S. Geological Survey hat kürzlich die potentiellen geothermischen Energieressourcen aller 50 Bundesstaaten der USA bis zu einer Tiefe von zehn Kilometern berechnet: Danach enthalten hydrothermale Lagerstätten 12×10^{21} Joule und damit etwa doppelt soviel Energie wie die Ölreserven der Erde; in heißen trockenen Gesteinen sind 32×10^{24} Joule, das heißt das 6000fache der Weltölreserven gebunden; Magmavorkommen enthalten 4×10^{23} Joule oder ungefähr das 80fache der Weltölreserven.

Vulkane sind – direkt oder indirekt – Kraftwerke mit einem enormen Potential. Die malerischsten dieser Kraftwerke wie Yellowstone, Kilauea und weitere in Nationalparks gelegene Vulkane sollten wir allerdings unangetastet las-

12.11 Der Geysir Old Faithful im Yellowstone-Nationalpark ist in den letzten 100 Jahren kontinuierlich alle 40 bis 80 Minuten ausgebrochen. Jedesmal werden innerhalb weniger Minuten 50 000 Liter kochenden Wassers 35 bis 50 Meter hoch versprüht und dabei $1{,}9 \times 10^8$ Joule freigesetzt. Das entspricht einer Leistung von etwa einem Megawatt. Dicke Lagen aus Kieselsinter, die sich aus dem abgekühlten Wasser ausgeschieden haben, sind Hinweise darauf, daß die Yellowstone-Geysire seit Jahrhunderten aktiv sind.

sen (Abbildung 12.11). Andere hingegen könnten dazu herangezogen werden, in den nächsten Jahrhunderten Licht und Wärme bereitzustellen. Ihre Nutzung wird intensiver Forschung und technischer Anstrengungen bedürfen, die mit großem zeitlichen und finanziellen Aufwand verbunden sind. Doch wie bei allen Abenteuern der Menschheit setzt ein hoher Gewinn ein hohes Risiko voraus.

14 Ausbruch eines Geysirs in Zentralisland. Das isländische Wort Geysir, das für alle fontänenartigen Heißwasserquellen namengebend wurde, bedeutet „wildes Strömen". Weitere bemerkenswerte Exemplare sind im Yellowstone-Nationalpark in den USA und bei Rotorua in Neuseeland zu bewundern.

15 Blick vom Spirit Lake auf den Mount St. Helens, aufgenommen 1969. Vor dem folgenschweren Ausbruch im Mai 1980 erhob sich der Gipfel dieses majestätischen Stratovulkans 2950 Meter hoch über den Meeresspiegel.

16 Der Mount St. Helens und der Spirit Lake im Jahre 1982. Der Rand des zwei Kilometer weiten, hufeisenförmigen Kraters liegt noch 2549 Meter hoch, der Kraterboden nun 1000 Meter unter der früheren Gipfelhöhe. Im Inneren des Kraters ist der junge Lavadom zu erkennen. (Photo: Lyn Topinka, U.S. Geological Survey.)

17 Am 22. Juli 1980 kommt es am Mount St. Helens zu einer weiteren explosiven Eruption. Obwohl sie in einer 18 Kilometer hohen Aschenwolke mündete, setzte sie nur ein Hundertstel der Energie des Ausbruchs vom 18. Mai 1980 frei. (Photo: Katia Krafft.)

18 Im Jahre 1984 wird ein Lavastrom aus einem Schlot an der nordöstlichen Spaltenzone des Mauna Loa zu einem 20 Meter breiten Feuerfluß. (Photo: Katia Krafft.)

19 Der Hauptlavastrom des Mauna-Loa-Ausbruchs von 1984 ergoß sich aus einem 2900 Meter hoch gelegenen Schlot, legte in fünf Tagen eine Strecke von 25 Kilometern und 2000 Höhenmetern zurück und kam schließlich nur neun Kilometer vor der Stadt Hilo zum Stillstand. (Photo: David Little.)

20 Diese kuppelförmige, 20 Meter hohe Lavafontäne hielt sich stundenlang über einem Schlot an der East Rift Zone (der östlichen Spaltenzone) des Kilauea. (Photo: J. B. Judd, U.S. Geological Survey.)

21 An einer Fumarole (einem vulkanischen Gasaustritt) in der Caldera des Kilauea wird Schwefel abgeschieden, wenn sich die Gase abkühlen und mit der Umgebungsluft vermischen. (Photo: R. L. Christiansen, U.S. Geological Survey.)

22 Während eines Ausbruchs im Jahre 1961 füllt ein Lavasee den Halemaumau-Krater in der Kilauea-Caldera. (Photo: L. R. McBride, U.S. National Park Service.)

23 Crater Lake National Park im US-Bundesstaat Oregon. Der Crater Lake, der tiefste See der USA, liegt in einer Caldera von zehn Kilometer Durchmesser, die sich vor 6900 Jahren nach einem gewaltigen Ausbruch und dem anschließenden Kollaps des Mount Mazama gebildet hat.

24 Im Jahre 1977 floß nach einem Ausbruch des Nyiragongo in Zaire ein Lavastrom mit hoher Geschwindigkeit die Vulkanhänge hinunter. Eine kleine Elefantenherde wurde von der Schmelze eingeschlossen und kam darin um. Die Umrisse dieses toten Elefanten (der Abdruck seines Rüssels ist oben links zu erkennen) blieben in der erstarrten Lava erhalten, und die Hohlform bildet quasi einen Sarg für seine Knochen. (Photo: Katia Krafft.)

25 An den heißen Quellen von Waimangu bei Rotorua in Neuseeland entstehen Quarzterrassen, da das Wasser an der Luft abkühlt und sich die gelösten Bestandteile abscheiden. Die Farbenvielfalt ist größtenteils den Algen zu verdanken, die in dem warmen, nährstoffreichen Wasser ausgezeichnete Lebensbedingungen vorfinden.

26 Seit einigen Jahren entdeckt man an vielen Stellen entlang der mittelozeanischen Rücken heiße Quellen. Den hier gezeigten „Schwarzen Rauchern" an der Ostpazifischen Schwelle am 13. Grad nördlicher Breite entströmt 350 Grad Celsius heißes, mineralreiches Wasser, das auf die kalten Bodenströmungen in 2500 Meter Tiefe trifft. Eisen- und andere Metallsulfidpartikel fallen aus dem abgeschreckten Heißwasser aus und bilden den schwarzen „Rauch". (Photo: J. L. Cheminée, Observatoires Volcanologiques, Institut de Physique du Globe de Paris, doc. Ifremer; 1982 aus dem französischen Tauchboot *Cyana* aufgenommen.)

13. Vulkanische Schatzkammern

13.1 Quarzgang in einem Straßeneinschnitt im Mother-Lode-Goldgebiet bei Mariposa in Kalifornien.

Doch sieh den Berg
unter den heißen Wogen erbeben
dort, wo der Tag sich neigt.

Onitsura (1661–1738)

Vulkane sind die Schmieden und Destillierkolben der Natur, in denen die seltenen und die häufigen Elemente der Erde umverteilt und sortiert werden. Einige erfahren dabei eine Konzentrationsverringerung, andere bleiben unverändert; viele Stoffe jedoch reichern sich in jenen wertvollen Adern an, nach denen Goldgräber seit jeher suchen, um ihr Glück zu machen.

Unmittelbar durch vulkanische Aktivität – besonders durch den Aufstieg von Magma in die Erdkruste – sammeln sich die folgenden wirtschaftlich bedeutenden Elemente an: Fluor, Schwefel, Zink, Kupfer, Blei, Arsen, Zinn, Molybdän, Uran, Wolfram, Silber, Quecksilber und Gold. Ausgeschieden werden sie überwiegend aus zirkulierenden heißen Wässern in unterirdischen Klüften; solche hydrothermalen Ganglagerstätten bestehen meist aus einem oder mehreren der häufig vorkommenden Minerale wie Quarz oder Calcit (Calciumcarbonat), in die dann wertvollere Erze, darunter Gold oder Bleiglanz (Bleisulfid), in Form kleiner Sprenkel oder Kristalle eingestreut sind.

In der Theorie stellt sich der zugrundeliegende Prozeß recht einfach dar, aber in Wirklichkeit kann er sehr komplex sein. Die magmatischen Wurzeln der Vulkane liefern die Wärme und vermutlich auch einige der Ingredienzen für die „Destillation“. Während sich das Magma abkühlt und die gewöhnlichen Silicatminerale zu Basalt oder Granit erstarren, reichern sich Wasser, Gase sowie seltene Elemente, die nicht in die gesteinsbildenden Silicate eingebaut werden, in der Restschmelze an. Bei der Kristallisation verringert sich das Volumen der Gesteine; sie reißen auf und ebnen den verbliebenen fluiden Phasen, die reich an Wasser und seltenen Elementen sind, den Weg aus ihrer unterirdischen Schmiede: Die hydrothermalen Lösungen steigen auf, und gleichzeitig sorgen die Abkühlung und der Druckabfall dafür, daß sich gewöhnliche wie auch seltene Minerale in Gängen abscheiden. Sogenannte Durchläuferminerale finden sich über die gesamte Länge einer Ader. Andere, etwa Gold oder Silber, kristallisieren nur in einem sehr engen Druck- und Temperaturbereich und bilden örtlich begrenzte, reiche Erzadern (Abbildung 13.2).

Mineralgänge stehen zumeist recht steil; sie sind wenige Zentimeter bis viele Meter dick und oft Hunderte von Metern bis mehrere Kilometer lang (Abbildung 13.1). Die goldhöffigen Adern des Mother-Lode-Systems in Kalifornien streichen von Norden nach Süden und tauchen steil zu den granitischen

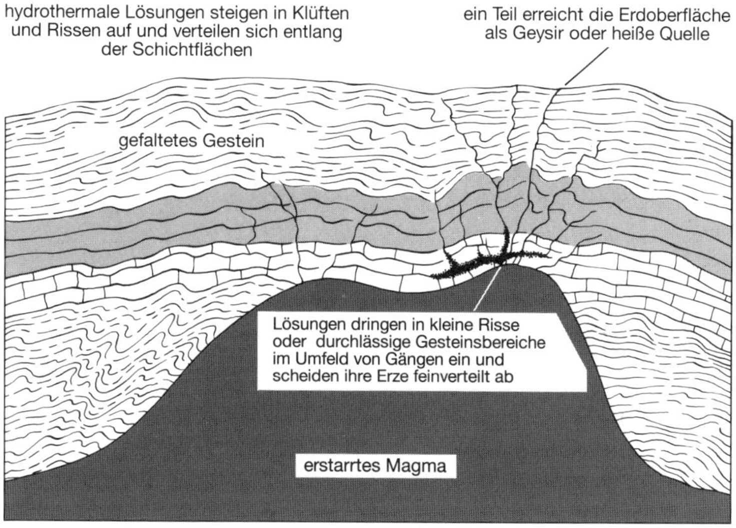

13.2 Erzlagerstätten liegen oft in der Nähe von verfestigten Magmaintrusionen. Ein Großteil der Erze wird vermutlich aus den Wässern ausgeschieden, die durch das erkaltende Magma aufgeheizt werden. (Aus Press, F.; Siever, R. *Earth*. 2. Aufl. Freeman. S. 577. © 1978.)

Wurzeln der küstenparallelen Gebirgskette, der Sierra Nevada, hin ab. Obwohl die Dicke der einzelnen Adern einen Meter selten übersteigt und die Länge nur wenige Kilometer beträgt, streicht das gesamte Gangsystem über mehr als 300 Kilometer in der westlichen Sierra Nevada aus. Die heißen Lösungen, die einst über steilstehende Klüfte von den Vulkanwurzeln aufstiegen, schieden im wesentlichen harten, milchig-weißen Quarz aus. Die wenigen darin enthaltenen Gold- und Pyritsprenkel reichten aber aus, um den kalifornischen Goldrausch auszulösen.

Dem Nebengestein des erkaltenden Magmareservoirs kommt bei der Bildung von Erzlagerstätten eine große Bedeutung zu. Auf Hawaii und nahezu allen anderen Ozeaninseln sind solche Lagerstätten fast unbekannt. Die Ursache hierfür mag unter anderem darin liegen, daß die Inseln unter ihrem Eigengewicht einsinken und zuvor entstandene Lagerstätten mit in die Tiefe nehmen. Doch selbst in den Ausnahmefällen, in denen Heraushebung und Erosion die Sockel solcher Vulkaninseln freigelegt haben, sind hydrothermale Lagerstätten außerordentlich selten. Dazite oder Rhyolithe – Gesteine also, deren SiO_2-Gehalt höher liegt als der von Basalt – sind häufiger mit hydrothermalen Erzlagerstätten vergesellschaftet. Viele Geologen halten das Nebengestein, das die Wurzeln der Vulkane umgibt, für die eigentliche Quelle der edlen Elemente in den Gangmineralen. Danach wirken die Vulkanite als Energiequelle, die das Grundwasser in einen gigantischen Kreislauf versetzt. Kaltes, schwereres Wasser dringt von oben in das abkühlende vulkanische Gestein ein und löst dabei Spuren seltener Elemente aus dem Nebengestein. Durch das Magma erhitzt, nimmt seine Dichte ab, so daß es wieder in die überlagernden zerklüfteten Gesteine aufsteigt. Wenn es sich dort erneut abkühlt und der Druck sinkt, scheiden sich in den Gängen, die sich oberhalb des Vulkanherdes öffnen, Quarz und Edelmetalle ab (Abbildung 13.3).

In vulkanischen Gasen auf Hawaii hat man Quecksilber, Kupfer, Schwefel und Fluor nachgewiesen; das bedeutet, daß zumindest einige dieser Elemente direkt aus Vulkanen stammen. Gold, Silber und andere wertvolle Elemente, die in hydrothermalen Lagerstätten vorkommen, müssen vermutlich bereits in einer früheren Generation kontinentaler Krusten vorkonzentriert worden sein, bevor sie durch vulkanische Destillation weiter angereichert werden können.

Jedes Mineral nimmt im hydrothermalen System einen ganz bestimmten Platz ein. Wolframminerale kristallisieren bei sehr hohen Temperaturen aus und treten häufig im unmittelbaren Kontaktbereich zwischen dem erkaltenden Magmakörper und dem Nebengestein, vor allem Carbonaten, auf. Scheelit, ein Calciumwolframat, fluoresziert in ultraviolettem Licht recht intensiv. Wolframprospektoren suchen daher am Tage nach geeigneten Kontaktzonen zwischen Granit und Kalkstein und überprüfen die in Frage kommenden Bereiche dann bei Nacht unter ultravioletter Beleuchtung, um die Stellen mit hohen Wolframkonzentrationen aufzuspüren.

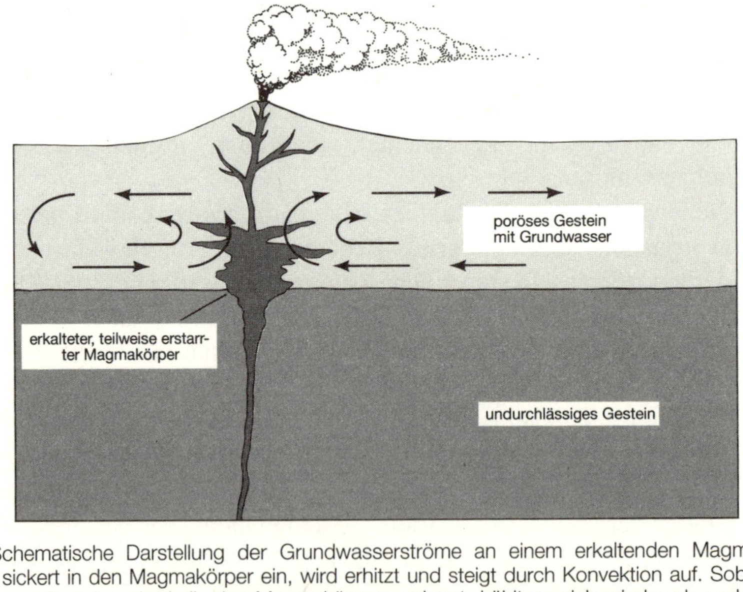

13.3 Schematische Darstellung der Grundwasserströme an einem erkaltenden Magmakörper. Wasser sickert in den Magmakörper ein, wird erhitzt und steigt durch Konvektion auf. Sobald es in die kälteren Gesteine oberhalb des Magmakörpers gelangt, kühlt es sich wieder ab und scheidet Gangminerale ab. Die Quelle dieser Minerale ist entweder das Magma selbst oder die porösen Gesteine, die das Grundwasser durchströmt. In dem hier gezeigten Modell dient das erkaltende Magma eher als Pumpe und zur Ionenkonzentration, weniger als direkte Quelle der Erzlagerstätten.

Quecksilber bildet das andere Extrem. Als Element und auch in Verbindungen tritt es häufig gasförmig auf; das heißt, es geht schon bei niedrigen Temperaturen und Drücken in die Gasphase über. Ein Großteil des in der Erde vorkommenden Quecksilbers geht daher durch vulkanische Entgasungsprozesse und an heißen Quellen verloren. In der Nähe vieler tätiger Vulkane übersteigt der Quecksilbergehalt der Luft die in Umweltschutzbestimmungen festgelegten Höchstgrenzen – doch einem Vulkan kann man nicht „das Rauchen" verbieten.

Seit über 100 Jahren untersuchen Geologen hydrothermale Lagerstätten an Land, und schon seit Jahrtausenden werden sie abgebaut. Aber erst vor kurzem hat man die Bedeutung submariner Erzkörper an mittelozeanischen Rücken erkannt.

In den sechziger Jahren stießen Sondierungen am Grunde des Roten Meeres an einigen Stellen auf heiße, dichte, sehr salzreiche Bodenwässer, die eisen-, zink- und kupfermineralreiche Schlämme überlagerten. Da das Rote Meer zu den vulkanischen Riftzonen gehört, vermuteten die Ozeanographen, daß die metallreichen Sedimente an submarinen heißen Quellen ausgeschieden wurden. Der Beweis wurde in den späten siebziger Jahren erbracht, als Wissenschaftler in Tauchbooten einen ersten Blick auf die fremdartige Landschaft an den Riftzonen des Ostpazifik werfen konnten. 2500 Meter unter dem Meeresspiegel waren sie vom Anblick der „Schwarzen Raucher" (siehe Kapitel 3) fasziniert – Schlote aus Eisen-, Zink- und Kupfersulfiden von mehreren Meter Höhe, aus denen durch Eisensulfidpartikel geschwärzte Lösungen strömten. Diese Wässer waren heiß – 350 Grad Celsius –, und durch das umgebende Meerwasser abgeschreckt schieden sich die gelösten Metallsulfide in Form kleiner Partikel ab (der schwarze Rauch) oder schlugen sich um den Schlot nieder. Manche Metallsulfidablagerungen enthalten einen geringen, aber verwertbaren Anteil an Gold und Silber. Neben den Schloten bildeten die Erzablagerungen zudem meterdicke Matten und Krusten, die sich über Hunderte von Quadratkilometern um die Schwarzen Raucher ausbreiten.

Ein Modell von den Funktionsmechanismen dieser heißen Quellen und der dort erfolgenden Erzablagerung zeigt Abbildung 13.4. Wärme aus der Magmakammer unterhalb der Riftzone treibt die Zirkulation von Meerwasser durch die porösen Basalte des Meeresbodens an. Das Wasser strömt oder sickert an den Riftflanken ein, wird erhitzt, löst Calcium, Silicium und Metallsulfide und scheidet gleichzeitig Magnesium und Sulfat ab. Zusammen mit den vulkanischen Lösungen, die reich an Kohlendioxid und Schwefelwasserstoff sind, wird das heiße Wasser beim Austritt am Meeresgrund abgeschreckt; dabei fallen die Metallsulfide aus.

Die Ausdehnung solcher submarinen Lagerstätten läßt sich gerade erst erahnen. Offenbar treten sie an vielen Stellen längs der mittelozeanischen Rücken auf; in dem Maße, wie sich die Riftzone verbreitert, wachsen auch die Lager-

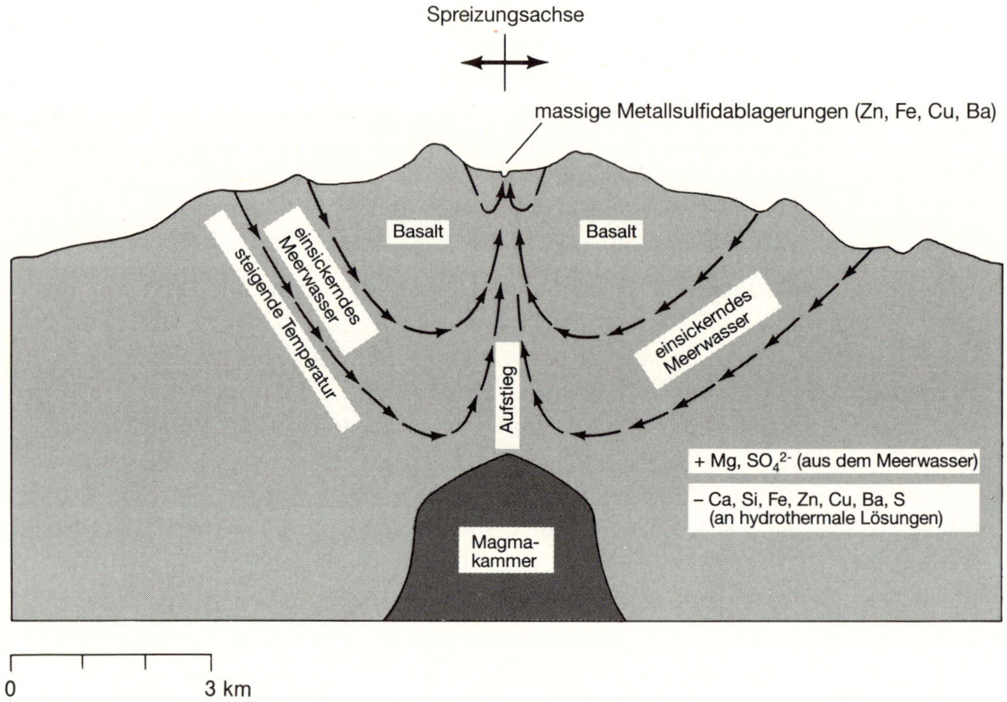

13.4 Schematisches Profil durch eine submarine Riftzone mit zirkulierenden Wässern und hydrothermalen Lagerstätten. Die Meeresbodentopographie ist überhöht dargestellt; die Tiefenlage der Magmakammer ist ungewiß. (Nach R. A. Koski, U.S. Geological Survey.)

stätten. Sie liegen heutzutage fast immer zu tief für eine kommerzielle Ausbeutung, doch an einigen Stellen, wo Ozeanplatten auf Kontinente geschoben wurden, sind alte Vorkommen über Wasser gelangt. Die Erzminen auf Zypern und in Japan beispielsweise, deren Entstehung sich die Geologen lange nicht erklären konnten, scheinen an submarinen heißen Quellen entstanden zu sein.

Die meisten älteren Erzlagerstätten sind allerdings vermutlich in Subduktionszonen verschluckt worden, als sie mitsamt der ozeanischen Kruste unter einen Kontinent abtauchten. Vielleicht wurden und werden sie in Subduktionszonenvulkanen wiederaufbereitet und finden sich heute in den gewöhnlichen hydrothermalen Erzlagerstätten der kontinentalen Gesteine wieder.

Diamanten, der vielleicht wertvollste mineralische Schatz der Erde, sind ebenfalls eng an vulkanische Prozesse gebunden. Diamanten bestehen aus dem gleichen Element – Kohlenstoff – wie der Graphit von Bleistiftminen, und doch handelt es sich hier um zwei grundverschiedene Minerale. Im Graphit sind die Kohlenstoffatome wie Glimmerplättchen lagig angeordnet, und die lockere Bindung zwischen den einzelnen Schichten läßt sie leicht gegeneinander gleiten. Graphit fühlt sich daher weich und brüchig an. In Diamanten sind

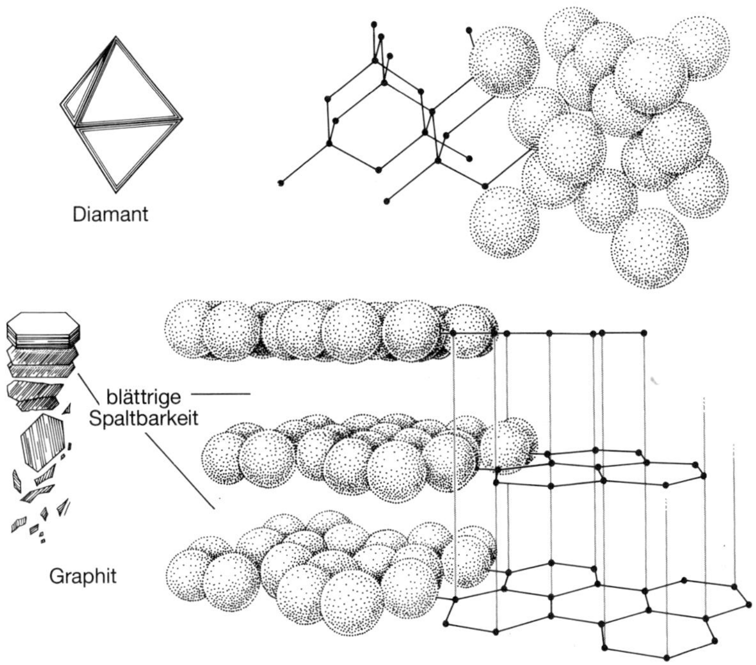

13.5 Kristallform und -struktur von Diamant und Graphit. Das dreidimensionale Netzwerk der Atombindungen im Diamant macht ihn extrem hart und widerstandsfähig. Im Gegensatz dazu wird der Graphit durch das zweidimensionale Netzwerk der Hauptbindungen schuppig und weich. (Aus Gilluly, J.; Waters, A. C.; Woodford, A. O. *Principles of Geology.* 4. Aufl. Freeman. S. 30. © 1975.)

die Atome in einem engmaschigen Gitter zusammengepreßt und bilden in alle Richtungen Bindungen aus; so entsteht die härteste natürliche Substanz, die wir auf der Erde kennen (Abbildung 13.5). Um diese dichte Packung der Kohlenstoffatome zu erreichen, sind extrem hohe Drücke erforderlich – Drükke, die in der Natur nur in Tiefen von 200 Kilometern auftreten. Nach ihrer Entstehung sind Diamanten auch bei niedrigen Temperaturen und Drücken stabil; bei hohen Temperaturen können sie allerdings brennen.

Geeignete Voraussetzungen zur Bildung von Diamanten scheinen unter den Kontinenten in 200 Kilometer Tiefe und bei einer Temperatur zu bestehen, die der von geschmolzenem Gestein nahe kommt. Diamanten wären wahrscheinlich gar nicht so selten, wenn man sie an der Quelle abbauen könnte. Ihr Auftreten an der Erdoberfläche ist einer seltenen Art von vulkanischer Eruption zu verdanken, bei der sie mit hoher Geschwindigkeit aus großen Tiefen in oberflächennahe Förderröhren, sogenannte Kimberlit-Pipes, gerissen werden (Abbildung 13.6). Dabei geht der Druck- und Temperaturabfall so schnell vonstatten, daß sich die Diamanten nicht mehr in eine den Oberflächenbedingungen angepaßte Kohlenstoffmodifikation wie Graphit umwandeln können.

A

B

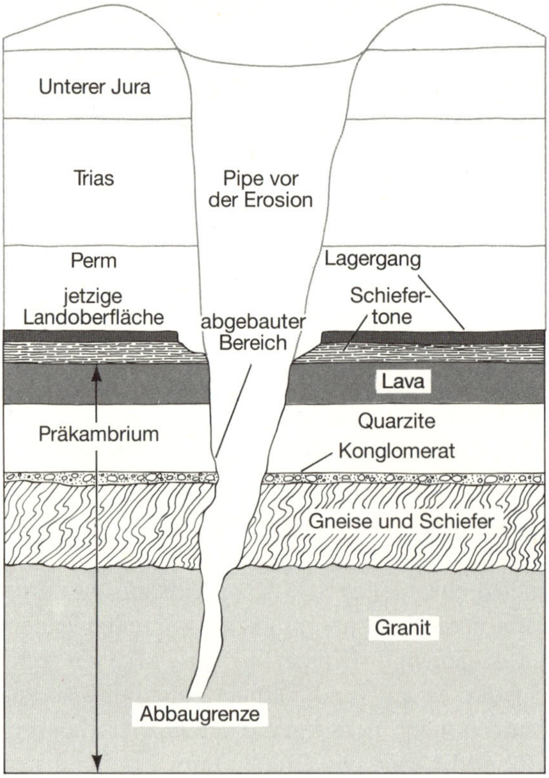

13.6 A. Die berühmte Kimberley-Diamanten-Pipe in Südafrika. Schon 1908 war dieser Förderschlot auf 1000 Meter Tiefe abgebaut. (Photo: DeBeers Consolidated Mines Limited.) B. Das Querprofil zeigt die Rekonstruktion des Schlotes vor seiner Erosion, die heutige Erdoberfläche und den ausgebeuteten Bereich. (Nach Arthur Holmes.)

Niemand weiß, ob der Vulkantyp, an den die diamantenführenden Durchschlagsröhren gebunden sind, auch heute noch existiert. Die eigentümlichen Kimberlitgesteine, deren Minerale darauf schließen lassen, daß die vulkanischen Schmelzen sehr kohlendioxidreich waren, setzen einen außergewöhnlich explosiven Vulkanismus voraus, der möglicherweise nur während bestimmter geologischer Perioden auftritt. Einige tätige Vulkane in Ostafrika, vor allem diejenigen, deren Gesteine ungewöhnlich viel Kohlendioxid enthalten (wie der Ol Doinyo Lengai), könnten die nächsten Verwandten der Diamanten-Pipe-Vulkane sein (Abbildung 13.7).

Während einer Expedition auf den Gipfel des Ol Doinyo Lengai fand man unlängst kleine, aktive Lavaseen im Krater. Die Schmelzen waren 500 bis 550 Grad Celsius heiß und schienen sehr dünnflüssig zu sein. Die ungewöhnlich niedrigen Temperaturen – Basaltlava ist etwa doppelt so heiß – rühren wahrscheinlich von dem hohen Natriumcarbonatgehalt der Laven des Ol Doinyo Lengai her; das Soda wirkt als Flußmittel, das die Schmelztemperatur herabsetzt – genauso, wie man es auch in der Glasindustrie einsetzt.

Die meisten der heute tätigen Vulkane fördern zwar wohl keine Diamanten, lassen aber unter ihrer Oberfläche gewiß hydrothermale Lagerstätten entstehen. Das gilt auch für geothermische Reservoire in porösen Gesteinen, in denen die zirkulierenden heißen Wässer die leichter löslichen Minerale auslaugen, mit sich führen und wieder abscheiden. In geologischen Zeiträumen gesehen, sind die Vulkane und geothermischen Systeme von heute die Erzlagerstätten von morgen.

13.7 Ol Doinyo Lengai, der „Berg Gottes“ in Tansania in Ostafrika. Der hohe Gehalt an Natriumcarbonat in den Laven dieses Vulkans ist einzigartig und deutet auf einen Zusammenhang mit jener Art von Vulkanismus hin, die Diamanten-Pipes hervorbringt. (Photo: Richard Stoiber.)

Ein natürliches geothermisches Areal wie das Yellowstone-Gebiet hat eine Lebensdauer von Zehntausenden bis Hunderttausenden von Jahren; daraus kann man ersehen, daß vulkanische Erze nur sehr langsam entstehen – Tropfen für Tropfen, Atom für Atom. Menschen mit ihren Maschinen haben einen unersättlichen Appetit auf Minerale und beuten sie in einem Maße aus, mit dem die Natur in ihrer gemächlichen Art nicht Schritt halten kann. Die Botschaft ist eindeutig: Entweder wir behandeln unsere mineralischen Schätze behutsam, oder wir werden Ewigkeiten auf neue Vorkommen warten müssen.

14. Vulkane und Klima

14.1 Der Vesuv im Jahre 1944. (Photo: U.S. Navy; mit freundlicher Genehmigung der National Archives.)

Manchmal fühlen wir uns von ehernen Gesetzen beherrscht und manchmal vom Zufall.

Loren Eiseley (1907–1977)

Für schlechtes Wetter wird so ziemlich alles verantwortlich gemacht, angefangen von Atombombenexplosionen und Sonnenflecken über die Industrielle Revolution bis zu Vulkanausbrüchen, Schwarzer Magie und politischen Parteien (wahlweise des linken oder des rechten Spektrums). Obwohl schlechtes Wetter fast immer auf natürliche Veränderungen in den atmosphärischen Prozessen zurückzuführen ist, haben zumindest zwei der aufgeführten Beschuldigten – die Vulkane und die Industrielle Revolution – enorme Mengen an Staub und Gas in die Atmosphäre entlassen und sich damit als potentielle Verursacher verdächtiger gemacht als die anderen auf der Liste (Abbildung 14.1).

Benjamin Franklin war der erste, der annahm, daß Vulkane Klima und Wetter beeinflussen. Als der Vulkan Laki auf Island 1783 mit der gewaltigsten Lavaförderung der Geschichte ausbrach, setzte er gleichzeitig riesige Gasmengen frei (Abbildung 14.2). Mehrere Monate lang lag ein blauer Dunst oder „Trockennebel" über Island und großen Teilen von Nordeuropa. Die Gase müssen zu einem beträchtlichen Prozentsatz Fluor enthalten haben, da das Vieh, das auf den verseuchten Wiesen geweidet hatte, an Fluorvergiftung einging. Das Massensterben – 11 000 Rinder, 28 000 Pferde und 190 000 Schafe – führte auf Island zu einer schlimmen Hungersnot, die 10 000 Isländer, also ein Fünftel der Bevölkerung, nicht überlebten. Als der Trockennebel den europäischen Kontinent erreichte, war er nicht mehr giftig; dennoch machte er sich an vielen Tagen im Sommer und Herbst des Jahres 1783 unangenehm bemerkbar, wie auch Franklin während seines Frankreichaufenthalts beobachten konnte. Da der Winter 1783/84 vor allem in Europa ungewöhnlich streng ausfiel, äußerte Franklin die Vermutung, daß die feine Asche und die Gase des Laki-Ausbruchs einem Teil der Sonnenstrahlen den Durchtritt durch die Atmosphäre verwehrt und damit die Kälte verursacht hatten.

Im Jahre 1815 erschütterte der Vulkan Tambora die indonesische Insel Sumbawa durch eine heftige explosive Eruption. Sumbawa ist die zweite Insel östlich von Bali. Teilnehmer von neueren Expeditionen zum Tambora schätzen das Magmavolumen, das damals in Form von Aschenwolken und pyroklastischen Strömen gefördert wurde, auf etwa 40 Kubikkilometer. Es gibt zwar nur wenige Daten über den tatsächlichen Klimaeffekt dieses Ausbruchs und des nachfolgenden Einsturzes der Caldera, doch ist das Jahr 1816 in Europa und Amerika als das „Jahr ohne Sommer" in die Annalen eingegangen.

14.2 Aschen- und Schlackenkegel entlang der Laki-Spalte auf Island. Diese Spalte brach 1783 mit der höchsten Lavaförderung der Geschichte aus. Die während der gewaltigen Eruption freigesetzten Gase verursachten einen blauen Dunst oder „Trockennebel", der sogar Europa erreichte.

Die Vermutung, ein Vulkanausbruch könne das Weltklima beeinflussen, tauchte erst nach der Eruption des Krakatau im Jahre 1883 wieder auf. Diesmal waren die Veränderungen in der Atmosphäre auf der ganzen Welt zu verfolgen; sie zeigten sich schon innerhalb der ersten zwei Wochen nach dem Ausbruch und hielten über Monate hinweg an. Man konnte eigenartige Farbenspiele und Höfe um Sonne und Mond beobachten, und monatelang waren die Sonnenauf- und Sonnenuntergänge ungewöhnlich farbenprächtig (Abbildung 14.3). In einer ceylonesischen Zeitung vom 17. September 1883 war zu lesen:

»Seit drei Tagen geht die Sonne, wenn sie denn zu sehen ist, zehn Grad über dem Horizont in schillerndem Grün auf. Während ihrer Wanderung am Himmel nimmt sie ein wunderschönes Blau an, das immer leuchtender wird, so als ob Schwefel brennt . . . selbst im Zenit strahlt sie blau, schimmert von blaßblau bis hellblau, ähnlich dem Mondlicht . . . Beim Sonnenuntergang können wir dasselbe Farbenspiel beobachten, diesmal in umgekehrter Reihenfolge.«

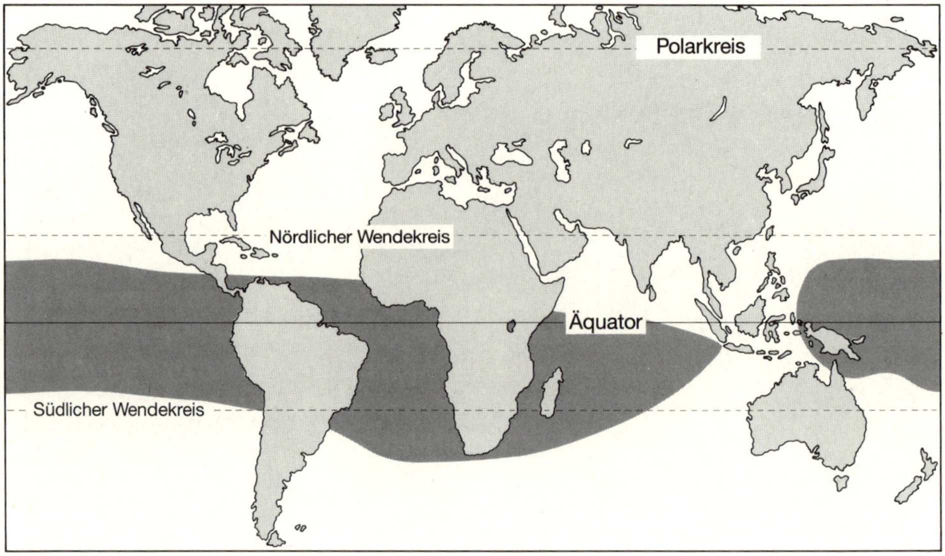

A

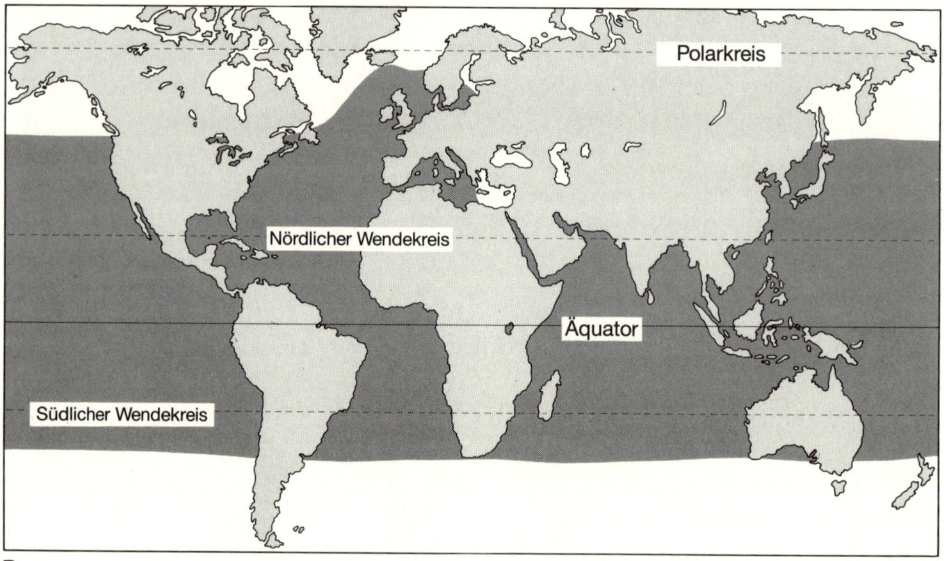

B

14.3 A. Ungefähre Verteilung der sichtbaren atmosphärischen Veränderungen in der Zeit vom 26. August bis 7. September 1883. B. Ungefähre Grenzen der starken atmosphärischen Veränderungen Ende November 1883. Mit 120 Kilometer pro Stunde trugen Luftströmungen in der Stratosphäre den feinen vulkanischen Staub des Krakatau-Ausbruchs von 1883 westwärts um den Globus. Ende November hatte sich der Stratosphärendunst über 70 Prozent der Erdoberfläche verteilt und verursachte spektakuläre Sonnenuntergänge und andere ungewöhnliche Farbenspiele. (Nach Symons, C. J. (Hrsg.) *The Eruption of Krakatoa*. Royal Society Report of the Krakatoa Committee, 1888.)

Die Sonneneinstrahlung verringerte sich während der drei darauffolgenden Jahre um zehn Prozent, und die globalen Durchschnittstemperaturen schienen unter dem langjährigen Mittel zu liegen (Abbildung 14.4). In diesem Punkt sind die Daten allerdings nicht eindeutig. Die meisten Wetteraufzeichnungen aus den achtziger Jahren des vorigen Jahrhunderts stammen aus Europa, und Kritiker der Theorie, nach der Vulkane das Klima beeinflussen, halten dagegen, daß es trotz der unzweifelhaften Abkühlung in Europa in Südamerika sehr wohl wärmer gewesen sein könnte; weltweite Effekte seien also nicht wirklich beurteilbar.

Dennoch hielt sich die Theorie hartnäckig. Harry Wexler, der frühere wissenschaftliche Leiter des U.S. Weather Bureau, war einer ihrer eifrigsten Verfechter. Im Jahre 1952 suchte er die Ursache für die seit 1900 zu beobachtende weltweite Erwärmung darin, daß in der ersten Hälfte des 20. Jahrhunderts kein größerer Vulkanausbruch stattgefunden habe. Seiner Ansicht nach waren die kühlen Jahrzehnte im ausklingenden 19. Jahrhundert die Folge einer wahren Ausbruchsserie: dem Krakatau 1883 folgten 1886 der Tarawera auf Neuseeland, 1888 der Bandai-San in Japan und 1890 der Bogoslof in Alaska (Abbildung 14.5).

Auch der britische Klimatologe H. H. Lamb befürwortete die Idee der Klimabeeinflussung durch vulkanische Aktivität. Er stellte eine detaillierte Liste aller Vulkanausbrüche seit 1500 nach Christus auf und erarbeitete einen „Dunstschleier-Index“, der auf der Menge an vulkanischem Material in der Atmosphäre beruht. Lamb kam zu der Erkenntnis, daß zwischen den globalen Klimatrends und den großen Vulkanausbrüchen ein eindeutiger Zusammenhang besteht.

In jüngster Zeit haben J. P. Kennett und R. C. Thunell bei der Untersuchung von Tiefseebohrkernen eine deutliche Zunahme des Anteils an Vulkanasche in

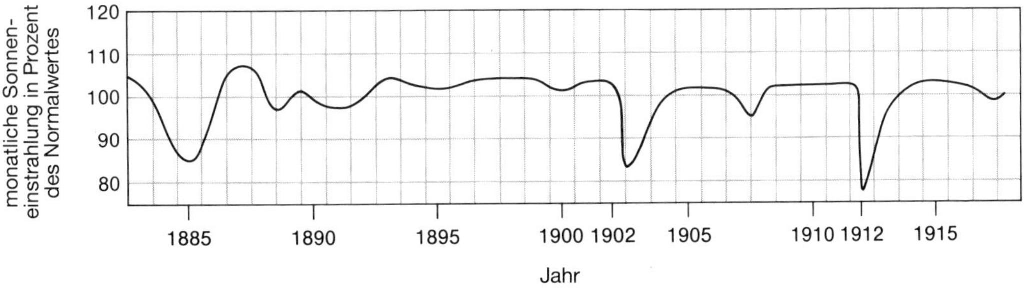

14.4 Durchschnittliche monatliche Intensität der Sonneneinstrahlung auf der Erdoberfläche von 1883 bis 1918, bezogen auf die Normalwerte. Nach den Eruptionen des Krakatau 1883, von Mont Pelée, Soufrière und Santa Maria im Jahre 1902 sowie des Katmai 1912 traten jeweils Reduktionen um zehn bis 20 Prozent auf. (Nach Kimball. *Monthly Weather Review* 46 (1918) S. 355.)

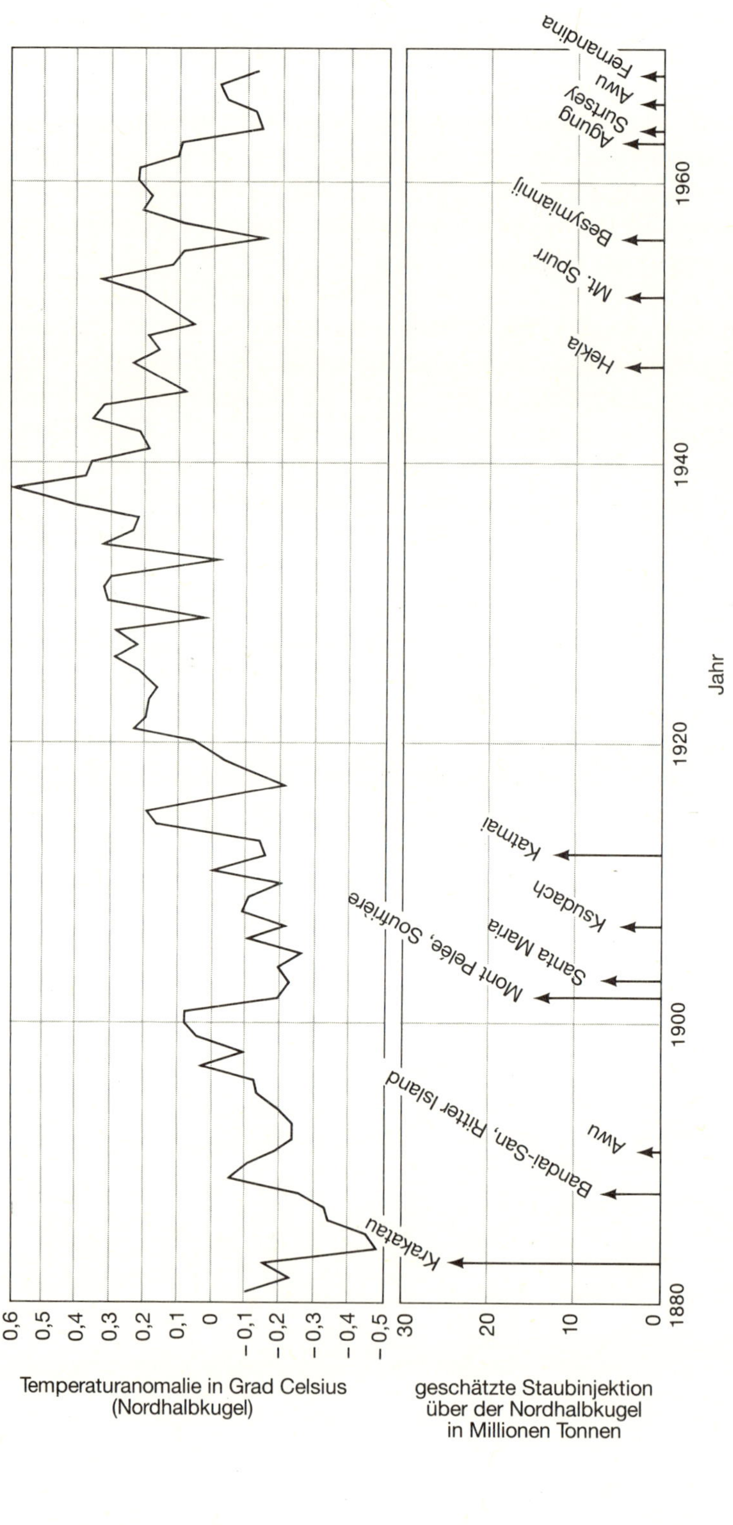

14.5 Die Schwankungen der Durchschnittstemperatur auf der nördlichen Halbkugel und die großen Vulkanausbrüche, bei denen Staub in die Stratosphäre geschleudert wurde. (Nach Oliver, R. *Journal of Applied Meteorology* 15 (1976) S. 934.)

den Ozeanbodensedimenten vor etwa zwei Millionen Jahren festgestellt, der seither sein hohes Niveau beibehalten hat. In eben jene Zeit fallen auch die pleistozänen Eiszeiten, und Kennett und Thunell halten das gleichzeitige Auftreten von starkem Vulkanismus und massiver Abkühlung nicht für zufällig. Aber selbst diese verblüffende Parallele stellt keinen zwingenden Beweis dar; einige Wissenschaftler weisen darauf hin, daß man noch nicht genügend Bohrkerne von alten Ozeanbodensedimenten untersucht hat, um zuverlässige Vergleiche anzustellen.

Sollten vulkanische Gase und feiner Staub sich wirklich auf das Klima auswirken, ist die Ursache vermutlich in der Stratosphäre, in mehr als zehn Kilometer Höhe, zu suchen. Hier verharren die Staubfahnen recht lange, da keine Wolken oder Regengüsse sie auswaschen (Abbildung 14.6). Meteorologen haben in 15 bis 30 Kilometer Höhe eine beständige Aerosolschicht entdeckt – einen dünnen Schleier kleiner Partikel oder Tröpfchen, deren Größe 0,001 Millimeter nicht überschreitet. Die Partikel bestehen aus sehr unterschiedlichen Ausgangsstoffen, darunter Meersalz, Silicatstaub und Schwefelsäure. Sehr wahrscheinlich stammen sie aus verschiedenen Quellen: aus der Gischt der Meere, von Sandstürmen, aus Vulkanausbrüchen, von Waldbränden, aus Schornsteinen und ähnlichem mehr. Die Dichte der Aerosolschicht

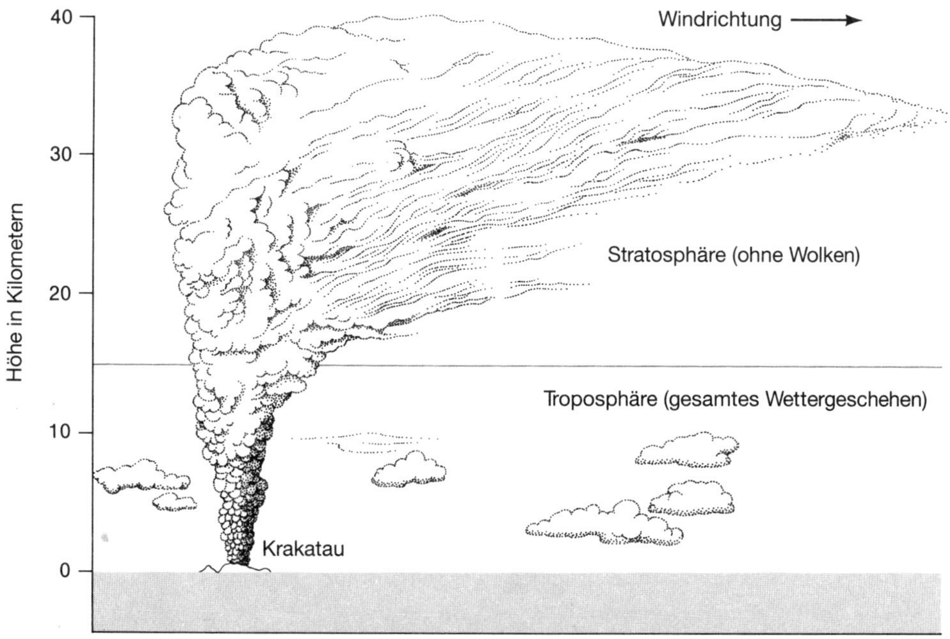

14.6 Die Eruptionswolke des Krakatau wurde bis in die Stratosphäre transportiert, wo keine Regenwolken die Asche wieder aus der Luft waschen können. Einmal dort angelangt, bleibt der Staub als Schwebstoff über Monate oder Jahre erhalten. (Nach Richard Hazlett, 1978.)

schwankt über Zeiträume von Monaten bis Jahren. Mit der Zufuhr neuer Aerosole kann sie sprunghaft ansteigen, doch bedarf es vieler Jahre, um sie wieder auf einen Normalwert sinken zu lassen.

Diese Dunstzone absorbiert ganz offensichtlich die einfallende Sonnenstrahlung und heizt somit die Stratosphäre auf, während sich der untere Teil der Atmosphäre und die Erdoberfläche abkühlen. Nach dem Ausbruch des Vulkans Agung auf Bali ließ sich dieser Einfluß erstmals quantitativ erfassen. Die Balinesen betrachten den Agung als den Nabel der Welt und leben in Respekt und Ehrerbietung vor diesem 3142 Meter hohen Stratovulkan. Nach einer 120jährigen Ruhepause war der Agung am 18. Februar 1963 wieder ausgebrochen: Heftige Explosionen lösten am 17. März und 16. Mai jeweils verheerende Glutlawinen aus, die zahlreiche Dörfer dem Erdboden gleichmachten und 2000 Menschen das Leben kosteten.

Die Staub- und Gaswolke erreichte eine Höhe von mehr als zehn Kilometern über dem Krater – offensichtlich genug, um vulkanisches Material bis in die Stratosphäre zu transportieren. Die sichtbaren atmosphärischen Effekte, unter anderem feuerrote Sonnenuntergänge und Höfe um Sonne und Mond, waren innerhalb weniger Wochen auf der ganzen Erde zu beobachten; den überzeugendsten Beweis jedoch bot die Abnahme der Sternenhelligkeit, die an allen astronomischen Observatorien gemessen wurde. Sie war in der Zeit von August bis November 1963 am ausgeprägtesten und setzte sich bis in die Mitte des Jahres 1964 fort. Die Temperaturen in der Stratosphäre stiegen um sechs Grad Celsius, während die globalen Temperaturen an der Erdoberfläche in den nachfolgenden drei Jahren um 0,4 Grad sanken.

Die Eruption des Agung zählt zweifellos schon zu den großen Vulkanausbrüchen, doch der Ausbruch des Krakatau im Jahre 1883 war zehnmal so stark – sowohl im Hinblick auf die freigesetzte Energie als auch bezüglich der insgesamt geförderten Magmamenge. Die entscheidende Frage lautet allerdings, wieviel Staub und Gas bei den jeweiligen Ausbrüchen in die Stratosphäre gelangt sind, und die Antwort darauf kennt man leider nicht.

Als der Mount St. Helens 1980 mit ungeheurer Wucht ausbrach, schoß die Aschenwolke innerhalb einer halben Stunde 24 Kilometer hoch. Radarmessungen in den folgenden acht Stunden zeigten jedoch, daß sich die Wolkenspitze im Schnitt in nur etwa 16 Kilometer Höhe befand. Die Aschenmenge schätzte man auf 500 Millionen Tonnen, wobei die Partikelgröße überwiegend bei 0,1 Millimeter lag. Die Wolke zog in großen Höhen ostwärts und überquerte die Vereinigten Staaten innerhalb von drei Tagen. Die meiste Asche ging zwar im Umkreis von 400 Kilometern nieder, doch ein feiner Aschenschleier gelangte bis nach Denver im U.S.-Bundesstaat Colorado.

Trotz der Stärke dieses Ausbruchs konnte man fast keine Auswirkungen auf die Atmosphäre und keinerlei Abkühlung der Erdoberfläche feststellen. Obwohl sich die Eruption des Mount St. Helens durchaus mit der des Agung vergleichen läßt, hatte die Injektion von Asche in die Stratosphäre diesmal nicht denselben Effekt auf das Weltklima. Worauf beruhten die Abweichungen? War die Größe der Aschenpartikel ausschlaggebend? Oder der jeweilige Breitengrad des Vulkans? Ein unbekannter Unterschied im Gasgehalt? Vielleicht waren auch all diese Faktoren beteiligt.

Die Informationen über die Größe der Eruptionswolke des Agung sind spärlich. Man weiß wenig über ihre genaue Höhe und die Korngröße der Aschenpartikel. Allerdings liegt der Agung in Äquatornähe, so daß sich die Staub- und Gaswolke in der Stratosphäre gut über beide Hemisphären ausbreiten konnte. Der Mount St. Helens hingegen liegt auf dem 46. Grad nördlicher Breite, und sein Einfluß ist daher auf die Nordhalbkugel beschränkt. Seine Eruptionswolke hatte nach einer halben Stunde kaum die Untergrenze der Stratosphäre erreicht, und die meisten Aschenpartikel fielen aufgrund ihrer Größe innerhalb weniger Stunden auf die Erde zurück.

Die Gase in der Eruptionswolke des Mount St. Helens setzten sich im wesentlichen aus Wasserdampf und Kohlendioxid zusammen, mit einem geringen Anteil an Schwefelgasen. Bereits zwei Jahre später demonstrierte ein mexikanischer Vulkan, daß schwefeldioxidreiche Wolken in der Stratosphäre erheblich stärkere atmosphärische Störungen auslösen können.

Der im südlichen Mexiko gelegene El Chichón brach Ende März 1982 aus, nachdem er sich jahrhundertelang ruhig verhalten hatte und schon als erloschen galt. In einer ereignisreichen Woche beförderten drei heftige Explosionen große Aschen- und Gasmengen in 20 bis 25 Kilometer Höhe. 2000 bis 3000 Menschen aus den umliegenden Dörfern kamen durch die nachfolgenden pyroklastischen Ströme ums Leben.

Der Ausbruch des Mount St. Helens hatte mehr vulkanisches Material gefördert als die El-Chichón-Eruption, doch deren atmosphärische Effekte waren weitaus spektakulärer. Neben feinen Aschenpartikeln hatte der Vulkan auch riesige Mengen an Schwefeldioxid bis in die Stratosphäre geschleudert. Das Gas oxidierte rasch, lagerte Wasserdampf an und verwandelte sich in winzige Schwefelsäuretröpfchen. Die sauren Aerosole und die Aschenteilchen wurden von den Stratosphärenwinden mit hoher Geschwindigkeit westwärts getrieben und umrundeten den Globus innerhalb eines Monats.

Nach Messungen auf Hawaii mit dem LIDAR-System war der Dunst in der Stratosphäre hundertmal dichter als nach dem Ausbruch des Mount St. Helens. Mit LIDAR bezeichnet man eine Technik, bei der man einen Laserstrahl in den Himmel richtet und anschließend das von den Aerosoltröpfchen und Aschenteilchen reflektierte, zurückgestreute Licht mißt. Es dauerte fast ein Jahr, bis die Eruptionswolke des El Chichón sich über Europa maximal auswirkte, und erst 1985 zeigte LIDAR wieder Werte wie vor dem Ausbruch an (Abbildung 14.7).

Die Auswirkungen der El-Chichón-Eruption auf das globale Wettergeschehen sind Gegenstand zahlreicher Diskussionen gewesen. 1982 und 1983 traten

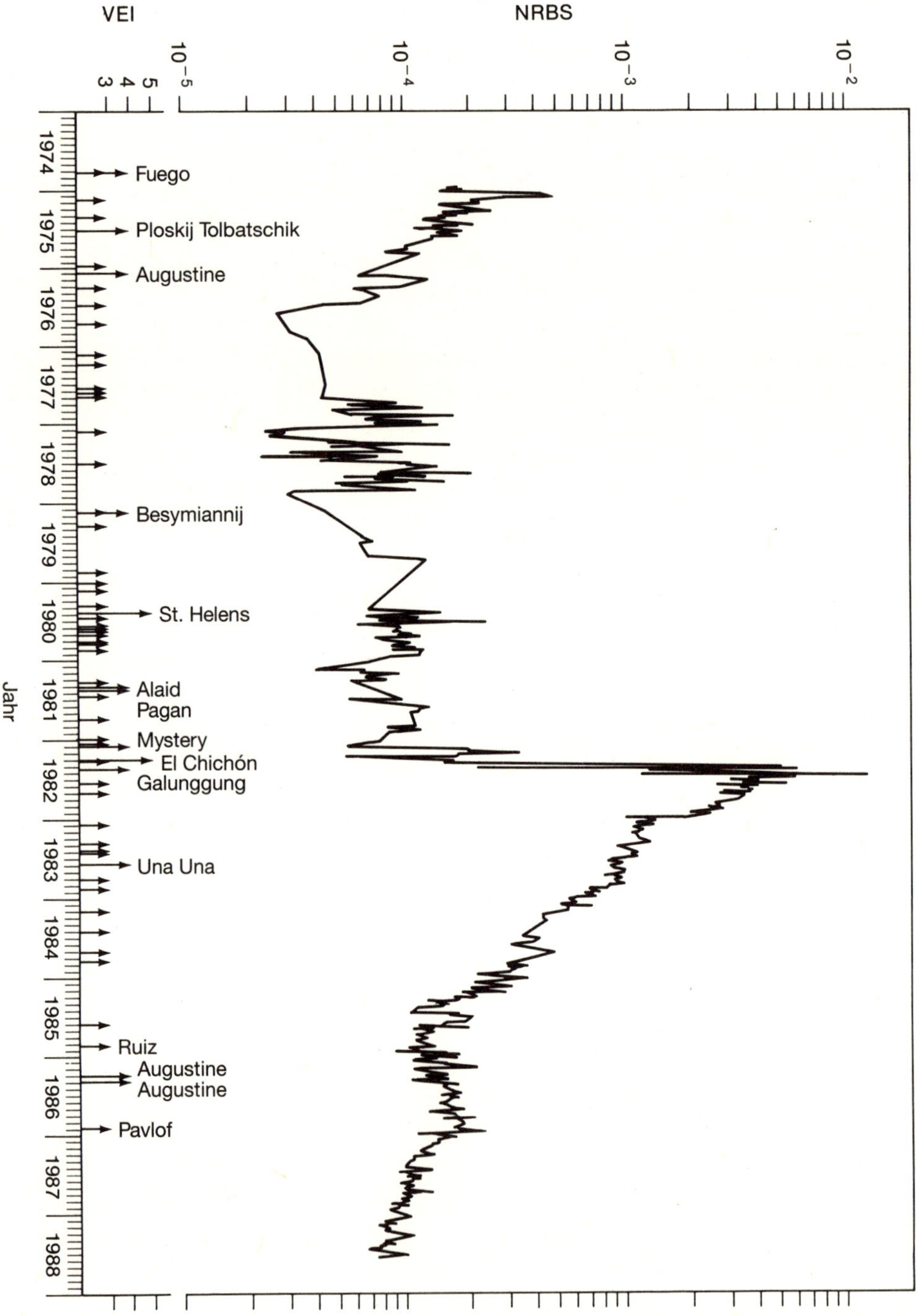
VEI
NRBS
3
4
5
10^−5
10^−4
10^−3
10^−2
Fuego
Ploskij Tolbatschik
Augustine
Besymiannij
St. Helens
Alaid
Pagan
Mystery
El Chichón
Galunggung
Una Una
Ruiz
Augustine
Augustine
Pavlof
Jahr
1974
1975
1976
1977
1978
1979
1980
1981
1982
1983
1984
1985
1986
1987
1988

14.7 Rückstreukoeffizient (NRBS) aus Höhen von 16 bis 33 Kilometern, ermittelt mit dem LIDAR-System am Mauna Loa Observatory auf Hawaii. Die Wirkung der El-Chichón-Wolke war fast hundertmal größer als die jeder anderen Eruption seit 1974. Alle mäßigen bis sehr starken explosiven Ausbrüche sind mit Pfeilen entlang der Zeitachse gekennzeichnet. Die VEI-Stärken (VEI steht für „vulkanischer Explosivitätsindex") sind logarithmisch aufgetragen; so war zum Beispiel der Ausbruch des Mount St. Helens im Jahre 1980 (VEI = 5) zehnmal stärker als der des Una Una im Jahre 1983. (Von Thomas DeFoor und Elmer Robinson, Mauna Loa Observatory, NOAA-ERL, 1988.)

im äquatornahen Pazifik Störungen der Wasser- und Luftströmungen auf. So etwas geschieht gelegentlich und ist unter der Bezeichnung El Niño bekannt. Auch die Dürre in Australien und die heftigen Regenfälle der Jahre 1982 und 1983 in Kalifornien sind auf El Niño zurückgeführt worden. Kann die Eruptionswolke des El Chichón diese Störungen ausgelöst haben? Einige Meteorologen vermuteten einen solchen Zusammenhang, andere hielten das zeitliche Zusammentreffen der verschiedenen Ereignisse für Zufall. Eine meßbare Abnahme der globalen Temperaturen war nach dem El-Chichón-Ausbruch nicht zu beobachten, doch besteht kein Zweifel daran, daß die Aerosole bis 1985 eine dicke Dunstschicht über der nördlichen Hemisphäre gebildet haben.

Tatsächlich scheint die Erde sich in den letzten Jahren eher zu erwärmen. Einige Meteorologen machen dafür den Anstieg des Kohlendioxidgehalts in der Atmosphäre verantwortlich, der durch die Verbrennung fossiler Brennstoffe und die Zerstörung der Regenwälder, die Kohlendioxid verbrauchen, verursacht wird. Kohlendioxid in der Atmosphäre führt zum sogenannten Treibhauseffekt. Das Gas ist zwar für sichtbares Licht durchlässig, für Infrarotstrahlung aber nur schwer zu durchdringen; während also die Erwärmung der Erde durch das Sonnenlicht tagsüber nicht beeinträchtigt ist, wird die nächtliche Abstrahlung ins All im Infrarotbereich und somit die erneute Abkühlung gehemmt. Dabei übernimmt das Kohlendioxid quasi die Funktion der Glasfenster eines Treibhauses: Licht kann einfallen, aber Wärme nicht entweichen. Als Gesamteffekt stellt sich eine allgemeine Erwärmung der Erdoberfläche ein. Ohne diesen Treibhauseffekt wäre die Abkühlung durch die Aschenwolke des El Chichón vermutlich ausgeprägter gewesen.

Die Frage bleibt: Bis zu welchem Grad beeinflussen Vulkanausbrüche unser Klima und unser Wetter? Ganz offensichtlich wirken sich Eruptionen, bei denen große Mengen an Aschen und besonders an Schwefeldioxid in die Atmosphäre gelangen, auf die Sonneneinstrahlung aus. Heftige explosive Ausbrüche, vor allem in äquatornahen Regionen, wo Aschen- und Gaswolken beide Hemisphären erreichen können, scheinen die globalen Temperaturen um bis zu ein Grad Celsius senken zu können. Ein gigantisches Ereignis wie die Yellowstone-Eruption vor 600 000 Jahren oder eine Serie größerer explosiver Ausbrüche, die einen Jahrzehnte oder gar Jahrhunderte bestehenden Dunstschleier in der Stratosphäre aufbauen, sollten eine wesentlich stärkere Abkühlung nach sich ziehen.

Trotz allem sind Vulkanausbrüche nur einer unter vielen Faktoren, die Wetter und Klima beeinflussen. Schon das normale Zusammenspiel von Atmosphäre, Wasser- und Landoberfläche ist überaus komplex. Wenn dann noch vom Menschen ausgelöste oder natürliche Störungen hinzukommen, steigt die Verzwicktheit des Problems. Es gehört zu den fachübergreifenden Aufgaben für Geologen, Meteorologen und Klimatologen, diese Einflüsse zu verstehen und zu quantifizieren. Ein besseres Verständnis der Zusammenhänge ist für eine Welt, deren Existenz von einem günstigen Klima abhängt, von überragender Bedeutung.

15. Vorhersage von Vulkanausbrüchen

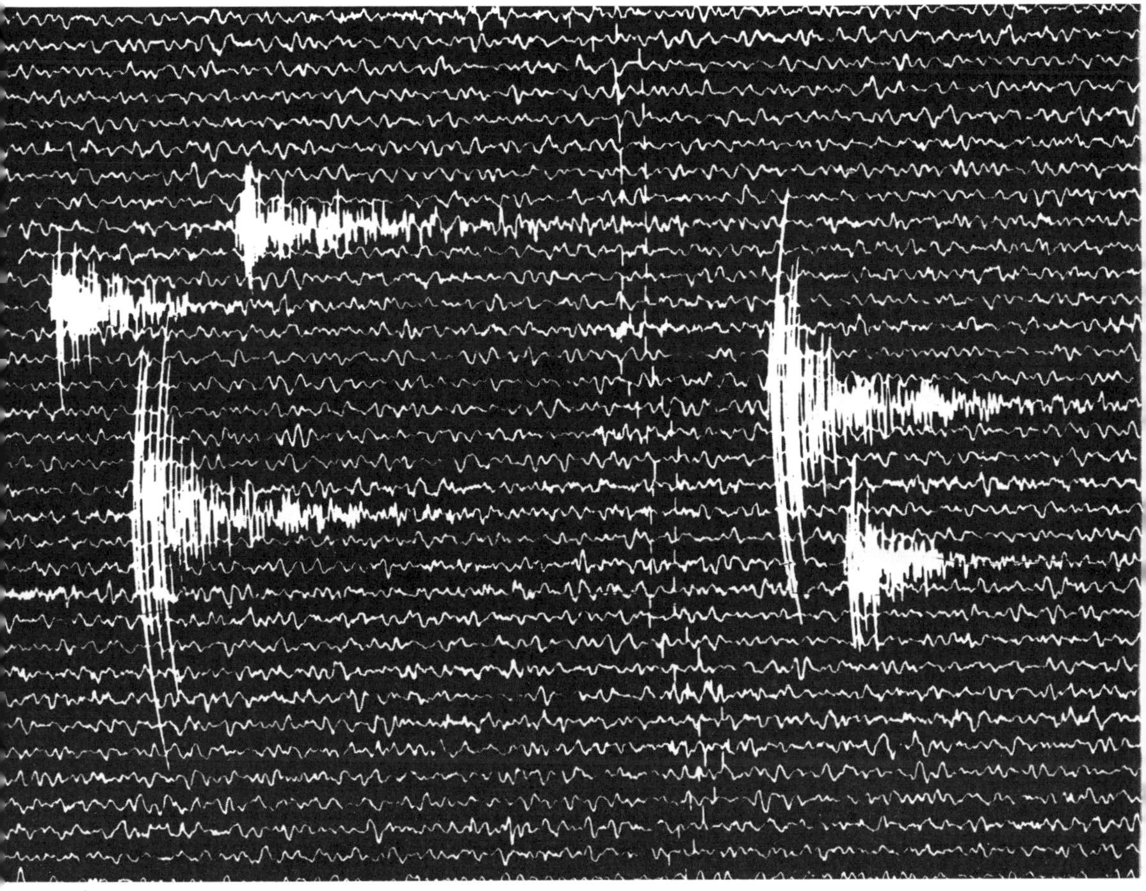

15.1 Seismographische Aufzeichnung von schwachen Beben, die durch vulkanische Aktivität auf Hawaii ausgelöst wurden. (Photo: U.S. Geological Survey.)

Die Natur kann nicht beherrscht werden,
es sei denn, man gehorcht ihr.

Sir Francis Bacon (1561–1626)

Zeitpunkt, Ort und Art eines Vulkanausbruchs vorhersagen zu können, gehört zu den wichtigsten Zielen der Vulkanologie. Im Prinzip sollte man statt von *Vorhersage* (*prediction*) besser von *Prognose* (*forecast*) sprechen, um den derzeit noch eher „probabilistischen“ Charakter solcher Aussagen deutlich zu machen; sie sind (wie man von Wetter-„Vorhersagen“ weiß) nicht präzise, aber dennoch (hoffentlich) zuverlässiger als rein statistische Durchschnittsangaben.*

An einem Beispiel läßt sich diese Problematik verdeutlichen. Angenommen, es regnet in Hilo auf Hawaii über das Jahr gemittelt an sechs von zehn Tagen. Wenn ein Meteorologe also mit 60prozentiger Wahrscheinlichkeit Regen in Hilo prophezeit, wagt er sich nicht zu weit vor. Sollten jedoch Windverhältnisse und Satellitenphotos darauf schließen lassen, daß die Chancen auf Regen für den nächsten Tag besser oder schlechter stehen als im Durchschnitt, dann mag seine Vorhersage auf 90 oder auf zehn Prozent lauten.

Eine solche Voraussage wäre vernünftig, da sie auf aktuellen Informationen beruht und nicht bloß auf Statistik; ihr Wert läßt sich im nachhinein durch Vergleiche mit zufälligen Schätzungen ermitteln. Heutige Wettervorhersagen sind zwar noch keineswegs exakt, aber schon sehr wertvoll; ihre Trefferquote liegt weit über der von rein statistischen Aussagen, und sie steigt ständig.

Vulkanologen streben heute an, die bestmöglichen Vorhersagen für Vulkanausbrüche zu erstellen, indem sie sowohl die geologische Geschichte des jeweiligen Vulkans als auch aktuell registrierte Hinweise wie Erdbeben, Oberflächenverformungen, Temperaturänderungen, Gasausbrüche und andere Daten berücksichtigen. Die statistische Auswertung früherer Eruptionen ist unabdingbare Voraussetzung, um die durchschnittliche Ausbruchswahrscheinlichkeit abschätzen und das zeitliche Muster der Ausbrüche identifizieren zu können. Es gibt mindestens drei solcher Muster, wobei die Ruhepausen zwischen den Eruptionen Tage, aber auch Jahrtausende betragen können.

Das erste Muster ist eigentlich gar keines, denn hier bleibt – unabhängig von der Länge der vorhergehenden Ruhephase – die Wahrscheinlichkeit für einen Ausbruch innerhalb des nächsten Monats immer gleich groß. Das läßt sich

* Im deutschen Text wird das geläufigere Wort „Vorhersage“ aber beibehalten.

grob mit dem Abheben bei Kartenspielen vergleichen, bei dem die Chance, aus dem kompletten Satz ein As aufzudecken, immer gleich bleibt, unabhängig davon, wie oft der Versuch fehlschlägt, nämlich 4 zu 52. Der Mauna Loa auf Hawaii scheint sich nach diesem Prinzip zu verhalten; wie kurz oder lang die Ruhephase zwischen den Eruptionen auch immer gewesen ist, die mittlere Wahrscheinlichkeit eines Ausbruchs im nächsten Monat bleibt dieselbe – zwei Prozent.

Der Vulkan Hekla auf Island weist bei den Zeitintervallen zwischen seinen Ausbrüchen ein ganz anderes Muster auf. Hier erhöht sich die Wahrscheinlichkeit einer Eruption mit der Zeit. In unserer Kartenspielanalogie hieße das, daß jedesmal nach einem Fehlversuch die aufgedeckte Karte weggelegt wird und sich somit die Chance, beim nächsten Mal ein As zu ziehen, kontinuierlich vergrößert.

Genau das Gegenteil läßt sich an Vulkanen wie dem Kilauea auf Hawaii beobachten, an dem immer mehrere Ausbrüche gehäuft auftreten (Abbildung 15.2). In diesem Fall sinkt die Wahrscheinlichkeit eines Ausbruchs mit der Zeit. Hierfür im Kartenspiel eine Analogie zu finden ist freilich schwer.

Jedes dieser Ausbruchsmuster kann als Grundlage zur Vorhersage künftiger Aktivitäten dienen. Unglücklicherweise sind statistische Aussagen erst sinnvoll, wenn die Gesamtzahl der erfaßten Eruptionen über zehn oder 20 liegt. Nur wenige Vulkane sind so aktiv oder schon so lange unter Beobachtung, daß sich ihr Ausbruchsmuster beschreiben läßt.

Ruhende Vulkane sind keineswegs erloschen, und wenn man sie mit empfindlichen Instrumenten überwacht, kann man ihre Lebenszeichen in den Phasen der Ruhe und des Erwachens registrieren. Die Erdbebenhäufigkeit ist eines dieser Signale. Erdbeben und Vulkane treten gemeinsam an Plattengrenzen auf, wobei die meisten Erdbeben wohl durch das Aneinanderreiben zweier Plattenränder ausgelöst werden. Einige scheinen allerdings enger an vulkanische Prozesse gebunden zu sein. Auf Hawaii und in anderen Hot-Spot-Regionen begleiten Erdbeben die vulkanische Tätigkeit, obwohl die Plattengrenzen Tausende von Kilometern entfernt sind (Abbildungen 15.1 und 15.3). Hawaiis Vulkan Kilauea gehört sogar zu den seismisch aktivsten Gebieten der Erde. So werden täglich zehn und mehr Mikrobeben unter diesem Vulkan gezählt, und mit einem spürbaren Beben ist etwa einmal pro Woche zu rechnen.

Unmittelbar vor einem Ausbruch, wenn sich unterirdisch neue Magmaförderspalten öffnen, erschüttern Hunderte bis Tausende von Mikrobeben – begleitet von einigen stärkeren Erdstößen – den Untergrund. Bei Vulkanen wie dem Mount St. Helens, die sich über Subduktionszonen befinden, liegt die Zahl der Mikrobeben in Ruheperioden bei einigen wenigen pro Monat, steigt dann allerdings vor einem Ausbruch auf viele hundert pro Tag an.

Vermutlich sind mehrere Prozesse für diese Beben verantwortlich – eine zunehmende Auflast ebenso wie Veränderungen der Untergrundtemperatur,

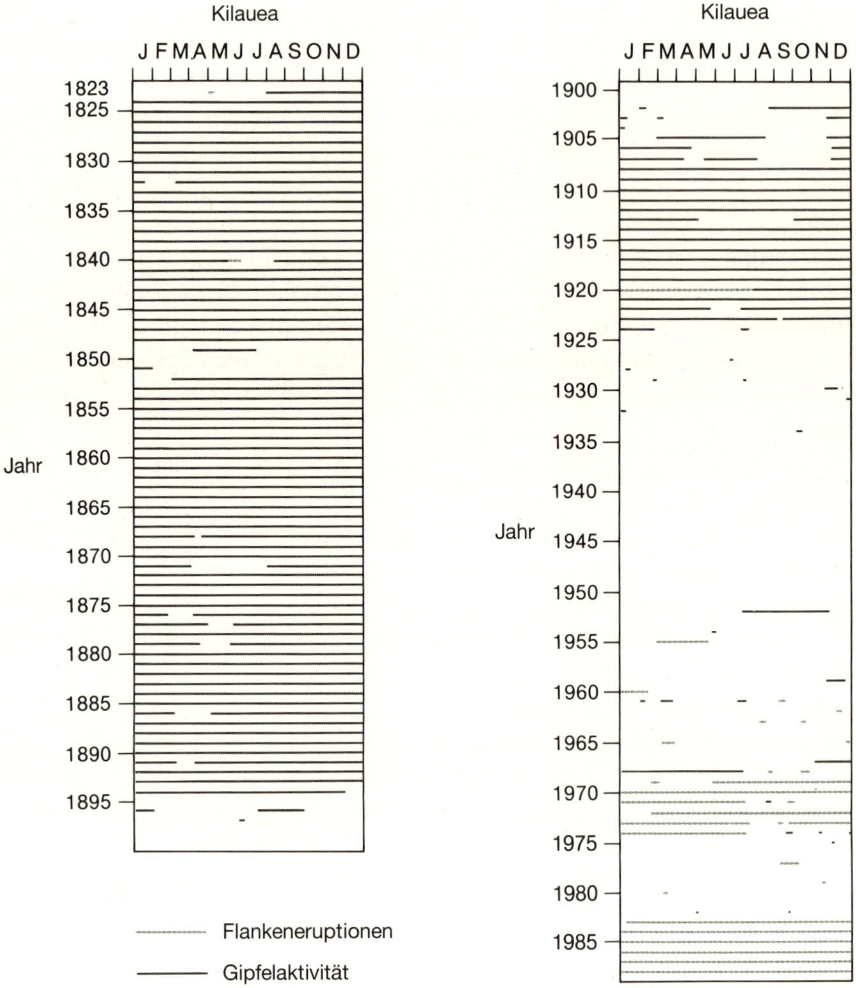

15.2 Die Ausbrüche des Kilauea auf Hawaii seit 1823 weisen ein Muster auf, bei dem lange Perioden anhaltender Aktivität oder dicht aufeinanderfolgender Eruptionen mit ausgedehnten Ruhepausen abwechseln. Unterschieden ist hier zwischen Flankeneruptionen und vulkanischer Tätigkeit im Gipfelbereich. Die Perioden von 1823 bis 1894 und von 1906 bis 1924 waren durch eine nahezu kontinuierliche Lavaseeaktivität im Gipfelkrater gekennzeichnet. (Nach MacDonald, G.; Hubbard, D. *Volcanoes of the National Parks of Hawaii*. Hawaii Natural History Association, 1982.)

Magmabewegungen und Gasexplosionen. Während das Verrutschen und Aufreißen der Gesteine infolge des wachsenden Gewichts eines riesigen Vulkans nur in indirektem Zusammenhang mit der vulkanischen Aktivität steht, sind die anderen Ursachen, insbesondere die Bewegungen des Magmas und die Öffnung von Rissen, in denen es aufsteigen kann, engstens an aktive vulkanische Prozesse gebunden.

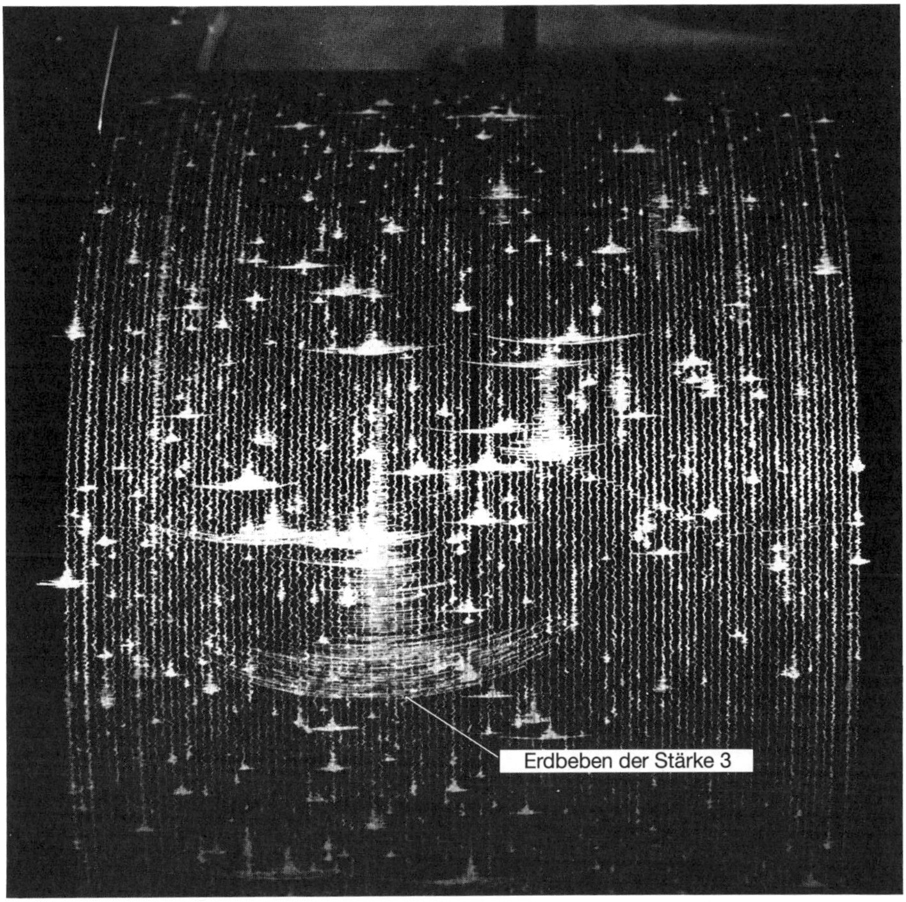

15.3 Dieser Seismograph zeichnet am Hawaiian Volcano Observatory Beben auf. Die Trommel dreht sich in 15 Minuten einmal um ihre Achse, so daß ein ganzer Tag auf ein Blatt paßt. Die meisten der hier registrierten Mikrobeben sind zu schwach, um für den Menschen spürbar zu sein. Das größere, hervorgehobene Beben allerdings hat die Stärke 3 erreicht und war damit in unmittelbarer Nähe des Epizentrums fühlbar. (Photo: U.S. Geological Survey.)

Kurz vor dem Ausbruch nimmt meist die Zahl oder die Stärke der vulkanischen Beben zu, vor allem von jenen, die mit der Bildung neuer Förderspalten einhergehen. Dieser Zusammenhang besteht allerdings nicht in jedem Fall. In einer Studie, die 71 Erdbebenschwärme und Vulkanausbrüche umfaßte, zeigte sich in 58 Prozent der Fälle ein Anstieg der seismischen Aktivität vor der jeweiligen Eruption und in 38 Prozent ein Anstieg ohne nachfolgenden Ausbruch; in den restlichen vier Prozent der Fälle brach der Vulkan ohne vorherige verstärkte Bebentätigkeit aus.

Aufgrund des variierenden, durch Mikrobeben bedingten „Grundrauschens" in Vulkangebieten kann erst ein deutlicher Anstieg, etwa um den Faktor 100, als signifikant bezeichnet werden. Sowjetische Wissenschaftler auf Kamtschatka sind mittlerweile der Ansicht, daß die Zunahme der durch die Beben insgesamt freigesetzten Energie entscheidender ist als der Anstieg ihrer Häufigkeit. Der Zeitraum vom Beginn der gesteigerten Bebenhäufigkeit bis zum eigentlichen Ausbruch kann zwar zwischen Stunden und Monaten liegen, aber gleichwohl sind Zahl, Stärke und Lage der Beben unter aktiven Vulkanen ein wichtiger Hinweis auf deren künftige Aktivität.

Harmonische Beben (*volcanic tremor*) stellen eine besondere Form der an Vulkanismus gebundenen seismischen Aktivität dar. Es handelt sich hierbei um mehr oder weniger gleichmäßige Vibrationen des Untergrundes mit einer Frequenz von 0,5 bis zehn Zyklen pro Sekunde – ein extrem tiefes Brummen, das nur von Seismographen registriert werden kann (Abbildung 15.4). Ihr Ursprung ist nicht geklärt; verschiedene Untersuchungen kommen zu dem Schluß, daß sie durch die Bildung von Gasblasen oder durch turbulentes Strömen von Magma ausgelöst werden, das ähnliche Resonanzen erzeugt wie Luft enthaltendes Wasser in schlecht konstruierten Leitungsrohren („Wasserhammer"). Was auch immer die Ursache von harmonischen Beben sein mag, sie begleiten fast alle Vulkanausbrüche und setzen oft schon vor der eigentlichen Eruption ein. Wenngleich ihnen nicht in jedem Fall ein Ausbruch folgt, so sind

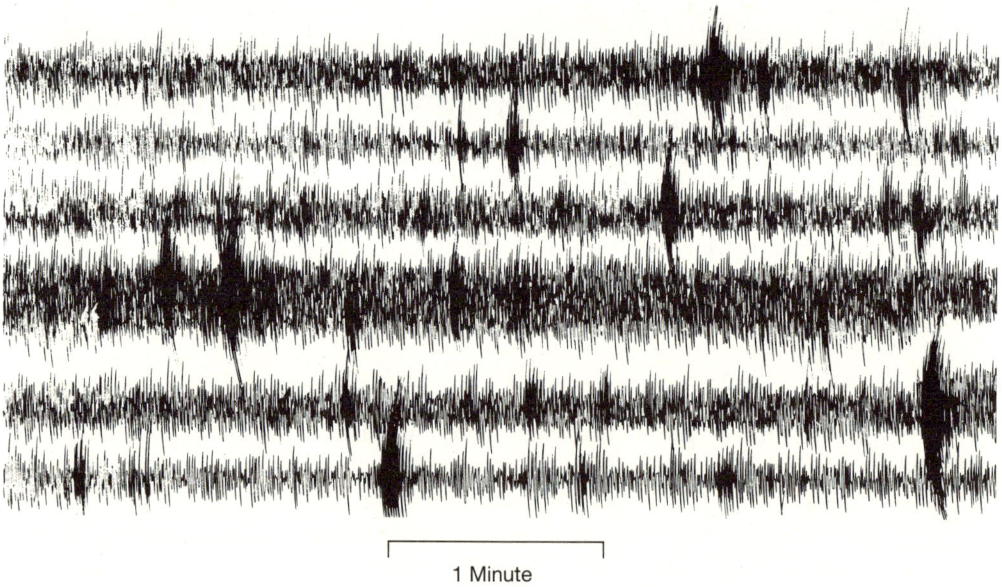

15.4 Harmonische Beben, aufgezeichnet während des Kilauea-Ausbruchs im Jahre 1977. Diese niederfrequente Vibration des Untergrundes mit etwa drei bis fünf Zyklen pro Sekunde ist an Magmabewegungen in unterirdischen Förderkanälen gebunden. Die Beben setzen vor den jeweiligen Eruptionen ein und warnen damit vor einem bevorstehenden Ausbruch. (Photo: James Griggs, U.S. Geological Survey.)

sie doch – zumindest auf Hawaii – das beste Anzeichen dafür, daß eine Eruption begonnen hat oder in den nächsten Minuten bis Stunden einsetzen wird. Die Mitarbeiter des Hawaiian Volcano Observatory können durch einen entsprechenden Alarm in ihren Häusern zu jeder Tages- und Nachtzeit an ihren Arbeitsplatz gerufen werden.

Kleine Veränderungen im Neigungswinkel oder im Abstand zwischen zwei Beobachtungspunkten auf den Gipfeln und Hängen aktiver Vulkane bieten ebenfalls eine Möglichkeit, die Vorgänge im Inneren zu erschließen. Dabei kommen mehrere Meßmethoden zum Einsatz, konventionelle Nivellierverfahren ebenso wie Distanzmessungen mittels reflektierter Laserstrahlen. Außerdem verwendet man Neigungsmesser, die Änderungen in der Hangneigung von weniger als 0,0001 Prozent registrieren – ein Wert, wie er sich ergibt, wenn man ein Brett von einem Kilometer Länge um einen Millimeter anhebt. Ein vielversprechendes neues Verfahren namens GPS (Global Positioning System) greift auf Satelliten und tragbare Empfänger zurück, mit deren Hilfe man die relative Position der Bodenstationen bis auf wenige Millimeter genau bestimmen kann (Abbildung 15.5). Von den Satelliten ausgesandte Funksignale erreichen die Bodenstationen in bestimmten Mustern. Aus dem Vergleich der Muster zweier Beobachtungsstationen, den ein Computerprogramm ausführt, ergibt sich ihre relative Lage zueinander.

15.5 Eine GPS-Antenne (GPS bedeutet Global Positioning System) ist über einem Überwachungsmeßpunkt installiert und empfängt von vorbeifliegenden Satelliten gefunkte Zeit- und Codesignale. Höhenunterschiede und Entfernungen zwischen zwei und mehr Empfängern, die gleichzeitig angepeilt werden, lassen sich so mit einer Genauigkeit von 0,0001 Prozent bestimmen.

Das GPS-Verfahren mißt sowohl Änderungen in den Höhen als auch Abweichungen in der Entfernung; die Empfänger können dabei weit auseinanderliegen, da sie lediglich den Satelliten und nicht notwendigerweise sich gegenseitig „sehen“ müssen. Zwar sind die modernen Instrumente und die Einrichtungen zur Datenverarbeitung recht kostspielig; dafür lassen sich aber entscheidende Beobachtungen von nur einer Person an jedem Empfänger in wenigen Stunden auswerten. Regelmäßig durchgeführt, erlauben es diese Überwachungstechniken, jene winzigen, dem bloßen Auge verborgenen Verformungen der Vulkanoberfläche zu entdecken, die durch Veränderungen des Drucks oder der Magmamenge im Vulkan entstehen. Damit ist die „Deformationsüberwachung“ nach der Bebenüberwachung zum zweitwichtigsten Instrument der Vorhersage von Vulkanausbrüchen geworden.

Die allmähliche Aufwölbung des Kilauea in den Monaten vor einem Ausbruch und der plötzliche, wenige Stunden bis Tage dauernde Kollaps während der Eruption (siehe Kapitel 6) sind durch Verformungsmessungen in den letzten 30 Jahren aufgedeckt worden (Abbildung 15.6). Das langsame, mehr oder weniger gleichmäßige Einpressen von Magma in das oberflächennahe Reservoir unter dem Gipfel des Kilauea verursacht ein Anschwellen um bis zu zwei Meter über einen Durchmesser von zehn Kilometern. Bei der Entstehung dieser flachen Beule ändern sich Neigung und Distanz der Bodenstationen zueinander – ähnlich wie die Lagebeziehungen von Punkten auf einem Luftballon, der aufgeblasen wird.

Bei den meisten Ausbrüchen des Kilauea entleert sich die Magmakammer schneller, als neues Magma nachfließen kann, so daß sich der Gipfel senkt und die Neigung sowie die Entfernungen zwischen den Beobachtungsstationen wieder geringer werden. Verformungsmessungen stellen somit eine Art Magmabarometer bereit, das seinerseits zur Vorhersage von Eruptionen herangezogen werden kann. Wenn es einen genau definierten Aufwölbungsgrad gäbe, bei dem ein Ausbruch erfolgt, wäre die Frage nach dem Zeitpunkt der Eruption beantwortet.

Doch die Natur ist nicht so leicht berechenbar. Am Kilauea, den man über mehr Deformationszyklen verfolgt hat als jeden anderen Vulkan, war zwar die Neigungsänderung vor jedem Ausbruch stets recht deutlich, doch einen kritischen Winkel scheint es nicht zu geben. Das liegt vermutlich darin begründet, daß sowohl eine Druckerhöhung als auch eine Magmaeinpressung in das Reservoir zu einer Aufwölbung des Gipfels und damit zu einer Hangversteilung führen können. Eine allmählich erfolgende Einpressung zieht nicht zwangsläufig eine Druckerhöhung nach sich, aber gerade der zunehmende Druck führt zum Brechen der Kammerwände. Das Magma dringt dann in die neuentstandenen Spalten ein, und der Gipfel senkt sich rasch. Die Schmelze kann entweder als Intrusion in den unterirdischen Rissen verbleiben oder zur Oberfläche durchbrechen.

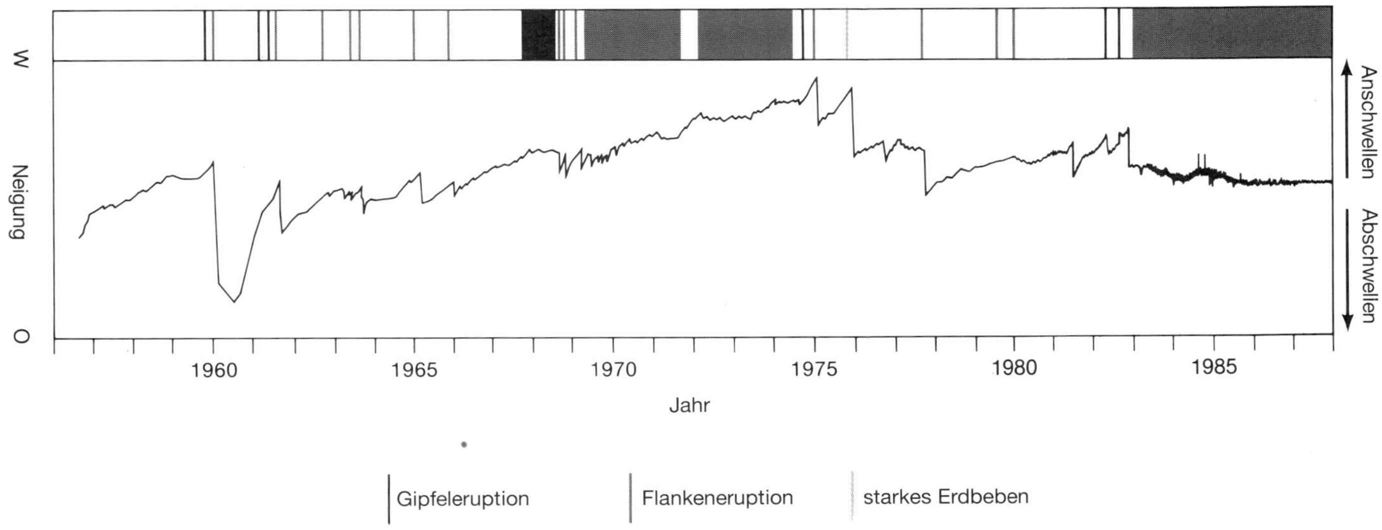

15.6 Die Änderungen der Hangneigung am Kilauea über 30 Jahre hinweg zeichnen das An- und Abschwellen dieses Vulkans im Zuge seiner Eruptionen nach. Monate bis Jahre vor einem Ausbruch wölbt sich der Gipfel des Kilauea auf. Sobald ein Stadium erreicht ist, in dem die Festigkeit des Gesteins, das die Magmakammer umgibt, überschritten wird, bricht der Vulkan aus. Bei einigen Eruptionen werden in kurzer Zeit große Mengen an Magma aus dem Reservoir entleert, und der Vulkan senkt sich innerhalb weniger Tage wieder ab. Eine starke Aufwölbung bedeutet ein erhöhtes Ausbruchsrisiko; da aber die Festigkeit der Wandung um die Magmakammer von Ausbruch zu Ausbruch schwankt, gibt es keinen exakten Wert für die Hangversteilung, der eine Vorhersage der nächsten Eruption erlauben würde. (Daten vom U.S. Geological Survey.)

Gegenwärtig führt man auch an einigen potentiell gefährlichen Vulkanen über Subduktionszonen Deformationsmessungen durch, doch noch ist nicht klar, ob diese Analysen hier ähnlich nützlich sind wie an basaltischen Schildvulkanen. Eine Schwierigkeit bei explosiven Vulkanen liegt in den langen Ruhepausen zwischen den Ausbrüchen. Es dürfte einige hundert Jahre dauern, bis man über die Verformungen am Vesuv soviel weiß, wie man beim Kilauea in 30 Jahren erfahren hat. Gleichwohl hat die Überwachung der Erdbebenschwärme und der Oberflächenverformungen am Mount St. Helens zwei Monate vor seinem Ausbruch im Jahre 1980 wichtige Erkenntnisse über die damaligen Vorgänge im Vulkaninneren vermittelt (siehe Kapitel 4).

In Japan, Neuseeland, auf Kamtschatka und Hawaii hat man im Umfeld der Vulkane Veränderungen des magnetischen und des elektrischen Erdfeldes registriert, die an den Grad der vulkanischen Aktivität gekoppelt sind. Obwohl die dabei eingesetzten Verfahren noch relativ neu und längst nicht so ausgereift sind wie die seismische Überwachung oder die Verformungsmessungen, ist ihr Potential vielversprechend.

Temperaturänderungen in Dampfaustritten und warmen Quellen an Vulkanen scheinen auf den ersten Blick naheliegende Instrumente zur Ausbruchsvorhersage zu sein; aber Regenfälle und wechselnde Grundwasserströmungen verursachen nicht selten beträchtliche Temperaturschwankungen, die nichts mit vulkanischer Tätigkeit zu tun haben. Im Falle des Taal, eines Vulkans auf den Philippinen, kündigte allerdings der Temperaturanstieg um zwölf Grad Celsius im Kratersee eindeutig den Ausbruch von 1965 an (Abbildung 15.7).

Veränderungen in der Menge und der Zusammensetzung vulkanischer Gase sind ein weiterer Indikator für verborgene Ereignisse unter aktiven Vulkanen. Am Askja auf Island öffneten sich zwei Wochen vor seinem Ausbruch im Jahre 1962 neue Dampfaustritte. Wissenschaftler in Japan, auf Kamtschatka und in den USA verzeichneten zum Teil Jahre, zum Teil auch nur Tage vor bestimmten Eruptionen einen Anstieg des Schwefelgas/Chlorgas-Verhältnisses an Dampfaustritten. Verschiebungen im Wasserstoff-, Helium- oder Radongehalt der vulkanischen Gase werden ebenfalls als mögliche Signale für eine Änderung in der vulkanischen Aktivität gewertet.

Keine dieser Methoden scheint der alleinige Schlüssel zur Vorhersage von Vulkanausbrüchen zu sein. Jeder Vulkan ist einzigartig, und die Fallgeschichte des einen hilft nicht unbedingt, die Symptome eines anderen zu diagnostizieren. Dennoch versucht man inzwischen bei einigen Vulkanen in Japan, Indonesien, Island, auf den Philippinen, Kamtschatka und Hawaii, zu nutzbringenden, wenn auch nicht exakten Vorhersagen zu gelangen. Manche bemerkenswerten Erfolge, aber auch Fehlschläge verdeutlichen dabei den gegenwärtigen Stand der Kenntnis.

Nach 25jähriger Ruhepause – dem längsten Schlaf seit Beginn der Aufzeichnungen in der Mitte des 19. Jahrhunderts – brach am 5. und 6. Juli 1975 der

Mauna Loa wieder aus. In einer kurzen, heftigen Gipfeleruption flossen 30 Millionen Kubikmeter Lava aus. Die Erdbeben- und Verformungsüberwachung wurde während und nach dem Ausbruch verstärkt, und als der Mauna Loa wieder ruhte und sich auf seine nächste Eruption vorbereitete, verfolgten die Wissenschaftler in gespannter Erwartung die Messungen. Bis zum nächsten Ausbruch vergingen knapp zehn Jahre; Abbildung 15.8 faßt die Daten zusammen.

Bei flachen bis mitteltiefen, schwächeren Erdbeben war jeweils ein bis zwei Jahre vor den Ausbrüchen von 1975 und 1984 ein deutlicher Anstieg zu verzeichnen, wohingegen sich die Anzahl der Tiefbeben in 13 und mehr Kilometer Tiefe nicht veränderte. Die plötzliche, rapide Zunahme von mitteltiefen Erdstößen Ende 1983 wurde durch zahlreiche Nachbeben verursacht, die einem Beben der Stärke 6,6 unter der Ostflanke des Mauna Loa im November jenes Jahres folgten.

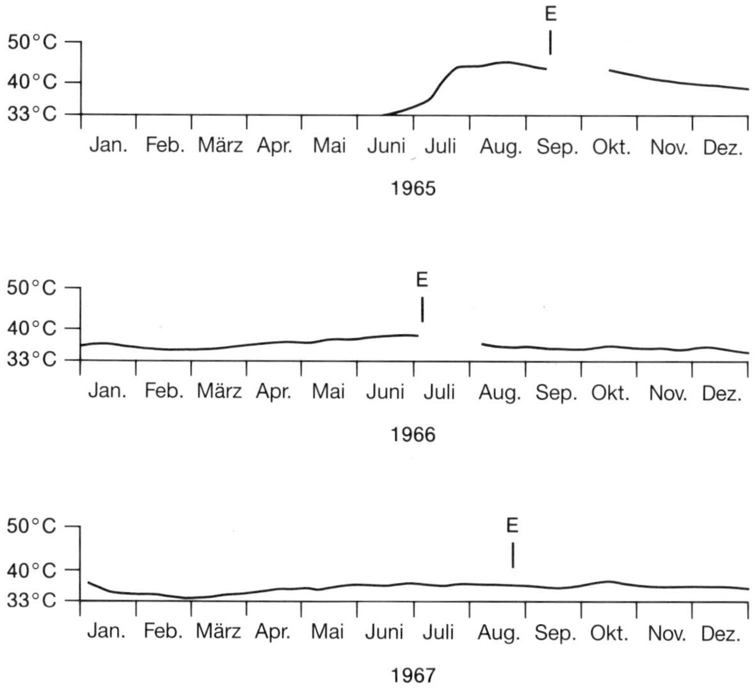

15.7 Temperaturschwankungen im Kratersee des Vulkans Taal auf den Philippinen können manchmal als Warnsignal für eine herannahende Eruption (E) dienen. Im Juli und August des Jahres 1965 stiegen die Temperaturen deutlich über ihre normalen Werte von 33 Grad Celsius an; im September brach der Vulkan aus. Vor dem Ausbruch im folgenden Jahr war der Temperaturanstieg weniger eindeutig, und die Eruption von 1967 hätte durch die Temperaturänderungen allein nicht vorhergesagt werden können. (Daten von A. Alcaraz, Philippine Commission on Volcanology.)

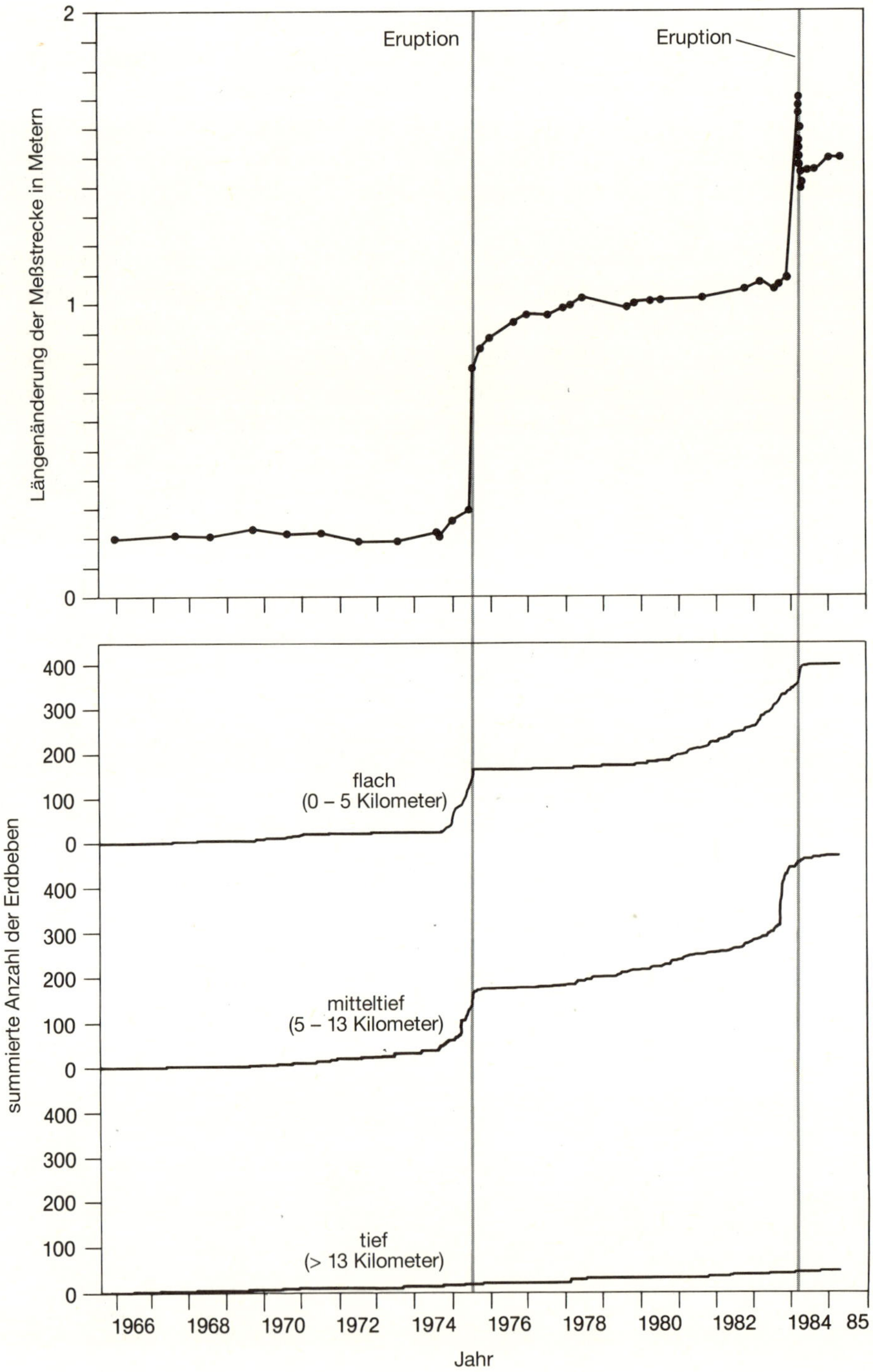

Eruption
Eruption
Längenänderung der Meßstrecke in Metern
2
1
0
summierte Anzahl der Erdbeben
400
300
200
100
0
flach
(0 – 5 Kilometer)
mitteltief
(5 – 13 Kilometer)
tief
(> 13 Kilometer)
1966
1968
1970
1972
1974
1976
1978
1980
1982
1984
85
Jahr

15.8 Erdbeben und Oberflächenverformungen stellen Vorboten von Ausbrüchen des Mauna Loa auf Hawaii dar. Flache sowie in mittlerer Tiefe unter dem Vulkan ausgelöste Beben, die meist zu schwach sind, um spürbar zu sein, nehmen ein bis zwei Jahre vor einer Eruption an Häufigkeit zu. Eine Vergrößerung der drei Kilometer breiten Caldera (jeder Punkt repräsentiert eine getrennte Messung) erfolgt überwiegend während der Ausbrüche. (Nach Lockwood, J. P. et al. U.S. Geological Survey Professional Paper 1350 (1987) S. 548f.)

Bei Verformungsmessungen im Jahr vor dem Ausbruch von 1975 entdeckte man, daß sich eine drei Kilometer lange Meßstrecke quer über die Caldera um 75 Millimeter gedehnt hatte. Ähnliches ließ sich auch vor dem Ausbruch von 1984 beobachten. Zu Beginn beider Eruptionen weitete sich die Caldera dann schlagartig um einen halben Meter; die Ursache war die Öffnung der magmagefüllten Risse, welche die Caldera auseinandertrieb und die Eruptionen speiste.

1984 schrumpfte die Caldera kurz nach Beginn des Ausbruchs wieder um 30 Zentimeter, da die Förderschlote an der nordöstlichen Riftzone auf 2900 Meter Höhe einen Teil des Magmas abgezapft hatten und sich der Gipfel daraufhin absenkte und zusammenzog. Im Anschluß an die drei Wochen währende Eruption, bei der 220 Millionen Kubikmeter Lava gefördert wurden (Abbildung 15.9), begann der Gipfel sich erneut aufzublähen und auszudehnen. 1988 hatte die Gipfelvergrößerung etwa 50 Prozent des Verlusts, der mit der Flankeneruption einhergegangen war, wieder ausgeglichen.

Aufgrund der verstärkten Erdbeben und der Gipfelaufblähung wagte man 1983 eine Ausbruchsvorhersage, in der man auf die erhöhte Gefahr einer neuerlichen Eruption des Mauna Loa in den nächsten zwei Jahren hinwies. Der Ausbruch von 1984 kündigte sich in zwei völlig unterschiedlichen zeitlichen Größenordnungen an: Die einen, eben erwähnten Vorboten zeigten sich etwa ein Jahr, die anderen ungefähr zwei Stunden vor der Eruption. Am 24. März gegen 23.30 Uhr meldeten die Seismographen Erdbebenschwärme und harmonische Beben; der Ausbruch selbst setzte am Morgen des 25. März um 1.25 Uhr ein. Sehr wünschenswert wäre es, Vorboten zu finden, die sich Tage oder Wochen vor einem Ausbruch des Mauna Loa einstellen.

Russische Forscher scheinen erfolgreicher zu sein. Der gewaltigen Eruption des Tolbatschik auf der Halbinsel Kamtschatka im Jahre 1975 war ein heftiger Erdbebenschwarm vorausgegangen. Daraufhin hatte der Vulkanologe P. I. Tokarew einen größeren Ausbruch in dieser Region innerhalb einer Woche vorausgesagt, und russische Fernsehteams nutzten die Möglichkeit, dabei zu sein, als am 6. Juli – gerade zwei Tage nach Veröffentlichung der Vorhersage – ein neuer Vulkan geboren wurde (Abbildung 15.10).

Dennoch bleiben Vulkanausbrüche weiterhin eine ständige Bedrohung für die Menschen. 1976 führte eine kleine Eruption des La Soufrière auf Guadeloupe zur kostspieligen Massenevakuierung von 70 000 Menschen, da es so aussah, als könnten durch den Ausbruch verheerende Glutwolken ausgelöst

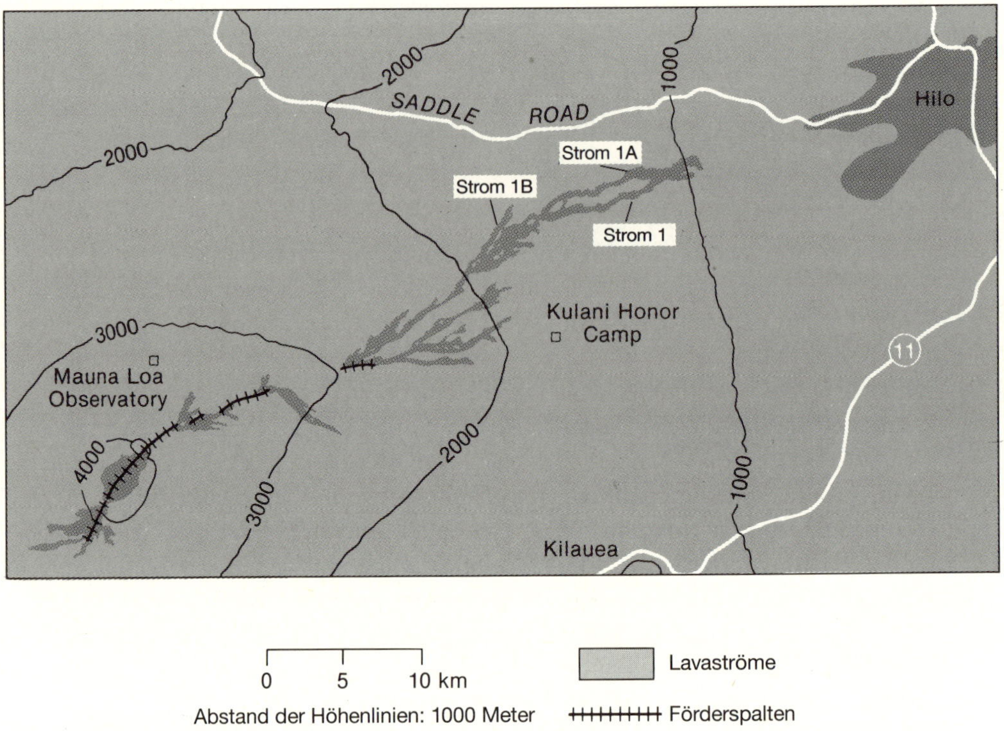

15.9 Spalteneruptionen und Lavaströme des Mauna-Loa-Ausbruchs von 1984. Nach dem anfänglichen Gipfelausbruch rissen nach und nach Förderspalten entlang der Northeast Rift Zone auf. Die Risse auf 2900 Meter Höhe öffneten sich etwa 15 Stunden nach Beginn des Ausbruchs und blieben für die nächsten drei Wochen die Hauptförderzonen. Lavastrom 1 hatte am fünften Tag seine maximale Länge erreicht; dann spaltete sich Strom 1A von ihm ab. Strom 1B bildete sich am 5. April auf ähnliche Weise infolge der Blockade von Strom 1A, so daß die Stadt Hilo nicht länger durch den Ausbruch bedroht war. (Nach Lockwood, J. P. et al. U.S. Geological Survey Professional Paper 1350 (1987) S. 561.)

werden – ähnlich jenen nach der Eruption des Mont Pelée auf der Nachbarinsel Martinique im Jahre 1902. Glücklicherweise blieb eine derartige große Eruption aus; die Vulkanologen aber mußten sich den Vorwurf gefallen lassen, blinden Alarm geschlagen zu haben.

Anhand der Eruption des Mount St. Helens (siehe Kapitel 4) lassen sich die Stärken und Schwächen der gegenwärtigen Ausbruchsvorhersage anschaulich aufzeigen. 1978 wurde eine Warnung veröffentlicht, die auf der geologischen Vergangenheit des Vulkans beruhte und für die nächsten Jahrzehnte verheerende Ausbrüche vorhersagte. Nach ersten kleinen Eruptionen im März 1980 konnten die Geologen aus dem starken, anhaltenden Erdbebenschwarm und dem Anschwellen des Gipfels schließen, daß eine ziemlich große Menge Magma unter die Nordflanke des Vulkans eingepreßt wurde. Es war recht wahrscheinlich, daß das Magma an die Oberfläche gelangen und gewaltsam ausbre-

15.10 Die große Eruption des Tolbatschik auf der Halbinsel Kamtschatka im Jahre 1975 wurde auf der Grundlage sich steigernder lokaler Erdbeben exakt vorhergesagt. Das Gesamtvolumen von Lava und Pyroklastika betrug fast zwei Kubikkilometer, während die Aschenwolke eine Höhe von 14 Kilometern erreichte. (Photo: N. P. Smelow, Institut für Vulkanologie, Kamtschatka, Rußland.)

chen würde. Doch weder der Verlauf noch das Ausmaß des Ausbruchs sind vorhersehbar gewesen; selbst bei der nachträglichen Überprüfung entdeckte man keinerlei Anzeichen, die eine vollständige Evakuierung des später verwüsteten Gebiets nahegelegt hätten. Immerhin war aber die von der Magmaeinpressung ausgehende Gefahr erkannt und daraufhin der Zugang zu der Region stark eingeschränkt worden, was Hunderte von Menschenleben rettete.

Auf den großen Ausbruch folgten im selben Jahr noch fünf schwächere, und der Lavadom wuchs während mehrerer Perioden von 1980 bis 1987 rasch an. Seit der Explosion im Juli 1980 konnten alle Eruptionen und Domwachstumsphasen präzise aus dem Anstieg der seismischen und deformativen Aktivität vorhergesagt werden. Diejenigen Vorboten, die jeweils Tage oder Stunden vor jedem Ausbruch auftraten, genügten als Warnung, um die gefährdeten Gebiete evakuieren zu lassen.

Allerdings läßt sich das, was man am Mount St. Helens gelernt hat, nicht unbedingt auf andere Vulkane übertragen. Rabaul auf Papua-Neuguinea ist eine Hafenstadt, die auf den meerüberfluteten Resten einer prähistorischen Caldera errichtet wurde. Die Vulkane in der Nachbarschaft sind noch tätig, und ein Ausbruch im Jahre 1937 kostete 500 Einwohnern von Rabaul das Leben. 1983 registrierte das Rabaul Volcano Observatory einen größeren Erdbebenschwarm und eine Anhebung des gesamten Gebiets (Abbildung 15.11). Von 1983 bis 1984 zählte man 92 000 Flachbeben, von denen viele auch für die 70 000 Einwohner der Hafenstadt spürbar waren. Der Anstieg der Landoberfläche betrug 63 Zentimeter; unter Wasser war der Wert sicherlich noch höher. Die Wissenschaftler am Rabaul Volcano Observatory vermuteten, daß zwei Kilometer unter der Caldera große Mengen an Magma eingepreßt wurden, und man plante, die Stadt zu evakuieren. Doch Ende 1984 hörten die Beben und die Aufwölbung auf, und die Region blieb über Jahre hinweg stabil. Offensichtlich war der Druck des Magmas nicht groß genug gewesen, um es bis zur Oberfläche durchbrechen zu lassen, und als die Magmaeinpressung abebbte, war die Krise vorbei. Ausbruchswarnungen dieser Art sollten nicht als Schwarzseherei oder blinder Alarm abgetan werden, denn die Wahrscheinlichkeit eines Ausbruchs war während der seismischen und deformativen Aktivität tatsächlich sehr hoch. „Abgebrochener Alarm" wäre wohl der bessere Terminus.

Die Menschen, die 1985 in Armero am Fuße des kolumbianischen Vulkans Nevado del Ruiz lebten, hatten nicht so viel Glück (siehe Kapitel 5). Unter dem Berg waren monatelang gehäuft Erdbeben aufgetreten, und im September 1985 ereignete sich am Gipfelkrater eine schwache Dampfexplosion. Da der Gipfel des Nevado del Ruiz eine Eiskappe trägt und 1845 schon einmal 1000 Menschen in Schlammströmen umgekommen waren, warnten Geologen die Bewohner der Siedlungen an den Flüssen, die am Berg entspringen, daß jeder Ausbruch mit geschmolzenem oder sehr heißem Gestein eine ähnliche Katastrophe auslösen könnte. Trotz der Warnung wußte aber in Armero niemand genau, was ein Schlammstrom ist; als der Vulkan im November schließlich ausbrach, entschlossen sich nur wenige, die Stadt zu verlassen. Zwei Stunden,

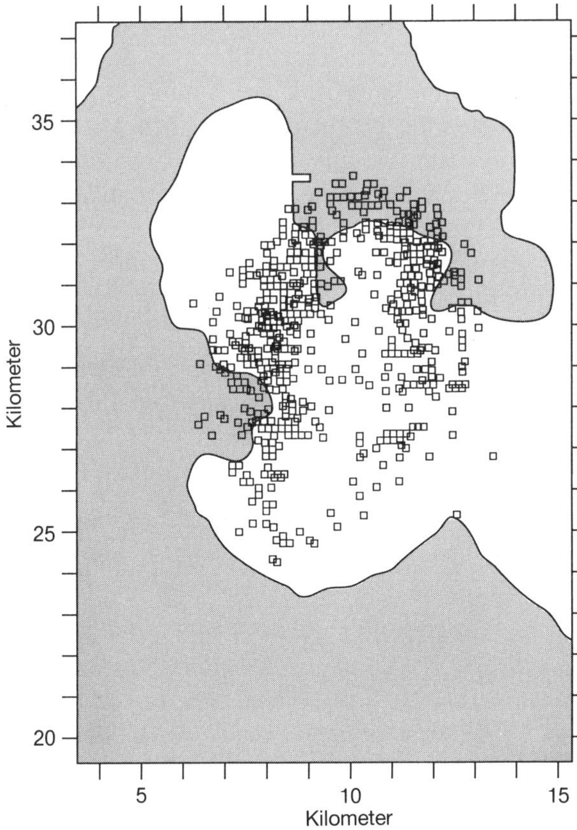

15.11 Lage der Flachbeben unter der Rabaul-Caldera in Papua-Neuguinea, die zwischen September 1983 und November 1984 überwiegend in einer Tiefe von bis zu drei Kilometern ausgelöst wurden. Das Gebiet der stärksten Aufwölbung liegt innerhalb des Ovals, das durch die Epizentren gebildet wird. (Von McKee, C. O. et al. *Volcano News* 19/20 (1985) S. 3.)

nachdem heiße pyroklastische Ströme einen Teil des Eises aufgeschmolzen hatten, wurde Armero durch Schlammströme dem Erdboden gleichgemacht. Vermutlich hätten stromaufwärts installierte Schlammstromüberwachungsgeräte oder Wächter 22 000 Menschenleben retten können. Ausbruchsvorhersagen stellen also nur einen Schritt in Richtung Risikominderung dar; konkrete Einsatzpläne für den Notfall sind ebenso unverzichtbar.

Die meisten gefürchteten Vulkane verdanken ihren schlechten Ruf dem Verderben und der Zerstörung, die sie verursacht haben. Diejenigen Ausbrüche, bei denen erfolgreiche Vorhersagen Tausende von Leben gerettet haben, sind weniger bekannt. Ein solcher Fall ereignete sich 1983 in Indonesien.

Der Colo auf der Insel Una Una wurde vom 14. Juli 1983 an von Erdbebenschwärmen erschüttert; am 18. Juli setzten dann kleinere explosive Eruptionen ein. Aufgrund des bisherigen Verhaltens des Colo und vergleichbarer Vulkane empfahlen die Geologen des Volcanological Survey of Indonesia der Kommunalverwaltung, die Insel zu evakuieren. Diese stimmte zu, und alle 7000 Einwohner wurden mit Booten weggebracht. Tatsächlich wurde die Insel in der Hauptphase der Eruption, am 23. Juli, von heißen pyroklastischen Strömen überflutet. Der Großteil des Viehs und der Kokosnußplantagen fiel ihnen zum Opfer. Es wird noch Jahre dauern, bis die Insel wieder bewohnbar und zu bewirtschaften ist, aber zumindest haben die Menschen überlebt.

Von den aktiven Vulkanen der Welt sind bislang nur wenige sorgfältig untersucht, und die meisten werden nicht überwacht. Die Methoden dafür sind zwar ziemlich ausgereift, aber andere, dringlichere Probleme und Bedrohungen konkurrieren um die personellen und finanziellen Ressourcen, die nötig sind, um derartige Untersuchungen durchzuführen.

Die Vulkanforschung ist eine Wissenschaft, die langsam flügge wird. Sie hat bereits enorme Fortschritte gemacht, aber es ist noch ein weiter Weg, bis man Vulkane wirklich verstehen wird. Unser Buch ist denen gewidmet, die diesen Weg beschreiten.

Glossar

Aa-Lava Lava mit rauher, zerklüfteter Oberfläche. Auch als Brocken- oder Blocklava bezeichnet.

Abschiebung Steilstehende Störung, an der eine Gesteinsscholle gegenüber einer anderen abwärts gerutscht ist (siehe auch Verwerfung; *normal fault*).

Absenkung Langsames bis schnelles Einsinken oder Einstürzen der Oberfläche über einem Hohlraum, zum Beispiel einer sich entleerenden Magmakammer (*subsidence*, *deflation*).

Akkretion Wachstum durch externe Anlagerung, zum Beispiel bei der Planetenentstehung.

Andesit Intermediäres vulkanisches (magmatisches) Gestein, das in seiner Zusammensetzung zwischen Dazit und Basalt liegt.

Asche, vulkanische Staubartiges bis feinkörniges vulkanisches Auswurfmaterial, das bei explosiven vulkanischen Ausbrüchen entsteht.

Aschenregensedimente Aschen und andere pyroklastische Förderprodukte, die aus einer Eruptionswolke herabregnen (Fallout-Ablagerungen; *airfall deposits*).

Aschen- und Schlackenkegel Steiler, kegelförmiger Berg, der durch die Akkumulation von Asche und anderem vulkanischen Lockermaterial entsteht, das zusammen mit Gasen aus dem Förderschlot ausgeworfen wird (*cinder cone*).

Aufschiebung Steilstehende bis flache Störung, an der sich eine Gesteinsscholle relativ zu einer anderen aufwärts bewegt (*thrust fault*).

Aufschmelzen, partielles Stadium der Aufschmelzung von Gestein, in dem dieses teilweise aus Schmelze, teilweise aus festen Kristallen besteht (*partial melt*).

Aufwölbung Beulenartige Verformung eines Teiles der Erdoberfläche, etwa durch die Ausdehnung einer tiefergelegenen Magmakammer (*uplift*, *inflation*).

Ausfällung Verfestigte Abscheidung aus einer Lösung.

Barometer Gerät zur kontinuierlichen Erfassung von Luftdruckschwankungen.

Basalt Dunkle, dichte Lava (beziehungsweise ihr Erstarrungsprodukt) mit einer Zusammensetzung von etwa 50 Prozent SiO_2, 15 Prozent Al_2O_3 und viel Eisen, Calcium und Magnesium.

Beben Siehe Erdbeben.

Bergsturz Durch die Schwerkraft hervorgerufener Absturz von Gesteinsmassen. Dabei können unter Umständen ganze Bergkuppen abstürzen. Bei eher gleitender Abwärtsbewegung einer oft feuchten Gesteinsmasse spricht man von Bergrutsch (*landslide*).

Bims(stein) Sehr leichtes, durch Gasblasen schaumiges vulkanisches Glas.

Blocklava In Blöcke aufgelöste Lava verschiedenster Form.

Blöcke, vulkanische Bei explosiven Eruptionen ausgeworfene verfestigte Gesteinsfragmente, deren Größe von sechs Zentimetern bis zu mehreren Metern reichen kann.

Bomben, vulkanische Bei explosiven Eruptionen ausgeworfene zähplastische Lavafetzen, die im Flug eine gerundete Gestalt annehmen.

Caldera Großes, überwiegend durch Einsturz am Vulkangipfel entstehendes Becken mit steilen Wänden (größer als ein Krater).

Dampfexplosion Unter Wasser erfolgender vulkanischer Ausbruch, bei dem durch die Wärmeentwicklung explosionsartig Wasserdampfwolken in die Atmosphäre freigesetzt werden.

Dampfstrom Heißes Gemisch aus Gesteinstrümmern, Gas und Asche von geringer Dichte, das während eines explosiven Ausbruchs entsteht und sich mit hoher Geschwindigkeit am Boden entlang bewegt (*steam blast*).

Dazit Vulkanisches (magmatisches) Gestein, das in seiner Zusammensetzung zwischen Rhyolith und Andesit liegt.

Differentiation, magmatische Trennung eines Stamm-Magmas in mehrere Teilmagmen, vor allem durch die Abscheidung bereits fester Teile (Kristalle) von der Schmelze.

Dom, vulkanischer Siehe Lavadom.

effusiver Ausbruch Ausbruch, bei dem überwiegend Lavaströme gefördert werden (im Gegensatz zu einem explosiven Ausbruch).

Epizentrum Der senkrecht über dem Herd eines Erdbebens liegende Bereich der Erdoberfläche.

Erdbeben Siehe Flachbeben, harmonische Beben und Tiefbeben.

Erdbebenschwarm Serie schnell aufeinanderfolgender Erdbeben mit konstanter Energie (im Gegensatz zu Serien, bei denen auf einen starken Erdstoß schwächere Nachbeben folgen).

Erdbebenwellen Durch Erdbeben ausgelöste Erschütterungen des Untergrundes.

Eruption Sammelbegriff für vulkanische Ausbruchstätigkeit (effusiv oder explosiv; Lava-, Aschen-, Schlacken-, Dampf-, Gaseruptionen).

Eruptionswolke Bei Vulkanausbrüchen gebildete Wolke aus vulkanischen Aschen und anderen Pyroklastika.

Erz Natürlich vorkommendes Gestein, aus dem ein oder mehrere Minerale (Metalle) von wirtschaftlicher Bedeutung gewonnen werden können.

Feldspat Helles Mineral, das im wesentlichen aus Silicium, Sauerstoff und Aluminium besteht.

Flachbeben Erdbeben, deren Herde nicht tiefer als 60 Kilometer liegen.

Fladenlava Siehe Pahoehoe-Lava.

Flankeneruption Eruption aus einer Vulkanböschung (im Gegensatz zur Gipfeleruption).

Fluide, magmatische In Magma gelöste vulkanische Gase, vor allem Wasserstoff und Kohlendioxid.

Fluidisierung Prozeß der Bildung eines Gas-Feststoff-Gemischs, das sich dynamisch wie eine Flüssigkeit verhält (Glutlawinen).

Förderkanal Röhre oder Spalte, in der sich das Magma bewegt.

Förderschlot Öffnung an der Erdoberfläche, aus der vulkanisches Material gefördert wird (*vent*).

Förderspalte Aus einem Riß an der Erdoberfläche entstandener Förderschlot (im Gegensatz zu einem einzelnen Krater; *linear vent*).

Gabbro Grobkörniges magmatisches Tiefengestein von basaltischer Zusammensetzung.

Gang Plattenförmiger Körper aus intrusivem magmatischen Gestein, der die Schichten des Nebengesteins durchschlägt (*dike*); auch in einer Gesteinsspalte abgeschiedene Minerale (Ganglagerstätte).

Geochemie Zweig der Geowissenschaften, der sich mit der Untersuchung der chemischen Zusammensetzung der Gesteine, Böden, Minerale, Wässer und Gase in der festen Erde sowie der Hydro- und der Atmosphäre befaßt.

Geophysik Zweig der Geowissenschaften, der sich vornehmlich mit den physikalischen und mechanischen Aspekten der Geologie befaßt (im Gegensatz zur Geochemie).

geothermische Energie Aus der Wärme des Erdinneren gewonnene Energie.

geothermischer Gradient Tiefenabschnitt in Metern, bei der die Temperatur in der Erde um ein Grad Celsius zunimmt.

Glutwolke Wolkenartige Akkumulation heißer, vulkanischer Gase, die große Mengen von Feststoffen (Aschen) und Schmelztröpfchen in Suspension halten. Synonym: Nuée ardente. Schnellfließende, hangabwärts schießende Glutwolken werden auch als Glutlawinen bezeichnet.

Granit Grobkörniges magmatisches, überwiegend aus Quarz und Feldspat zusammengesetztes Gestein.

Hangwinkel, natürlicher Steilste Hangneigung, bei der Lockermaterial noch nicht ins Rutschen gerät (*angle of repose*).

harmonische Beben Diese im Englischen als *volcanic tremor* bezeichneten Beben sind durch relativ konstante Wellenlängen und Amplituden gekennzeichnet. Ihre Ursache liegt möglicherweise in der turbulenten Bewegung der aufsteigenden Magmasäule.

Hot-Spot-Vulkane Vulkane über einer ortsfesten Aufschmelzungszone im Erdmantel.

hydrothermales Reservoir Poröses Gestein im Untergrund, das heißes Wasser enthält.

Injektion Bezeichnung für das bei heftigen explosiven Vulkanausbrüchen zu beobachtende Phänomen, daß sehr schnell große Aschenmengen senkrecht in die Stratosphäre geschleudert werden.

Inselbogen Bogenförmige Inselkette an konvergenten Plattengrenzen (Subduktionszonen).

Intrusion Magmatischer Gesteinskörper, der dadurch entsteht, daß sich Schmelze ihren Weg in kühleres Nebengestein bahnt und dort erstarrt; bezeichnet auch den Prozeß der Platznahme.

Kieselsinter SiO_2-reiche mineralische Ausscheidung an Quellaustritten.

Kimberlit-Pipe Senkrecht stehende, röhrenförmige Intrusion seltener magmatischer Gesteine (Durchschlagsröhre), die häufig Diamanten birgt.

Kissenlava Siehe Pillow-Lava.

Klastisch Bezeichnung für Sedimente, deren Material aus der mechanischen Zerstörung anderer Gesteine stammt (Trümmergestein).

Kontamination Ein Vorgang, bei dem Magmen feste Nebengesteinsmaterialien, Lösungen oder Gase völlig oder teilweise aufnehmen. Synonym: Syntexis.

kontinentale Kruste Die feste, äußere Schale der Erde mit den granitischen Gesteinen der Kontinente.

Kontinentalverschiebung Theorie, der zufolge Horizontalbewegungen der Erdoberfläche langsame Lageänderungen der einzelnen Kontinente zueinander verursachen.

Krater Schüssel- oder trichterförmige, meist am Vulkangipfel entstehende Senke, in der oft der Hauptförderschlot liegt (Zentralkrater).

Kristallingestein Hartes vulkanisches oder magmatisches, aus miteinander verzahnten Mineralen bestehendes Gestein.

Kristallisation, partielle Stadium der Abkühlung eines Magmas, in dem dieses teilweise aus festen Kristallen, teilweise aus Schmelze besteht.

Küstenterrasse Durch Wellenerosion aus Küstengesteinen geschaffene, eingeebnete Fläche, die bei Hebung des Gebiets über den Meeresspiegel herausgehoben wird.

Lagergang Schichtparalleler Gang (*sill*).

Lapilli Feste, etwa nußgroße vulkanische Auswurfmaterialien.

Lava Gesteinsschmelze, die an der Erdoberfläche ausfließt; auch das entsprechende Gestein nach dem Erstarren.

Lavadecke Lavastrom mit sehr großer Oberfläche (*sheet flow*).

Lavadom Kuppelartig aufgewölbte, durch Aufstauung zähflüssiger magmatischer Schmelze entstandene Gesteinsmasse. Synonyme: Staukuppe, Quellkuppe.

Lavasee See aus Gesteinsschmelze in einem Krater oder einer anderen Senke; der Begriff umfaßt auch die verfestigten oder teilweise verfestigten Stadien (siehe Abbildung 7.1).

Lavastrom Gesteinsschmelzfluß, der bei vulkanischen Eruptionen austritt und über kurze oder längere Strecken stromartig vorwärtsfließt.

Lavaröhre Tunnel, der entsteht, wenn die Oberfläche eines Lavastroms abkühlt und erstarrt, während die schmelzflüssige Lava im Inneren weiterfließt; bezeichnet auch die hohle Röhre, die zurückbleibt, wenn der Lavafluß versiegt ist.

low-velocity layer Siehe Zone geringer Wellengeschwindigkeit.

Magma Gesteinsschmelze mit darin gelösten Gasen, die beim Erstarren zu magmatischem Gestein wird. Magma, das die Erdoberfläche erreicht, wird Lava genannt.

Magmakammer Mit Magma gefülltes Reservoir in der Erdkruste, aus dem vulkanisches Material aufsteigt (Vulkanherd).

Magnetfeld Raum, in dem magnetische Kräfte wirksam werden.

Mantel Zone des Erdinneren zwischen Kruste und Kern (bis zu einer Tiefe von etwa 3000 Kilometern).

Meeresbodenspreizung Mechanismus, durch den an (mittel)ozeanischen Rücken neue Ozeankruste gebildet wird und sich dann mit den auseinanderdriftenden Platten fortbewegt.

Mikrobeben Schwache, nur von Seismographen zu registrierende Erdbeben.

mittelozeanischer Rücken Siehe ozeanischer Rücken.

Nebengestein Das einen zu betrachtenden Gesteinskörper umgebende Gestein.

Nuée ardente Siehe Glutwolke.

Obsidian Dunkles bis schwarzes vulkanisches Glas von rhyolithischer Zusammensetzung.

Olivin Olivfarbenes, aus Eisen, Magnesium, Silicium und Sauerstoff bestehendes Mineral.

ozeanische Kruste Fünf bis zehn Kilometer mächtige Erdkruste unter den Ozeanen, ohne die granitische Schicht, welche die Kontinente aufbaut.

ozeanischer Rücken Große, langgestreckte submarine Bergkette als Teil des weltweiten Riftsystems (siehe dort; *oceanic ridge*).

Pahoehoe-Lava Lava(strom) mit geringem Gasgehalt und glatter, wulstiger oder hügeliger Oberfläche. Je nach Form auch als Fladen-, Strick- oder Seillava bezeichnet.

Pillow-Lava Zusammenhängende, sack- oder kissenartige Gebilde aus submarin geförderter Lava.

Pipe Vulkanische Durchschlagsröhre mit kreisrundem oder ovalem Querschnitt.

Plattengrenzen, divergente Ränder von tektonischen Platten, die auseinanderdriften (*extensional margins*).

Plattengrenzen, konvergente Ränder von tektonischen Platten, die sich übereinander schieben (*compressional margins*).

Plattentektonik Theorie, nach der die Erdkruste (beziehungsweise die Lithosphäre) in etwa zwölf große Platten zerbrochen ist, die sich auf der Erdoberfläche langsam gegeneinander verschieben.

plume Aus dem Mantel aufsteigende Magmasäule, die für den Hot-Spot-Vulkanismus verantwortlich ist.

Pluton In der Erdkruste steckengebliebene große Intrusion.

Pyroklastika Sammelbezeichnung für sämtliche klastischen vulkanischen Produkte (Asche, Lapilli, Bomben, Blöcke).

pyroklastischer Strom Masse heißer und trockener, mit heißen Gasen vermischter Gesteinstrümmer, die sich mit hoher Geschwindigkeit vom Vulkan entfernt.

Quarz Häufiges gesteinsbildendes, aus Silicium und Sauerstoff bestehendes Mineral (SiO_2).

Rhyolith Feinkörniges vulkanisches (magmatisches) Gestein von granitischer Zusammensetzung; Rhyolith und Granit unterscheiden sich hinsichtlich ihres Gefüges.

Riftsystem Allgemeiner Begriff für die insgesamt mehr als 60 000 Kilometer langen ozeanischen Rücken, die sich dort bilden, wo Platten sich trennen und neue Kruste entsteht (also an divergenten Plattengrenzen); auch kontinentale Rückenabschnitte wie zum Beispiel den Ostafrikanischen Graben bezeichnet man als Rifts. Darüber hinaus beschreibt man kleinräumigere Bruch- oder Schwächezonen in einer Vulkanregion (Beispiel Kilauea) ebenfalls als Riftzonen.

Riftvulkane Vulkane, die auf Riftsystemen sitzen. An diesen Systemen dringt Magma an die Erdoberfläche empor.

Ring aus Feuer Den Pazifik ringförmig umschließende Zonen gebirgsbildender Vulkane und Erdbeben.

Rutschung Hangabwärtige, mehr oder weniger schnelle Verlagerung von Gesteins- oder Bodenmassen unter dem Einfluß der Schwerkraft.

Sauer Bezeichnung für silicium- beziehungsweise SiO_2-reiche Gesteine oder Magma.

Scherung Bewegung zweier Gesteinsflächen aneinander vorbei.

Schildvulkan Flacher, aus Lavaströmen aufgebauter Vulkankegel.

Schlacke, vulkanische Rauhes, rissiges bis zackiges vulkanisches Auswurfprodukt, vor allem die etwa einen Zentimeter großen pyroklastischen Trümmer (*cinder*).

Schlammstrom Unter dem Einfluß der Schwerkraft hangabwärts fließendes Gemisch aus wassergesättigtem Schlamm und Gesteinsschutt (*mudflow*).

Schrägabschiebung Abschiebung, bei der die Gesteinsschollen horizontal und vertikal gegeneinander verschoben werden.

Schuttlawine Schnellfließendes oder rutschendes, nasses oder trockenes Gemisch aus Erde und Gesteinstrümmern (*debris avalanche*, *debris flow*).

sea-floor spreading Siehe Meeresbodenspreizung.

Seeberg Einzelstehender, gewöhnlich vulkanisch entstandener Tiefseeberg (*seamount*).

Seismograph Instrument zur Aufzeichnung aller Bewegungen der Erdoberfläche, die durch Erdbebenwellen entstehen.

Seismologie Lehre, die sich mit der Erforschung von Erdbeben, seismischen Wellen und der Struktur des Erdinneren befaßt.

Siliciumdioxid Chemische Verbindung von Silicium und Sauerstoff (siehe Quarz).

Silicatmineral Überwiegend aus Silicium und Sauerstoff bestehendes Mineral.

Stock Große, im Querschnnitt annähernd kreisförmige magmatische Intrusion.

Störung Bruch oder Trennfuge in der Erdkruste, an dem Bewegungen der beiden angrenzenden Schollen stattgefunden haben (*fault*).

Stratovulkan Steiler, aus Wechsellagen von Lavaströmen und Pyroklastika aufgebauter Vulkankegel.

Subduktionszone Konvergenzbereich zweier Platten, in dem sich die eine Platte über die andere schiebt.

Syntexis Siehe Kontamination.

Tephra Oberbegriff für alle Aschenregensedimente, auch als Synonym für Pyroklastika verwendet.

Tief(herd)beben Erdbeben, deren Herde tiefer als 300 Kilometer liegen. (Bei 60 bis 300 Kilometer Herdtiefe spricht man von Zwischen- oder Mittelherdbeben.)

Transformstörung Horizontalverschiebung, die Teilstücke der mittelozeanischen Rücken voneinander trennt (und annähernd senkrecht zu ihnen verläuft; *transform fault*).

Tsunami Durch untermeerische Erdbeben oder Vulkaneruptionen ausgelöste hohe Seewelle, die oft erhebliche Überschwemmungen in Küstengebieten hervorruft.

Verwerfung Die relative (Abwärts-)Bewegung einer Gesteinsscholle an einer mehr oder weniger geneigten Gesteinsfuge (Abschiebung; *normal fault*).

Viskosität Maß für den Fließwiderstand (Zähigkeitsgrad) einer Flüssigkeit; Wasser ist niedrig-, Honig hochviskos.

Vulkan, aktiver (tätiger) Gegenwärtig ausbrechender oder in historischer Zeit ausgebrochener Vulkan.

Vulkan, erloschener Nichtaktiver Vulkan, der wahrscheinlich nicht mehr ausbrechen wird.

Vulkan, ruhender (schlafender, untätiger) Nichtaktiver Vulkan, der wahrscheinlich wieder ausbrechen wird.

Vulkan, zusammengesetzter (gemischter) Siehe Stratovulkan.

vulkanische Front Vulkankette, die in Inselbögen wie Japan dem jeweiligen Tiefseegraben am nächsten liegt.

Vulkanite Durch Abkühlen und Erstarren von Magma oder Lava entstandene Gesteine (*igneous rocks*).

Zentralgraben Zentrale Achse der großen Riftsysteme (*central rift valley*).

Zone geringer Wellengeschwindigkeit 60 bis 250 Kilometer tiefe Zone im oberen Mantel der Erde, in der die Geschwindigkeit von Erdbebenwellen geringer ist als in den darüberliegenden Schichten.

Anhang A: Die 101 berühmt-berüchtigtsten Vulkane der Welt

Aktivität, Größe, Form, Schönheit, Gefährlichkeit und Lage sowie die Vorlieben der Autoren dienten als Auswahlkriterien für die nachfolgende Liste. Vollständigere Kataloge, denen die meisten Angaben dieses Anhangs entstammen, sind im Literaturverzeichnis aufgeführt.

Antarktis

Deception Island Hufeisenförmige Insel, die von einem Stratovulkan mit submariner Caldera gebildet wird. Der enge, vor den orkanartigen antarktischen Stürmen geschützte Hafen war in jüngster Zeit Ausgangspunkt verschiedener wissenschaftlicher Expeditionen. Kleine explosive Ausbrüche durchkreuzten in den Jahren 1967, 1969 und 1970 die Expeditionspläne.

Mount Erebus Eis- und schneebedeckter Stratovulkan mit einem aktiven Lavasee im Gipfelkrater. Er wurde 1841 während eines Ausbruchs entdeckt; seither sind mehrere Explosionen registriert worden. Der jetzige Lavasee hat einen Durchmesser von 100 Metern und bildete sich vermutlich in den sechziger Jahren. Mount Erebus ist der südlichste tätige Vulkan der Erde.

Äthiopien

Erta Alè Schildvulkan mit aktivem Lavasee im Rift Valley von Nordäthiopien. Von 1959 bis 1960 waren Spalteneruptionen an seinen Flanken zu beobachten. Der tätige Lavasee wurde 1967 entdeckt und bricht seitdem unablässig aus.

Atlantik

Beerenberg Stratovulkan mit Caldera auf Jan Mayen Island nördlich von Island. Er ist der nördlichste Vulkan der Erde und seit 1633 fünfmal ausgebrochen, zuletzt 1984.

La Palma Komplexer Vulkan mit Caldera und Schwächezonen an der Westspitze der Kanarischen Inseln. Seit 1585 wurden sechsmal Lavaströme gefördert. 1971 zum letzten Mal ausgebrochen.

Chile

Calbuco Stratovulkan in Südchile. Lavaströme und explosive Ausbrüche aus dem eis- und schneegefüllten Krater lösten mehrfach ausgedehnte Schlammströme aus, die Ackerland verwüsteten. Seit 1837 neun Eruptionen; 1961 zum letzten Mal ausgebrochen.

Llullaillaco Stratovulkan im nördlichen Chile. Er ist mit 6723 Metern der höchste aktive Vulkan der Erde. Von den drei im 19. Jahrhundert beobachteten Ausbrüchen waren zwei explosiv; während des dritten schob sich ein Lavadom aus einem Seitenschlot. Der Nevado Ojos del Salado (6886 Meter), ebenfalls in Chile, ist noch höher, doch ihm entströmt nur Wasserdampf, und es gibt keine Hinweise auf Ausbrüche.

Villarrica Stratovulkan in Zentralchile. Seit 1558 ist er 20mal explosiv ausgebrochen, dreimal flossen Lavaströme. Durch den Ausbruch im Jahre 1971 wurden große Mengen an Schnee und Eis aufgeschmolzen; in den Schlammfluten starben 15 Menschen. 1985 zum letzten Mal ausgebrochen.

Costa Rica

Arenal Stratovulkan im Nordwesten von Costa Rica. Nach langer Ruhephase brach er 1968 unter heftigen Explosionen aus, wobei riesige Gesteinstrümmer zum Teil fünf Kilometer weit geschleudert wurden. Der Explosion folgten Glutwolken. Bei dem eigentlichen Ausbruch kamen 78 Menschen ums Leben. Der Vulkan fördert seitdem dicke, träge fließende Lavaströme.

Irazú Stratovulkan mit Doppelkrater im Zentralteil von Costa Rica. Seit 1723 etwa 15 explosive Ausbrüche. Der letzte größere Ausbruch dauerte von 1963 bis 1965; die zahlreichen, schwachen bis mäßig heftigen Aschenregen in dieser Zeit verursachten in den Kaffeeplantagen große Schäden und führten noch in der Hauptstadt San Juan zu Behinderungen. Einer der zehn „Dekadenvulkane", die im Rahmen des von der UN für die neunziger Jahre ausgerufenen Forschungsprogramms zur Naturkatastrophenvorbeugung IDNDR (International Decade for Natural Disaster Reduction) besonders intensiv untersucht werden sollen.

Poás Stratovulkan mit Zwillingskraterseen im Zentralteil von Costa Rica. Seit 1834 ist er 20mal ausgebrochen, oft mit Schlamm- und Wasserexplosionen im nördlichen See. Während der Eruption im Jahre 1910 wurde die Wasserfontäne vier Kilometer hoch geschleudert. 1989 zum letzten Mal ausgebrochen.

Ecuador (Anden)

Cotopaxi Fast 6000 Meter hoher Stratovulkan. Seit 1532 mehr als 50 Ausbrüche, zum Teil mit Lavaströmen. 1877 schmolzen bei einer Eruption große Eis- und Schneemassen am Gipfel; die dadurch entstandenen Schlammströme rasten in Flußtälern 100 Kilometer weit. 1942 zum letzten Mal ausgebrochen. (Siehe Abbildung 9.2.) Einer der zehn „Dekadenvulkane“, die im Rahmen des von der UN für die neunziger Jahre ausgerufenen Forschungsprogramms zur Naturkatastrophenvorbeugung IDNDR (International Decade for Natural Disaster Reduction) besonders intensiv untersucht werden sollen.

Guagua Pichincha Stratovulkan mit Caldera und Zentralkegel. Vom 16. bis 19. Jahrhundert war er sehr aktiv; im 20. Jahrhundert erfolgte nur ein schwächerer Ausbruch im Jahre 1982. 1660 fielen 40 Zentimeter Asche auf die Hauptstadt Quito; das moderne Quito dehnt sich an den Hängen des potentiell gefährlichen Vulkans aus.

Reventador Stratovulkan östlich der Hauptkette der Anden. Obwohl dieser geheimnisvolle Vulkan erst seit 1931 erforscht wird, scheint bewiesen, daß er für die Aschenregen über Quito im Jahre 1541 verantwortlich war. Eine wichtige Öl-Pipeline, die die Amazonas-Ölfelder mit der Westküste von Ecuador verbindet, verläuft direkt über seinen Nordhang. 1976 zum letzten Mal ausgebrochen.

Sangay 5230 Meter hoher, eis- und schneebedeckter Stratovulkan. Zwischen 1728 und 1916 sowie 1934 und 1988 war der Vulkan mit kleinen explosiven Eruptionen und gelegentlich geförderter Lava aktiv.

Ecuador (Galapagos-Inseln)

Fernandina Schildvulkan mit Gipfelcaldera; der aktivste aller Galapagos-Vulkane. Darwin nannte die unbewohnte Insel in seinen Aufzeichnungen Narborough. 1968 erfolgte eine größere explosive Eruption und der Einbruch einer Caldera um 350 Meter. 1988 zum letzten Mal ausgebrochen.

El Salvador

Izalco Junger Stratovulkan, 1770 am Südhang des Santa-Ana-Vulkans im Westen El Salvadors entstanden. Von 1957 an brach er nahezu ununterbrochen mit schwächeren Eruptionen aus und war als „Leuchtturm des Pazifik" bekannt. Direkt nach dem Bau eines Hotels, von dem aus man die Eruptionen beobachten konnte, stellte er seine Tätigkeit ein. 1966 letztmals ausgebrochen.

Griechenland

Santorin (Thera) Stratovulkan mit überfluteter Caldera in der Ägäis. Ein gewaltiger explosiver Ausbruch und der Einsturz der Caldera etwa 1500 vor Christus zerstörten Akrotiri, eine bedeutende minoische Stadt, die gegenwärtig ausgegraben wird. Diese Eruption und das plötzliche Versinken der Inselmitte könnten der Atlantis-Sage zugrunde liegen. Während des letzten Ausbruchs im Jahre 1950 wuchs ein Lavadom, und auf den Inseln in der Caldera flossen mächtige Lavaströme aus.

Guatemala

Atitlán Stratovulkan am Südrand eines 20 Kilometer großen Calderasees im Südwesten von Guatemala. Seit 1469 elf schwache bis mäßig heftige Eruptionen. Der Calderasee, der sich infolge gigantischer prähistorischer Ausbrüche gebildet hat, gehört zu den schönsten der Welt.

Fuego Stratovulkan im Südwesten von Guatemala, dessen Name „Feuer" bedeutet. Seit 1524 ist er mehr als 50mal ausgebrochen, wobei er meistens Aschen, gelegentlich auch Glutwolken und Lavaströme förderte. 1988 zum letzten Mal ausgebrochen.

Pacaya Vulkankomplex aus zwei kleinen Stratovulkankegeln und älteren Lavadomen in Südguatemala. Seit 1565 ist er mehr als 30mal ausgebrochen, überwiegend explosiv, in den letzten Jahren auch unter Förderung von Lavaströmen. Seit 1965 ereignet sich nahezu jedes Jahr ein Ausbruch.

Santa Maria Stratovulkan in Westguatemala mit wachsendem Lavadom am Südwesthang. In historischer Zeit ist er 1902 zum ersten Mal ausgebrochen; bei einer gigantischen Explosion produzierte er 5,5 Kubikkilometer Bims und Asche. 1922 wuchs im Explosionskrater ein Lavadom, der Santiaguito, der seitdem immer wieder, zuletzt 1988, ausgebrochen ist.

Indischer Ozean

Karthala Schildvulkan mit Gipfelcaldera im südlichen Teil der Insel Grande Comore (Komoren). Seit 1828 ist er etwa 20mal ausgebrochen und hat zumeist Lavaströme aus dem Gipfel oder den Riftzonen gefördert. 1977 zum letzten Mal ausgebrochen.

Piton de la Fournaise Schildvulkan mit Caldera im östlichen Teil der Insel Réunion. Er wird gelegentlich wegen der vergleichbaren klimatischen Verhältnisse und seines ähnlichen Ausbruchsverhaltens die Schwester der Hawaii-Vulkane genannt. Seit 1640 ist er über 100mal ausgebrochen, zuletzt 1988.

Indonesien

Agung Stratovulkan auf Bali, der in der Legende den Nabel der Welt verkörpert. Obwohl er seit 1808 nur viermal aktiv war, zählt die letzte Eruption der Jahre 1963 bis 1964 zu den großen Ausbrüchen. Die hochaufsteigende Aschenwolke beeinflußte das Weltklima. In den Glutwolken starben 2000 Menschen.

Colo Flacher, 508 Meter hoher Schildvulkan mit einer zwei Kilometer großen Caldera und einem kleinen Kratersee auf der Insel Una Una nahe Sulawesi (Celebes). 1983 ereignete sich eine heftige explosive Eruption, kurz nachdem alle 7000 Bewohner der Insel evakuiert worden waren. (Vergleiche Kapitel 15.)

Dieng Komplex aufgebautes Vulkanplateau mit 26 Kegeln und Kratern auf Zentraljava. Seit 1825 etwa zehnmal ausgebrochen. Bei der letzten Eruption im Jahre 1979 wurden giftige Gase freigesetzt, denen 150 Menschen zum Opfer fielen.

Galunggung Stratovulkan mit Lavadom im Westteil von Java. Geschichtlich belegt sind nur vier Ausbrüche, doch gleich die erste Eruption im Jahre 1822 löste einen 22 Kilometer langen Schlammstrom aus, in dem 4000 Menschen ums Leben kamen. Bei dem letzten Ausbruch 1982 starben 27 Menschen.

Gamalama Stratovulkaninsel mit zahlreichen Kratern und Kraterseen westlich von Halmahera. Seit 1538 über 60 Ausbrüche, zum Teil mit Lavaströmen. 1988 zum letzten Mal ausgebrochen.

Kelut Stratovulkan mit Kratersee im Ostteil von Java. Seit 1000 nach Christus 30mal ausgebrochen. Durch die Explosionen wird der Inhalt des Kratersees ausgeworfen, was zu weitreichenden Verwüstungen führt. Während eines Ausbruchs im Jahre 1919 wurden durch Schlammströme 100 Dörfer zerstört oder zumindest in Mitleidenschaft gezogen und 5100 Menschen getötet. 1967 zum letzten Mal ausgebrochen.

Krakatau Stratovulkaninsel um eine versunkene Caldera in der Sunda-Meerenge zwischen Sumatra und Java. Der Ausbruch im Jahre 1883 gehört zu den verheerendsten Explosionen der Geschichte. Der Ausbruch war noch in 4000 Kilometer Entfernung zu hören, das Volumen der geförderten Aschen und Schlacken betrug 18 Kubikkilometer, eine sechs Kilometer große Caldera brach ein, und die anschließenden Tsunamis kosteten 36 000 Menschen an den Flachküsten von Java und Sumatra das Leben. 1988 zum letzten Mal ausgebrochen. (Siehe die Kapitel 5 und 14 und die Abbildungen 5.6 bis 5.8.)

Merapi Stratovulkan mit Lavadom am Gipfel in Zentraljava, dessen Name „Berg des Feuers“ bedeutet. Seit 1006 nach Christus ist er mehr als 60mal ausgebrochen, überwiegend mit Explosionen und Glutwolken. Die Eruption von 1006 brachte so viel Tod und Verderben, daß der Hindu Rajah nach Bali zog und sich der Islam auf Java ausbreiten konnte. 1986 zum letzten Mal ausgebrochen.

Papandajan Komplexer Stratovulkan im Westteil von Java. Zwar hat er erst zwei geschichtlich belegte Ausbrüche aufzuweisen, aber 1772 wurden durch Explosionen und Bergrutsche 40 Dörfer zerstört und 3000 Einwohner getötet. 1925 zum letzten Mal ausgebrochen.

Semeru Stratovulkan mit Lavadom am Gipfel im Ostteil von Java. Annähernd 70 Ausbrüche, bei denen die Explosionen gelegentlich von Glutwolken und Lavaströmen begleitet werden, machen den mit 3620 Metern höchsten Berg Javas zu einem der aktivsten Vulkane der Insel. 1988 zum letzten Mal ausgebrochen.

Tambora Stratovulkan mit Gipfelcaldera auf Sumbawa. Sein gewaltiger Ausbruch im Jahre 1815 übertraf sogar den des Krakatau an Heftigkeit und freigesetzter Energie. Die Eruption, der sich der Kollaps der Caldera anschloß, hat nach Schätzungen etwa 40 Kubikkilometer an Aschen und Gesteinstrümmern produziert. 10 000 Menschen kamen während des Ausbruchs ums Leben; 80 000 verhungerten in der durch die Ernteverluste ausgelösten Hungersnot. Vermutlich wurde sogar das globale Klima beeinflußt. (Siehe Kapitel 14.)

Island

Askja Komplexer Vulkan mit zehn Kilometer großer Caldera im Zentrum von Island. Während er bei den meisten seiner acht Ausbrüche seit dem 14. Jahrhundert Lava gefördert hat, wurden bei einer großen Eruption 1875 zwei Kubikkilometer Aschen über die östlichen Inselbereiche verstreut. Die dadurch verursachte Hungersnot zwang viele Isländer, nach Amerika oder Kanada auszuwandern. 1961 zum letzten Mal ausgebrochen.

Grimsvötn Caldera im Gletschereis des Vatnajökull im südlichen Teil Zentralislands. Seit 1332 ist er etwa 25mal unter der Eisdecke ausgebrochen und hat heftige Fluten, sogenannte Gletscherläufe, ausgelöst. Die plötzlichen Fluten führten dann mehr Wasser als der Amazonas. 1983 zum letzten Mal ausgebrochen.

Heimaey Schlacken- und Aschenkegel mit mächtigem, zerklüftetem Lavastrom an seiner Nordflanke; Teil der Vestmann-Inseln vor Islands Südküste. 1973 öffnete sich in der Nähe des Fischerhafens Heimaey eine zwei Kilometer lange Spalte. Schlacken und Aschen hatten bald einen Großteil der zuvor von den 5000 Einwohnern evakuierten Stadt überdeckt, während mächtige Lavaströme die Hafeneinfahrt blockierten. Die mutigen Isländer kehrten zu einem renovierten Hafen zurück, bauten neue Häuser und heizen heute sogar ihr Krankenhaus mit der Wärme des erkaltenden Lavastroms.

Hekla Stratovulkan im südlichen Teil Zentralislands, durch ein von Nordost nach Südwest verlaufendes Spaltensystem in die Länge gezogen. Seit der Besiedlung Islands um 900 nach Christus ist er 20mal ausgebrochen, gewöhnlich unter Aschenexplosionen mit nachfolgenden Lavaströmen. Im mittelalterlichen Europa wurde Hekla als „Tor zur Hölle" betrachtet. 1981 zum letzten Mal ausgebrochen.

Krafla Komplexer Vulkan mit großer Zentralcaldera im Norden von Island. Nach einer Ausbruchsserie in den Jahren 1724 bis 1728 ruhte er und erwachte erst wieder 1975 mit kleineren Eruptionen und Episoden ausgedehnter Spaltenbildung im Untergrund. 1977 wurde bei einem Ausbruch etwas Lava aus einem geothermischen Brunnen gefördert – der einzig bekannte Fall einer Eruption aus einem von Menschenhand geschaffenen Schlot. 1984 zum letzten Mal ausgebrochen. (Siehe die Abbildungen 3.12 und 3.13.)

Laki Mehr als 25 Kilometer lange Spaltenzone im südlichen Teil Zentralislands. Eine einzige gigantische Explosion im Jahre 1783 produzierte mehr als zwölf Kubikkilometer Lava – ein Rekord –, füllte zwei Flußtäler auf und überdeckte mehr als 500 Quadratkilometer Land. Der Großteil des isländischen Viehs verendete, da die vulkanischen Gase das Gras auf den Wiesen absterben ließen oder mit Fluor verseuchten. Die danach einsetzende Hungersnot forderte 10 000 Opfer. (Siehe die Abbildungen 8.7 und 14.2.)

Surtsey Aschen- und Schlackenkegel mit Lavastrominsel vor der Südküste von Island. 1963 aus dem Meer entstanden und bis 1967 aktiv, hat der Vulkan Wissenschaftlern die Möglichkeit eröffnet, zu beobachten, wie Festland entsteht und wie sich Pflanzen und Tiere auf dem neuen Terrain ausbreiten. Eine detailliertere Darstellung liefert Kapitel 2.

Italien

Ätna Vulkan im Norden Siziliens, der den Übergang von Schild- zu Stratovulkanen repräsentiert. Seit seinem ersten belegten Ausbruch etwa 1500 vor Christus ist er noch über 150mal aktiv gewesen. Am Gipfel treten kleinere bis mäßig heftige Eruptionen auf, eine von ihnen hat 1979 neun Menschenleben gefordert. 1992 wieder ausgebrochen.

Stromboli Stratovulkaninsel westlich von Italien. Der als „Leuchtturm des Mittelmeeres" bekannte Vulkan bricht seit mehr als 2000 Jahren fast unaufhörlich aus. Kleinere Explosionen, bei denen alle 15 bis 30 Minuten glühende Lava aus dem Krater geworfen wird, können von vorbeifahrenden Schiffen aus beobachtet werden. Größere Ausbrüche mit Lavaströmen treten alle paar Jahre auf.

Vesuv Komplexer Stratovulkan östlich von Neapel. Berühmt durch seinen Ausbruch im Jahre 79 nach Christus, bei dem Pompeji zerstört wurde. Seitdem ist er 50mal ausgebrochen. Den explosiven Eruptionen folgt im allgemeinen die Förderung von Lavaströmen. 1944 zum letzten Mal ausgebrochen. (Siehe Abbildung 14.1.)

Vulcano Stratovulkan westlich vor Italien. Als legendäre Schmiede des Vulcanus war diese kleine Insel für alle Vulkane namengebend. Er ist seit 200 vor Christus etwa zehnmal ausgebrochen, zuletzt 1988.

Japan

Asama Komplexer Stratovulkan auf der Hauptinsel Honschu. Seit 685 nach Christus ist er mehr als 100mal ausgebrochen, überwiegend in einer Serie schwacher Explosionen. 1783 zerstörten Glutwolken und Schlammströme mehrere Dörfer und forderten 1300 Menschenleben. Wissenschaftler des Asama Volcano Observatory, das 1909 seine Arbeit aufnahm, haben herausgefunden, daß sich Erdbebenhäufigkeit und -lage zur Vorhersage von Ausbrüchen heranziehen lassen. 1983 zum letzten Mal ausgebrochen.

Aso Gruppe von Aschen- und Schlackenkegeln und kleinen Stratovulkanen in einer 20 Kilometer großen Caldera auf der südlichen Insel Kyuschu. Einer der Förderschlote ist seit 796 nach Christus über 100mal ausgebrochen, oft in einzelnen, isolierten Explosionen. Schon mehrfach sind Touristen, die den Rand des aktiven Schlotes besuchten, durch umherfliegende Blöcke und Bomben erschlagen worden. 1985 zum letzten Mal ausgebrochen.

Bandai(-San) Stratovulkan mit Caldera im Nordteil der Hauptinsel Honschu. Seit 806 nach Christus ist er sechsmal ausgebrochen, einschließlich der heftigen Explosionen im Jahre 1888, in deren Verlauf die Caldera einbrach. Der Schutt dieser explosiven Ausräumung, dessen Volumen sich auf 1,2 Kubikkilometer belief, raste den Nordhang des Bandai hinunter und begrub Dörfer und 460 Menschen unter sich.

Bayonnaise Rocks Lavadome, die in einer überfluteten Caldera südöstlich von Japan gelegentlich kurzlebige Inseln bilden. Seit hier 1896 zum ersten Mal ein Ausbruch beobachtet wurde, ist das submarine Vulkanzentrum zehnmal ausgebrochen und hat teilweise bis zu 95 Meter hohe Inseln aufgebaut. Ein japanisches ozeanographisches Forschungsschiff, das sich 1952 zu Untersuchungen in dem Gebiet aufhielt, wurde bei einer vulkanischen Explosion mitsamt seinen 31 Besatzungsmitgliedern versenkt. 1987 zum letzten Mal ausgebrochen.

Fudschijama Klassischer, archetypischer Stratovulkan auf Honschu. Seit 781 nach Christus hat er etwa 15mal Asche und Lava produziert. Beim letzten Mal im Jahre 1707 ist ein Schlot am Südosthang ausgebrochen und hat 0,8 Kubikkilometer Aschen, Blöcke und Bomben gefördert. Feine Aschen wurden bis nach Tokio transportiert. (Siehe Abbildung 5.4.)

Oschima Stratovulkaninsel mit Caldera und Zentralkegel vor der Ostküste der Hauptinsel Honschu. Seit 684 nach Christus etwa 50mal ausgebrochen, manchmal explosiv, manchmal mit ausgedehnten Lavaströmen. Zuletzt 1988 ausgebrochen.

Sakura-sima Stratovulkan, der in der Kagoschimabucht auf der Südinsel Kyuschu eine Halbinsel bildet. Als einer der aktivsten Vulkane der Erde hatte er seit der ersten schriftlichen Erwähnung 708 nach Christus Tausende kleiner explosiver Ausbrüche. 1476 und 1779 gab es dabei viele Tote zu beklagen, während 1914 infolge einer ausreichenden Warnung durch Erdbeben die Zahl der Opfer niedrig blieb; bei dieser Eruption wurden 0,6 Kubikkilometer Aschen und 1,6 Kubikkilometer an mächtigen Lavaströmen gefördert. 1988 zum letzten Mal ausgebrochen.

Tarumai Komplexer Stratovulkan mit Lavadom auf der nördlichen Insel Hokkaido. Seit 1667 ist er etwa 35mal explosiv ausgebrochen. Bei einer heftigen Eruption im Jahre 1909 wurden große Volumina an Aschen und Bomben gefördert, anschließend begann ein Lavadom zu wachsen. 1979 zum letzten Mal ausgebrochen.

Unzen Zahlreiche Lavadome bilden eine komplexe vulkanische Halbinsel an der Westküste von Japans Südinsel Kyuschu. Unter den sechs Ausbrüchen, die seit 860 beschrieben wurden, war auch eine von Erdstößen begleitete Explosion im Jahre 1792, die eine Lawine von 0,5 Kubikkilometern auslöste; der Bergrutsch und der nachfolgende Tsunami forderten 14 000 Menschenleben. Beim letzten Ausbruch im Juni 1991 kamen der amerikanische Vulkanologe Harry Glicken und das französische Forscherehepaar Maurice und Katia Krafft ums Leben. Im Anschluß an die Eruption schob sich ein Lavadom empor, der noch 1992 weiterwuchs.

Usu Stratovulkan mit Gipfel- und Flankenlavadomen auf der Nordinsel Hokkaido. Obwohl er seit 1663 erst siebenmal ausgebrochen ist, waren die Ausbrüche stark explosiv und für Land und Leute verheerend. 1910, 1943 bis 1944 sowie 1977 bis 1979 hob sich der Untergrund kilometerweit um Dutzende bis Hunderte von Metern, zum Teil schoben sich große Lavadome empor.

Karibik

Mont Pelée Stratovulkan mit Gipfeldomen auf Martinique. Die explosive Eruption am 8. Mai 1902 erzeugte eine Glutlawine (Nuée ardente), die den Berg hinunterfegte und innerhalb weniger Minuten die Stadt Saint Pierre und ihre 28 000 Einwohner vernichtete. Danach wurden noch drei explosive Ausbrüche, der letzte im Jahre 1932, beobachtet. (Siehe Abbildung 5.9.)

La Soufrière (Guadeloupe) Stratovulkan mit Gipfeldom auf der Südseite der Insel. Seit 1400 ist er etwa zehnmal explosiv ausgebrochen. 1976 wurden 70 000 Menschen für mehrere Monate evakuiert, doch der angekündigte Ausbruch fiel längst nicht so heftig aus wie befürchtet.

La Soufrière (St. Vincent) Stratovulkan mit Kratersee. Unter den sieben Eruptionen seit 1718 befanden sich auch zwei größere Explosionen. Eine 1979 durchgeführte Evakuierung verhinderte die Wiederholung der Tragödie von 1902, als nach Glutlawinen 1600 Tote zu beklagen waren.

Kolumbien

Nevado del Ruiz 5389 Meter hoher Stratovulkan in Zentralkolumbien. Durch ein Erdbeben oder einen kleinen Ausbruch ausgelöste Schlammströme forderten im Jahre 1845 etwa 1000 Menschenleben. 1985 schmolz nach einem nicht sehr heftigen Ausbruch ein Teil der Gipfeleiskappe; in den nachfolgenden Schlammströmen starben 25 000 Menschen. (Siehe Kapitel 15.)

Puracé Komplexer Stratovulkan im Süden Kolumbiens. Seit 1827 ist er 25mal explosiv ausgebrochen, vernichtete bei zwei Eruptionen wertvolles Akkerland und kostete etliche Menschenleben. 1977 zum letzten Mal ausgebrochen.

Mexiko

Colima Stratovulkan mit Gipfellavadom im westlichen Zentralmexiko. Seine 16 Eruptionen seit 1576 waren überwiegend explosiv, gelegentlich flossen Lavaströme. 1987 zum letzten Mal ausgebrochen.

El Chichón Kleiner Stratovulkan im Staat Chiapas in Südmexiko, der bis 1982 ruhte. Sein jäher, explosiver Ausbruch in jenem Jahr löste pyroklastische Ströme aus, in denen etwa 2500 Menschen ihr Leben ließen. In der Eruptionswolke gelangten große Mengen an Staub und schwefelsäurehaltigen Aerosolen in die Stratosphäre. (Siehe Kapitel 14.)

Parícutin Aschen- und Schlackenkegel in Zentralmexiko. Er entstand 1943 in einem Maisfeld und entwickelte sich in kurzer Zeit zu einem 410 Meter hohen Kegel mit ausgedehnten Lavafeldern. Den Großteil der 1,3 Kubikkilometer Aschen und Schlacken sowie der 0,7 Kubikkilometer Lava förderte er in den ersten Jahren. Der Ausbruch endete 1952.

Popocatépetl Schneebedeckter Stratovulkan, der die südliche Aussicht von Mexiko City beherrscht. Zwischen 1512 und 1697 brach er in schwächeren Explosionen elfmal aus. Seit seinem großen Ausbruch 1720 kam es nur noch zu drei kleinen Eruptionen, zuletzt im Jahre 1943.

Neuseeland

Ngauruhoe Stratovulkan mit fast perfektem Kegel mitten auf der Nordinsel. Seit 1839 ist er mehr als 50mal ausgebrochen, zum Teil mit kleineren Glutwolken. 1975 zum letzten Mal ausgebrochen. (Siehe Abbildung 9.10.)

Ruapehu Stratovulkan mit heißem Lavasee mitten auf der Nordinsel. In dem Kratersee kam es seit 1861 zu 30 Dampf- und Aschenexplosionen. Nach Eruptionen überschwemmen Schlammfluten gelegentlich die nahegelegenen Täler. Eine solche Flut riß am Weihnachtsabend 1953 eine Eisenbahnbrücke mit sich, woraufhin der Wellington-Auckland Express verunglückte und 151 Menschen ums Leben kamen. 1988 zum letzten Mal ausgebrochen. (Siehe Abbildung 9.10.)

Tarawera Komplex aus rhyolithischen Domen mitten auf der Nordinsel. Während eines heftigen Ausbruchs im Jahre 1886 drangen 1,3 Kubikkilometer basaltischer Asche und heißen Schlamms aus einer 17 Kilometer langen Spalte und begruben drei Dörfer und 150 Menschen unter sich. Von 1900 bis 1904 brach in einem der neuentstandenen Krater der Waimangu-(Schwarzwasser-) Geysir aus. Die dabei aufgetretenen, zum Teil 400 bis 500 Meter hohen Fontänen gehören zu den höchsten, die je registriert wurden.

White Island Stratovulkan mit großem hufeisenförmigen Krater in der Bay of Plenty nördlich von Neuseeland. Seit 1826 traten ungefähr 35 schwache bis mäßig starke explosive Eruptionen auf. Durch den Ausbruch und anschließenden Bergsturz im Jahre 1914 kamen elf Menschen ums Leben, und ein Schwefelwerk wurde zerstört. 1988 zum letzten Mal ausgebrochen.

Nicaragua

Cerro Negro Aschen- und Schlackenkegel im westlichen Nicaragua, dessen Name übersetzt „Schwarzer Hügel" bedeutet. Er ist 1850 entstanden und trotz seiner erst kurzen Aktivitätsperiode schon 15mal ausgebrochen. Explosive Eruptionen am Zentralkrater werden häufig von Lavaströmen begleitet, die am Vulkanfuß ausfließen. 1992 zum letzten Mal ausgebrochen. (Siehe Abbildung 5.1.)

Cosegüina Stratovulkan mit zentralem Calderasee im westlichen Nicaragua. Bei einer einzigen, heftigen Explosion im Jahre 1835 wurden Aschen über Mittel- und Südamerika verstreut. Die Aschenwolke verdunkelte die Sonne in einem Umkreis von 300 Kilometern.

Masaya Caldera mit kleinen zentralen Stratovulkanen im südwestlichen Nicaragua. Seit 1524 ist er auf unterschiedlichste Art etwa 20mal ausgebrochen, wobei es zu Explosionen, zur Förderung von Lavaströmen oder zur Bildung von Lavaseen kam. 1987 zum letzten Mal ausgebrochen. (Siehe Abbildung 9.6.)

Papua-Neuguinea

Karkar Stratovulkaninsel mit Gipfelcaldera vor der Nordküste von Papua-Neuguinea. Seit 1643 ist er etwa zehnmal ausgebrochen. Die Eruption von 1979 forderte das Leben der Vulkanologen Robin Cooke und Elias Ravian. 1981 zum letzten Mal ausgebrochen.

Lamington Stratovulkan mit Lavadom im Ostteil von Papua-Neuguinea. Im Jahre 1951 explodierte der schlafende Vulkan plötzlich. Die pyroklastischen Ströme verwüsteten mehr als 200 Quadratkilometer Land und töteten 3000 Menschen. Von 1951 bis 1956 wuchs im Explosionskrater ein 500 Meter hoher Lavadom; seither ruht der Vulkan.

Manam 1300 Meter hoher Stratovulkan vor der Nordküste von Papua-Neuguinea, der eine runde Insel von zehn Kilometer Durchmesser bildet. Von 1974 bis 1988 kam es immer wieder zu kleinen Explosionen.

Rabaul Gruppe kleiner Vulkane um den Rand einer Calderabucht auf der Insel New Britain im Bismarck-Archipel. Zwar waren die Schlote um den Hafen von Rabaul seit 1767 nur sechsmal aktiv, doch eine heftige Eruption im Jahre 1937 erzeugte Krater und Tsunamis und brachte 500 Menschen den Tod. 1943 zum letzten Mal augebrochen. (Siehe Kapitel 15 und Abbildung 15.11.)

Pazifik

Ambrym Stratovulkan mit riesiger Caldera auf den Neuen Hebriden. Obwohl die Aufzeichnungen unvollständig sind, weiß man von sehr reger Tätigkeit mit Aschenexplosionen und Lavaströmen seit seiner Entdeckung im Jahre 1774. 1988 zum letzten Mal ausgebrochen.

Falcon Submariner Vulkan inmitten der Tonga-Inseln, berühmt für seine auftauchenden und wieder untergehenden Inseln. Ascheninseln, die sich 1885 und 1927 während zweier Ausbrüche gebildet hatten, sind von der See zu flachen Rücken weggewaschen worden. Von 1927 bis 1933 entstand eine 150 Meter hohe, drei Kilometer große Insel. 1970 zum letzten Mal ausgebrochen.

Macdonald Seamount Submariner Vulkan am Südostende der Austral-Inseln und -Seeberge im Südpazifik. Sein Gipfel liegt etwa 30 Meter unter dem Meeresspiegel. Er wurde 1967 entdeckt, nachdem Hydrophone von ihm ausgehende Geräusche aufgefangen hatten. 1987 beobachtete man während einer ozeanographischen Expedition, wie große Gasblasen und kleine Basalttrümmer an die Oberfläche stiegen. Nach Messungen mit Seismographen und Hydrophonen dauert die Eruptionstätigkeit noch an.

Pagan Stratovulkan auf den Marianen im Westpazifik. Nach vier kleinen Eruptionen zwischen 1909 und 1925 schleuderte eine heftige Explosion im Jahre 1981 ihre Aschenwolke 20 Kilometer hoch. Seither kam es nur noch zu schwächeren Eruptionen, zuletzt 1988.

Raoul Komplexe Stratovulkaninsel mit Caldera und Kraterseen auf den Kermadec-Inseln nördlich von Neuseeland. Dieser abgelegene Vulkan ist insofern bemerkenswert, als dort eine seismische Forschungsstation (als Teil eines weltweiten Netzes) sitzt, die aufgrund eines lokalen Erdbebenschwarmes vor dem Ausbruch von 1964 warnen konnte.

Yasour Stratovulkan auf den Neuen Hebriden. Seit seiner Entdeckung 1774 befindet er sich nahezu ständig in einem Zustand schwacher Aktivität. Zahlreiche kleine Explosionen schleudern dabei Lavabomben 20 bis 200 Meter hoch.

Peru

El Misti Klassischer Stratovulkan, der sich hoch über der Stadt Arequipa erhebt. Schwache explosive Eruptionen, zuletzt 1870, und gefahrlose Dampfaustritte kennzeichnen seine Aktivität. Er ist hier eher wegen seiner Schönheit, nicht wegen seines Verhaltens erwähnt.

Philippinen*

Mayon Klassischer Stratovulkankegel im Zentralteil der Philippinen. Seit 1616 ist er mehr als 40mal ausgebrochen, zumeist explosiv, und hat Glutwolken und Lavaströme produziert. Das Gebiet ist dicht besiedelt, und mindestens

* In der ursprünglichen Liste der amerikanischen Auflage nicht aufgeführt, aber aufgrund seines verheerenden Ausbruchs im Jahre 1991 unbedingt erwähnenswert ist der Pinatubo. Die gewaltige Explosion kostete 875 Menschen das Leben, verursachte Sachschäden in Höhe von 1,3 Milliarden Mark und brachte eine Aerosolwolke hervor, die den ganzen Erdball umkreiste und Einfluß auf das globale Klima nahm.

acht Eruptionen haben Todesopfer gefordert. 1984 zum letzten Mal ausgebrochen. (Siehe Abbildung 9.4.)

Taal Stratovulkaninsel inmitten eines riesigen Calderasees im Zentralteil der Philippinen. Seit 1572 ist er mehr als 30mal ausgebrochen, gewöhnlich unter Explosionen und manchmal gefolgt von Tsunamis. Dieser „mörderische“ Vulkan forderte 1716, 1749, 1754, 1874, 1911 und 1965 zahlreiche Menschenleben. 1977 zum letzten Mal ausgebrochen.

Rußland (Kamtschatka)

Besymiannij Komplexer Stratovulkan auf der Kamtschatka-Halbinsel. Kleinere explosive Eruptionen steigerten sich von 1955 an bis zu der gewaltigen Explosion des Jahres 1956, bei der eine pilzförmige Aschenwolke 35 Kilometer hoch aufstieg. (Siehe Abbildung 5.10.) Die mächtigen heißen Aschenstromsedimente schufen das „Tal der zehntausend Dämpfe von Kamtschatka“ – ein ähnliches Geschehen wie beim Katmai-Ausbruch in Alaska im Jahre 1912. 1988 zum letzten Mal ausgebrochen.

Karimskij Stratovulkan mit alter Caldera im Südosten der Kamtschatka-Halbinsel. Die meisten seiner 35 Ausbrüche seit 1771 waren explosiv. 1982 zum letzten Mal ausgebrochen.

Kljutschewskoi Klassischer Stratovulkan auf Kamtschatka. Seit 1697 ist er mehr als 70mal ausgebrochen und hat dabei häufig Lava gefördert.

Tolbatschik Stratovulkan mit Caldera auf Kamtschatka. Nach 20 mäßig heftigen Ausbrüchen seit 1740 wurde er 1975 mit einer riesigen Spalteneruption erneut aktiv, ließ mehrere große Aschen- und Schlackenkegel entstehen und produzierte fast zwei Kubikkilometer Lavaströme. Vorhergehende Bebenschwärme ermöglichten eine hinreichend genaue Vorhersage von Zeit und Lage des Ausbruchs, so daß unter anderem Fernsehteams zur rechten Zeit vor Ort waren. (Siehe Abbildung 15.10.)

Tansania

Ol Doinyo Lengai Stratovulkan im Norden Tansanias, dessen Name mit „Gottesberg“ übersetzt werden kann. Er ist zwar seit 1880 mehr als zehnmal ausgebrochen, doch unter Wissenschaftlern ist er eher wegen seiner ungewöhnlichen Lava, die zum Teil aus Natriumcarbonat besteht, ein Begriff. 1988 zum letzten Mal ausgebrochen. (Siehe Abbildung 13.7.)

Vereinigte Staaten von Amerika (Alaska)

Augustine Stratovulkaninsel mit Lavadom am Gipfel im Cook Inlet in Südalaska. Seit 1812 ist er siebenmal explosiv ausgebrochen. Den Ölbohrinseln vor der Küste droht Gefahr durch stärkere Aschenregen oder Tsunamis, die nach den Ausbrüchen auftreten. 1986 zum letzten Mal ausgebrochen.

Katmai Komplexer Stratovulkan mit Gipfelcaldera und -see auf der Alaska-Halbinsel. Sein Ausbruch im Jahre 1912 gehört zu den heftigsten der Geschichte. Innerhalb von zwei Tagen wurde ein ausgedehntes Gebiet von Aschenschichten bedeckt, während eine Glutlawine ein drei Kilometer breites und 20 Kilometer langes Tal auffüllte, das heute „Tal der zehntausend Dämpfe" heißt. Die fünf Kilometer große Gipfelcaldera brach während dieser Eruption ein. Das Volumen des ausgeworfenen Materials betrug 30 Kubikkilometer. Zwar sind mittlerweile die meisten Dampfaustritte versiegt, doch wurde 1949 ein neuer Schlot am Westhang des Katmai aktiv, der Mount Trident; er ist seither mehrmals explodiert und hat mächtige Lavaströme produziert. 1974 zum letzten Mal ausgebrochen.

Pavlof Stratovulkan auf der Alaska-Halbinsel. Seit 1790 hat er mehr als 40 Perioden schwacher bis mäßig explosiver Eruptionen aufzuweisen. Die letzte setzte 1986 ein und dauerte 1988 noch an. (Siehe Abbildung 9.1.)

Shishaldin Klassischer Stratovulkankegel auf den östlichen Aleuten. Seit 1775 ist er mit schwachen bis mäßig explosiven Eruptionen etwa 30mal ausgebrochen. Sein spitzer, schneebedeckter Gipfel ist oft in eine Wolke vulkanischer Gase gehüllt. 1987 zum letzten Mal ausgebrochen.

Vereinigte Staaten von Amerika (Cascade Range)

Lassen Peak Stratovulkan in Nordkalifornien mit Lavadom am Gipfel. 1914 bis 1915 wurde er in einer Serie explosiver Eruptionen aktiv, die sich im Mai 1915 zum Ausstoß sehr heißer Lawinen steigerten. Weitere Eruptionen waren 1917 zu beobachten. (Siehe Abbildung 9.5.)

Mount Rainier Massiver gletscherbedeckter Stratovulkan in der Nähe von Seattle im US-Bundesstaat Washington. Er ruht seit 1850, nachdem ein offensichtlich schwächerer Ausbruch stattgefunden hatte. Am Rande des eis- und schneebedeckten Gipfels sind heute kleine Dampfaustritte zu beobachten. (Siehe Abbildung 9.11.)

Mount St. Helens Schneebedeckter Stratovulkan im Süden des US-Bundesstaates Washington, der vor dem explosiven Ausbruch am 18. Mai 1980 für seine Schönheit und Erhabenheit berühmt war. Ein gerichteter Dampfstrom ebnete damals 500 Quadratkilometer Wald ein, während eine Schuttlawine ein 25 Kilometer langes Tal auffüllte. Der 2950 Meter hohe Gipfel wurde seiner obersten 400 Meter beraubt und besitzt heute einen nach Norden offenen, hufeisenförmigen Krater. Etwa 57 Menschen verloren ihr Leben, darunter der Vulkanologe David Johnston. 1986 zum letzten Mal ausgebrochen. Photos und zusätzliche Informationen über diesen Vulkan finden sich in Kapitel 4.

Vereinigte Staaten von Amerika (Hawaii)

Kilauea Schildvulkan mit Gipfelcaldera auf der Insel Hawaii. Im 19. und frühen 20. Jahrhundert war er für seinen aktiven Lavasee bekannt, daneben förderte er auch über 50mal Lavaströme vom Gipfel oder aus den Riftzonen. 1989 zum letzten Mal ausgebrochen. Kapitel 6 enthält Photos und zusätzliche Informationen über die Puu-Oo-Eruption des Kilauea, die 1983 eingesetzt hat.

Mauna Loa Massiver Schildvulkan mit Gipfelcaldera auf der Insel Hawaii, dessen Name „wachsender Berg“ bedeutet. Seit 1832 floß 38mal Lava aus dem Gipfelkrater und den Riftzonen – mit einem Gesamtvolumen von fast vier Kubikkilometern. 1984 zum letzten Mal ausgebrochen. (Siehe die Abbildungen 9.9 und 15.9.)

Zaire

Nyamuragira Schildvulkan mit Gipfelcaldera im östlichen Zaire. Seit 1894 ist er mehr als 20mal ausgebrochen, einschließlich der Lavaseeaktivität von 1921 bis 1938. 1988 zum letzten Mal ausgebrochen.

Nyiragongo Stratovulkan mit Gipfelcaldera im östlichen Zaire. Seit 1884 ist er etwa 15mal ausgebrochen, einschließlich der Lavaseeaktivität von 1935 bis 1977. Ein größerer Spaltenausbruch im Jahre 1977 an seiner Südflanke ließ den Lavasee auslaufen und überflutete in kürzester Zeit ein Gebiet von mehreren Quadratkilometern mit dünnflüssigem Basalt. Etwa 300 Menschen kamen dabei ums Leben. 1982 zum letzten Mal ausgebrochen. (Siehe Farbtafel 24.)

Anhang B: Vulkanologische Informationszentren

Vulkane verändern sich, und ebenso die Menschen und die Institutionen, die sich mit ihnen befassen. Die in diesem Anhang genannten Informationszentren und Forschungsstellen beschäftigen sich vorrangig mit aktiven Vulkanen. Die Liste erhebt keinen Anspruch auf Vollständigkeit, aber sie enthält wichtige Kontaktadressen, an die man sich wenden kann, wenn man sich über Vulkane informieren will. Das Scientific Event Alert Network (siehe unter Vereinigte Staaten von Amerika) veröffentlicht ein monatliches Bulletin, das eine Zusammenstellung sämtlicher aktuellen vulkanischen Ereignisse enthält und die wohl beste Datenquelle über die weltweite Vulkantätigkeit darstellt.

Äthiopien

Geophysical Observatory
University of Addis Abeba
P.O. Box 1176
Addis Abeba, Äthiopien

Australien

Bureau of Mineral Resources
Canberra, ACT, 2601, Australien

Azoren

Department of Geology
Azores University
Horta, Azoren

Chile

Departamento de Geología y
Geofísica
Universidad de Chile
Casilla 13518 Correo 21
Santiago, Chile

Universidad del Norte
Casilla 1280
Antofagasta, Chile

Costa Rica

Escuela Centroamericana
de Geología
Universidad de Costa Rica
Apartado 35 UCR
San José, Costa Rica

Instituto Costarricense
de Electricidad
Apartado 10032
San José, Costa Rica

Observatorio Vulcanológico y
Sismológico de Costa Rica
Escuela de Ciencias Geográficas
Universidad Nacional
Heredia, Costa Rica

Deutschland

GEOMAR
Wischhofstr. 1–3
2300 Kiel 14, Deutschland

Mineralogisch-Petrographisches
Institut
Albert-Ludwigs-Universität
Albertstr. 23b
7800 Freiburg, Deutschland

Mineralogisch-Petrographisches
Institut
Universität Tübingen
Wilhelmstraße 56
7400 Tübingen, Deutschland

Ecuador

Estación Científica Charles Darwin
Galapagos Islands
Casilla 58–39
Guayaquil, Ecuador

Departamento de Geología
Escuela Politécnica Nacional
Casilla 2759
Quito, Ecuador

El Salvador

Centro de Investigaciones
Geotécnicas
Apartado 06-109
San Salvador, El Salvador

England

British Museum
Cromwell Road
London SW7 5BD, England

Department of Mineralogy and
Petrology
University of Cambridge
Downing Place
Cambridge CB2 3EW, England

Institute of Geological Sciences
154 Clerkenwell Road
London EC1R 5DU, England

University of London Observatory
Mill Hill Park
London NW7 2QS, England

Frankreich

Centre de Recherches Volcanolo-
giques
5 Rue Kessler
63038 Clermont-Ferrand, Frankreich

Equipe Vulcain
B.P. 5
68700 Cernay, Frankreich

Laboratoire de Volcanologie
C.F.R. (C.N.R.S.)
91190 Gif-sur-Yvette, Frankreich

Observatoires Volcanologiques
Institut de Physique du Globe de Paris
Tour 14, 4, Place Jussieu
75252 Paris Cedex 05, Frankreich

Guatemala

INSIVUMEH
7A Avenida 14–57, Zona 13
Ciudad de Guatemala, Guatemala

Instituto Geográfico Nacional
Avenida las Américas 5–76, Zona 13
Ciudad de Guatemala, Guatemala

Indonesien

Volcanological Survey of Indonesia
Diponegoro 57
Bandung, Indonesien

Island

Nordic Volcanological Institute
University of Iceland
101 Reykjavik, Island

Italien

Centro di Studio per la Geologia Tecnica
Via Eudossiana 18
Roma, Italien

Dipartimento di Geofisica e Vulcanologia
Largo S. Marcinello 10
80138 Napoli, Italien

Instituto di Vulcanologia
Corso Italia 55
95129 Catania, Italien

Instituto Internazionale di Vulcanologia
Viale Regina Margherita 6
95123 Catania, Italien

Osservatorio Vesuviano
Via Manzoni 239
80100 Napoli, Italien

Japan

Departments of Geology and Geophysics
Hokkaido University
Kita-ku
Sapporo 060, Japan

Department of Geophysics
Kyoto University
Uji, Kyoto 611, Japan

Earthquake Research Institute
University of Tokyo
Bunkyo-ku
Tokyo 113, Japan

Office of Volcanic Observation
Seismological Division
Japan Meteorological Agency
1-3-4 Otemachi, Chiyoda-ku
Tokyo 100, Japan

Kamerun

Dept. des Sciences de la Terre
Université de Yaoundé

B.P. 812
Yaoundé, Kamerun

Kanada

Geological Survey of Canada
100 W. Pender St.
Vancouver, BC, Kanada

Kolumbien

Observatorio Vulcanológico
Nacional
Apartado Aereo 1296
Manizales, Kolumbien

Mexiko

Instituto de Geofísica
Universidad Nacional Autónoma de
México
México 20, D.F., Mexiko

Neuseeland

Geology Department
University of Canterbury
Christchurch 1, Neuseeland

Geology Department
Victoria University
Private Bag
Wellington, Neuseeland

New Zealand Geological Survey
P.O. Box 499
Rotorua, Neuseeland

Nicaragua

Instituto de Investigaciones Sísmicas
Apartado 1761
Managua, Nicaragua

Papua-Neuguinea

Rabaul Volcano Observatory
Geological Survey of Papua New
Guinea
P.O. Box 386
Rabaul, Papua-Neuguinea

Peru

Departamento de Geología
Universidad Nacional de San
Agustín
Casilla 1203
Arequipa, Peru

Philippinen

Philippine Institute of Volcanology
and Seismology
6th Floor, Hizon Building
29 Quezon Avenue
Quezon City, Philippinen

Réunion

Laboratoire de Géologie
Centre Universitaire de la Réunion,
Réunion

Observatoire Volcanologique du
Piton de la Fournaise

14 R.N.3, 27ème km
97418 La Plaine des Cafres, Réunion

Rußland

Institute of Vulcanology
Piip Avenue 9, Petropavlovsk
Kamchatsky 683006, Rußland

World Data Center B1
Molodeznaya 3
Moscow 117 296, Rußland

Salomon-Inseln

Geological Survey
G.P.O. Box G 24
Honiara, Salomon-Inseln

Spanien

Departamento de Petrología y
Geoquímica
Ciudad Universitaria
Madrid 3, Spanien

Tahiti

Laboratoire de Géophysique
B.P. 640
Papeete, Tahiti

Vereinigte Staaten von Amerika

Geophysical Institute
University of Alaska
Fairbanks, Alaska 99701, USA

Office of Earthquakes, Volcanoes
and Engineering
U.S. Geological Survey
Reston, Virginia 22092, USA

Scientific Event Alert Network
Smithsonian Institution
Washington, D.C. 20560, USA

U.S. Geological Survey
Cascades Volcano Observatory
5400 MacArthur Blvd.
Vancouver, Washington 98661,
USA

U.S. Geological Survey
Hawaiian Volcano Observatory
P.O. Box 51, Hawaii National Park
Hawaii 96718, USA

World Data Center A for Solid-Earth
Geophysics, Environmental Data and
Information Service, NOAA
Boulder, Colorado 80303, USA

Vanuatu

Geological Survey Department
Port Vila, Vanuatu

Westindische Inseln

Observatoire Volcanologique de la
Mont Pelée
Fond, 11 Denis
97250 St. Pierre
Martinique, Westindische Inseln

Observatoire Volcanologique de la
Soufrière

97120 St. Claude
Guadeloupe, Westindische Inseln

Seismic Research Unit
University of the West Indies
St. Augustine
Trinidad, Westindische Inseln

Zaire

Department of Seismology
I.R.S.
Lwiro, D/S Bukavu (Kivu),
Zaire

Literaturverzeichnis

1. Nahtstellen der Erde

Cox, A. (Hrsg.) *Plate Tectonics and Geomagnetic Reversals*. New York (Freeman) 1973.

Press, F.; Siever, R. *Earth*. 4. Aufl. New York (Freeman) 1986.

Uyeda, S. *The New View of the Earth*. New York (Freeman) 1978.

Wilson, T. (Hrsg.) *Continents Adrift and Continents Aground*. Readings from Scientific American. New York (Freeman) 1963–1976.

Wyllie, P. J. *The Way the Earth Works*. New York (Wiley) 1976.

2. Surtsey, Island

Thorarinsson, S. *Surtsey: Island Born of Fire*. In: *National Geographic Magazine* (Mai 1965) S. 713–726.

Thorarinsson, S. *Surtsey*. New York (Viking Press) 1967.

3. Feuer am Meeresgrund

Francheteau, J. *Die ozeanische Kruste*. In: *Spektrum der Wissenschaft* 11 (1983).

Heezen, B.; Hollister, C. *The Face of the Deep*. New York (Oxford University Press) 1971.

Heezen, B.; Tharp, M.; Ewing, M. *The Floors of the Oceans: I. The North Atlantic*. Geological Society of America, Special Paper 65 (1959).

Macdonald, K. C.; Luyendyk, B. P. *Tauchexpedition zur Ostpazifischen Schwelle*. In: *Spektrum der Wissenschaft* 7 (1981).

Menard, H. W. *Inseln*. Heidelberg (Spektrum der Wissenschaft) 1987.

Menard, H. W. *Marine Geology of the Pacific*. New York (McGraw-Hill) 1964.

4. Mount St. Helens

Decker, R.; Decker, B. *Die Ausbrüche des Mount St. Helens.* In: *Spektrum der Wissenschaft* 5 (1981).

Lipman, P. W.; Mullineaux, D. R. (Hrsg.) *The 1980 Eruptions of Mount St. Helens.* U.S. Geological Survey Professional Paper 1250 (1981).

5. Ring aus Feuer

Dewey, J. F.; Bird, J. M. *Mountain Belts and the New Global Tectonics.* In: *Journal of Geophysical Research* 75/14 (1970) S. 2625–2647.

Harris, S. *Fire Mountains of the West.* Missoula, Mont. (Mountain Press) 1987.

Sugimura, A.; Uyeda, S. *Island Arcs: Japan and Its Environs.* Amsterdam (Elsevier) 1973.

Toksoz, M. N. *The Subduction of the Lithosphere.* In: *Scientific American* (November 1975) S. 88–98.

6. Kilauea, Hawaii

Decker, R.; Wright, T.; Stauffer, P. (Hrsg.) *Volcanism in Hawaii.* U.S. Geological Survey Professional Paper 1350, 2 Bde. (1987).

Heliker, C. et al. *Volcano Monitoring at the U.S. Geological Survey's Hawaiian Volcano Observatory.* In: *Earthquakes and Volcanoes* 18/1 (1986) S. 1–72.

Macdonald, G. A.; Abbott, A. T.; Peterson, F. L. *Volcanoes in the Sea.* Honolulu (University of Hawaii Press) 1983.

Macdonald, G. A.; Hubbard, D. *Volcanoes of the National Parks of Hawaii.* Hawaii (Hawaii Natural History Association) 1982.

Stearns, H. T. *Geology of the State of Hawaii.* 2. Aufl. Palo Alto, Calif. (Pacific Books) 1985.

7. Hot Spots

Burke, K.; Wilson, J. T. *Hot Spots on the Earth's Surface.* In: *Scientific American* (August 1976) S. 46–57.

Clague, D.; Dalrymple, C. B. *The Hawaiian-Emperor Volcanic Chain.* In: *Volcanism in Hawaii.* U.S. Geological Survey Professional Paper 1350. S. 5–54.

Dalrymple, C. B.; Silver, E. A.; Jackson, E. D. *Origin of the Hawaiian Islands.* In: *American Scientist* 61/3 (1973) S. 294–308.
Morgan, W. J. *Deep Mantle Convection Plumes and Plate Motions.* In: *American Association of Petroleum Geologists Bulletin* 56/1 (1972) S. 203–213.

8. Lava, Asche und Bomben

Cas, R.; Wright, J. *Volcanic Successions.* London (Allen & Unwin) 1987.
Fisher, R. V.; Schmincke, H.-U. *Pyroclastic Rocks.* Berlin (Springer) 1984.
Francis, P. *Volcanoes.* Middlesex, England (Penguin Books) 1976.
Macdonald, G. A. *Volcanoes.* Englewood Cliffs, N.J. (Prentice-Hall) 1972.
Williams, H.; McBirney, A. R. *Volcanology.* San Francisco (Freeman, Cooper and Co.) 1979.

9. Kegel und Krater

Bullard, F. *Volcanoes of the Earth.* Austin (University of Texas Press) 1984.
Green, J.; Short, N. M. (Hrsg.) *Volcanic Landforms and Surface Features.* New York (Springer) 1971.
Krafft, M.; Krafft, K. *Volcanoes: Earth's Awakening.* Maplewood, N.J. (Hammond) 1980.
Vulkane. Amsterdam (Time-Life) 1982.

10. Wurzeln der Vulkane

Decker, R.; Decker, B. (Hrsg.) *Volcanoes and the Earth's Interior.* Readings from Scientific American. New York (Freeman) 1975–1982.
Elder, J. *The Bowels of the Earth.* Oxford (Oxford University Press) 1978.
Wyllie, P. *The Earth's Mantle.* In: *Scientific American* (März 1975) S. 50–57.

11. Der Ursprung von Luft und Wasser

Anderson, A. T. *Some Basaltic and Andesitic Gases.* In: *Reviews of Geophysics and Space Physics* 13 (1975) S. 37–55.
Holland, H. D. *The Chemical Evolution of the Atmosphere and Oceans.* Princeton, N.J. (Princeton University Press) 1984.
Stoiber, R. E.; Jepsen, A. *Sulfur Dioxide Contributions to the Atmosphere by Volcanoes.* In: *Science* 182 (1973) S. 577f.

12. Energiegewinnung aus vulkanischen Quellen

Barnea, J. *Geothermal Power*. In: *Scientific American* (Januar 1972) S. 70–77.
Kruger, P.; Otte, C. (Hrsg.) *Geothermal Energy*. Stanford, Calif. (Stanford University Press) 1973.
Muffler, L. J. P. (Hrsg.) *Assessment of Geothermal Resources of the United States – 1978*. U.S. Geological Survey Circular 790 (1979).
Rybach, L.; Muffler, L. J. P. *Geothermal Systems: Principles and Case Histories*. New York (Wiley) 1981.

13. Vulkanische Schatzkammern

Boyd, F. R.; Meyer, H. O. A. (Hrsg.) *Kimberlites, Diatremes, and Diamonds*. Washington, D.C. (American Geophysical Union) 1979.
Koski, R. A. et al. *Hydrothermal Processes and Massive Sulfide Deposits on the Juan de Fuca Ridge and Other Northeast Pacific Spreading Axes*. In: *Circum Pacific Council for Energy and Mineral Resources Earth Science Series* 6 (1987) S. 621–638.
Park, C. F. jr.; MacDiarmid, R. A. *Ore Deposits*. New York (Freeman) 1975.
Rona, P. A. *Plate Tectonics and Mineral Resources*. In: *Scientific American* (Juli 1973) S. 86–95.

14. Vulkane und Klima

Lamb, H. H. *Climate: Present, Past, and Future*. London (Methuen) 1972.
Pollack, J. B.; Toon, O. B.; Sagan, C.; Summers, A.; Baldwin, B.; Van Camp, W. *Volcanic Explosions and Climatic Change: A Theoretical Assessment*. In: *Journal of Geophysical Research* 81/6 (1976) S. 1071–1083.
Rampino, M. et al. *Volcanic Winters*. In: *Annual Review of Earth and Planetary Sciences* 16 (1988) S. 73–99.
Stommel, H.; Stommel, E. *1816: Das Jahr ohne Sommer*. In: *Spektrum der Wissenschaft* 1 (1983).

15. Vorhersage von Vulkanausbrüchen

Blong, R. J. *Volcanic Hazards*. Orlando, Fla. (Academic Press) 1984.
Crandell, D. R.; Mullineaux, D. R. *Potential Hazards from Future Eruptions of Mount St. Helens Volcano, Washington*. U.S. Geological Survey Bulletin 1383-C. Washington, D.C. (U.S. Government Printing Office) 1978.

Decker, R. W. *Forecasting Volcanic Eruptions*. In: *Annual Review Earth and Planetary Sciences* 14 (1986) S. 267–291.
Geophysics Study Committee, Geophysics Research Board, National Research Council. *Geophysical Predictions*. Washington, D.C. (National Academy of Sciences) 1978.
Minakami, T. (Hrsg.) *Surveillance and Prediction of Volcanic Activity*. Paris (UNESCO, Earth Science Monographs) 1972.

Anhang A: Die 101 berühmt-berüchtigtsten Vulkane der Welt

International Association of Volcanology and Chemistry of the Earth's Interior. *Catalog of Active Volcanoes of the World. Parts I–XXII*. Rom, Italien. 1951–1975.
Simkin, T. et al. *Volcanoes of the World*. Washington, D.C. (Smithsonian Institution) 1981.
Smithsonian Institution. *Scientific Event Alert Network Bulletin* 1–14. Washington, D.C. 1976–1989.
Volcanological Society of Japan. *Bulletin of Volcanic Eruptions* 1–25. Tokio, Japan. 1963–1988.

Zusätzliche deutschsprachige Bücher

Jacobs, F. *Ewig leben die Vulkane*. 2. Aufl. Berlin (Verlag Neues Leben) 1990.
Krafft, M. *Führer zu den Vulkanen Europas*. 3 Bde. Stuttgart (Enke) 1984.
Rast, H. *Vulkane und Vulkanismus*. 3. Aufl. Stuttgart (Enke) 1987.
Rittmann, A. *Vulkane und ihre Tätigkeit*. 3. Aufl. Stuttgart (Enke) 1981.
Schmincke, H.-U. *Vulkanismus*. Darmstadt (Wissenschaftliche Buchgesellschaft) 1986.
Vulkanismus: Naturgewalt, Klimafaktor und kosmische Formkraft. Heidelberg (Spektrum der Wissenschaft) 1985.

Index

C

D

E

J

K

L

M

N

O

P

Q

Y

Z